21 世纪应用型本科计算机案例型规划教材

算法分析与设计教程

主 编 秦 明

北京大学出版社
PEKING UNIVERSITY PRESS

内 容 简 介

　　相比于传统类型的算法分析与设计教程，本书的最大特点是将计算思维这种思维方式贯穿于全书的各个章节中，力图使读者不仅理解和掌握这门课程的基本内容，而且通过对全书的学习，能够认识和体会计算思维这种新的思维模式在算法的分析与设计中的运用方法。除此以外，本书在第8章介绍了当前在算法研究领域的前沿——智能算法。为了便于读者很好地掌握经典算法的设计思想和设计方法，本书的第1～7章在每一章的末尾有本章小结、习题与思考；为了便于读者进一步深入理解如何计算思维求解问题，在第2～5章、第7章的主要内容之后附加了"课后阅读材料"这个专题加以讨论。

　　本书可以作为高等院校计算机科学、智能科学、信息安全等相关专业的本科生教学用书，也可以作为从事算法及人工智能研究的研究人员或软件开发人员的参考书。

图书在版编目(CIP)数据

算法分析与设计教程/秦明主编. —北京：北京大学出版社，2013.9
(21世纪应用型本科计算机案例型规划教材)
ISBN 978-7-301-23122-7

Ⅰ. ①算…　Ⅱ. ①秦…　Ⅲ. ①电子计算机—算法分析—高等学校—教材②电子计算机—算法设计—高等学校—教材　Ⅳ. ①TP301.6

中国版本图书馆 CIP 数据核字(2013)第 207326 号

书　　　　名：	算法分析与设计教程
著作责任者：	秦　明　主编
策 划 编 辑：	郑　双
责 任 编 辑：	郑　双
标 准 书 号：	ISBN 978-7-301-23122-7-/TP · 1307
出 版 发 行：	北京大学出版社
地　　　　址：	北京市海淀区成府路 205 号　　100871
网　　　　址：	http://www.pup.cn　　新浪官方微博：@北京大学出版社
电 子 信 箱：	pup_6@163.com
电　　　　话：	邮购部 010-62752015　发行部 010-62750672　编辑部 010-62750667
印 刷 者：	北京虎彩文化传播有限公司
发 行 者：	北京大学出版社
经 销 者：	新华书店

787 毫米×1092 毫米　16 开本　15.25 印张　351 千字
2013 年 9 月第 1 版　　2022 年 3 月第 5 次印刷

定　　　　价：39.00 元

信息技术的案例型教材建设

(代丛书序)

刘瑞挺

北京大学出版社第六事业部在 2005 年组织编写了《21 世纪应用型本科计算机系列实用规划教材》，至今已出版了 50 多种。这些教材出版后，在全国高校引起热烈反响，可谓初战告捷。这使北京大学出版社的计算机教材市场规模迅速扩大，编辑队伍茁壮成长，经济效益明显增强，与各类高校师生的关系更加密切。

2008 年 1 月北京大学出版社第六事业部在北京召开了"21 世纪全国应用型本科计算机案例型教材建设和教学研讨会"。这次会议为编写案例型教材做了深入的探讨和具体的部署，制定了详细的编写目的、丛书特色、内容要求和风格规范。在内容上强调面向应用、能力驱动、精选案例、严把质量；在风格上力求文字精练、脉络清晰、图表明快、版式新颖。这次会议吹响了提高教材质量第二战役的进军号。

案例型教材真能提高教学的质量吗？

是的。著名法国哲学家、数学家勒内·笛卡儿(Rene Descartes，1596—1650)说得好："由一个例子的考察，我们可以抽出一条规律。(From the consideration of an example we can form a rule.)"事实上，他发明的直角坐标系，正是通过生活实例而得到的灵感。据说是在 1619 年夏天，笛卡儿因病住进医院。中午他躺在病床上，苦苦思索一个数学问题时，忽然看到天花板上有一只苍蝇飞来飞去。当时天花板是用木条做成正方形的格子。笛卡儿发现，要说出这只苍蝇在天花板上的位置，只需说出苍蝇在天花板上的第几行和第几列。当苍蝇落在第四行、第五列的那个正方形时，可以用(4，5)来表示这个位置……由此他联想到可用类似的办法来描述一个点在平面上的位置。他高兴地跳下床，喊着"我找到了，找到了"，然而不小心把国际象棋撒了一地。当他的目光落到棋盘上时，又兴奋地一拍大腿："对，对，就是这个图"。笛卡儿锲而不舍的毅力，苦思冥想的钻研，使他开创了解析几何的新纪元。千百年来，代数与几何，井水不犯河水。17 世纪后，数学突飞猛进的发展，在很大程度上归功于笛卡儿坐标系和解析几何学的创立。

这个故事，听起来与阿基米德在浴缸洗澡而发现浮力原理，牛顿在苹果树下遇到苹果落到头上而发现万有引力定律，确有异曲同工之妙。这就证明，一个好的例子往往能激发灵感，由特殊到一般，联想出普遍的规律，即所谓的"一叶知秋"、"见微知著"的意思。

回顾计算机发明的历史，每一台机器、每一颗芯片、每一种操作系统、每一类编程语言、每一个算法、每一套软件、每一款外部设备，无不像闪光的珍珠串在一起。每个案例都闪烁着智慧的火花，是创新思想不竭的源泉。在计算机科学技术领域，这样的案例就像大海岸边的贝壳，俯拾皆是。

事实上，案例研究(Case Study)是现代科学广泛使用的一种方法。Case 包含的意义很广：包括 Example 例子，Instance 事例、示例，Actual State 实际状况，Circumstance 情况、事件、境遇，甚至 Project 项目、工程等。

我们知道在计算机的科学术语中，很多是直接来自日常生活的。例如 Computer 一词早在 1646 年就出现于古代英文字典中，但当时它的意义不是"计算机"而是"计算工人"，即专门从事简单计算的工人。同理，Printer 当时也是"印刷工人"而不是"打印机"。正是

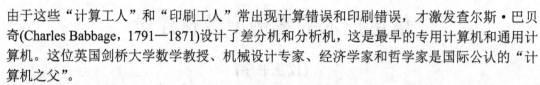

由于这些"计算工人"和"印刷工人"常出现计算错误和印刷错误，才激发查尔斯·巴贝奇(Charles Babbage，1791—1871)设计了差分机和分析机，这是最早的专用计算机和通用计算机。这位英国剑桥大学数学教授、机械设计专家、经济学家和哲学家是国际公认的"计算机之父"。

20 世纪 40 年代，人们还用 Calculator 表示计算机器。到电子计算机出现后，才用 Computer 表示计算机。此外，硬件(Hardware)和软件(Software)来自销售人员。总线(Bus) 就是公共汽车或大巴，故障和排除故障源自格瑞斯·霍普(Grace Hopper，1906—1992)发现的"飞蛾子"(Bug)和"抓蛾子"或"抓虫子"(Debug)。其他如鼠标、菜单……不胜枚举。至于哲学家进餐问题，理发师睡觉问题更是操作系统文化中脍炙人口的经典。

以计算机为核心的信息技术，从一开始就与应用紧密结合。例如，ENIAC 用于弹道曲线的计算，ARPANET 用于资源共享以及核战争时的可靠通信。即使是非常抽象的图灵机模型，也受益于二战时图灵博士破译纳粹密码工作的关系。

在信息技术中，既有许多成功的案例，也有不少失败的案例；既有先成功而后失败的案例，也有先失败而后成功的案例。好好研究它们的成功经验和失败教训，对于编写案例型教材有重要的意义。

我国正在实现中华民族的伟大复兴，教育是民族振兴的基石。改革开放 30 年来，我国高等教育在数量上、规模上已有相当的发展。当前的重要任务是提高培养人才的质量，必须从学科知识的灌输转变为素质与能力的培养。应当指出，大学课堂在高新技术的武装下，利用 PPT 进行的"高速灌输"、"翻页宣科"有愈演愈烈的趋势，我们不能容忍用"技术"绑架教学，而是让教学工作乘信息技术的东风自由地飞翔。

本系列教材的编写，以学生就业所需的专业知识和操作技能为着眼点，在适度的基础知识与理论体系覆盖下，突出应用型、技能型教学的实用性和可操作性，强化案例教学。本套教材将会有机融入大量最新的示例、实例以及操作性较强的案例，力求提高教材的趣味性和实用性，打破传统教材自身知识框架的封闭性，强化实际操作的训练，使本系列教材做到"教师易教，学生乐学，技能实用"。有了广阔的应用背景，再造计算机案例型教材就有了基础。

我相信北京大学出版社在全国各地高校教师的积极支持下，精心设计，严格把关，一定能够建设出一批符合计算机应用型人才培养模式的、以案例型为创新点和兴奋点的精品教材，并且通过一体化设计、实现多种媒体有机结合的立体化教材，为各门计算机课程配齐电子教案、学习指导、习题解答、课程设计等辅导资料。让我们用锲而不舍的毅力，勤奋好学的钻研，向着共同的目标努力吧！

刘瑞挺教授 本系列教材编写指导委员会主任、全国高等院校计算机基础教育研究会副会长、中国计算机学会普及工作委员会顾问、教育部考试中心全国计算机应用技术证书考试委员会副主任、全国计算机等级考试顾问。曾任教育部理科计算机科学教学指导委员会委员、中国计算机学会教育培训委员会副主任。PC Magazine《个人电脑》总编辑、CHIP《新电脑》总顾问、清华大学《计算机教育》总策划。

前　言

　　凡是学习了一种程序设计语言课程并能编写一些应用程序或应用软件的读者,也许都有这样的体会:学会编程容易,但要想编出效率较高的程序或性能较好的软件就比较困难。一些著名的计算机科学家在有关计算机科学教育的论述中认为,计算机科学是一种创造性思维活动的科学,其教育必须面向设计,计算机科学大师唐纳德·E. 克努特(D. E. Knuth)甚至将计算机科学定义为进行算法研究的学问。正因如此,算法分析与设计是计算机科学及其相关专业(如信息安全、智能科学)的专业核心课程,它为研究和解决非数值性类问题提出了重要的理论和方法,是非数值性程序设计的基础,也是高性能软件开发和研究的基础。

　　计算机的出现丰富了人类改造世界的手段,同时也强化了原本存在于人类思维中的计算思维的意义和作用。从思维的角度,计算机科学主要研究计算思维的概念、方法和内容,并发展成为解决问题的一种思维模式,这极大地推动了计算思维的发展。在这样的背景下,作为人类思维活动中以构造性、能行性、确定性为特征的计算思维受到前所未有的重视。而在传统的计算机专业核心课程(如算法分析与设计)的教学过程中,往往过于强调怎样解决问题,而忽视了对问题本身的研究与探讨,从而使学生感觉到这门课程难度很大,不易掌握。为了解决这个问题,本书通过使用一种新的方式,即将计算思维这种思维方式融入到了全书的各个章节中,力图使读者不仅理解和掌握这门课程的基本内容,而且通过对全书的学习,能够认识和体会计算思维这种新的思维模式在算法的分析与设计中的运用方法。编者认为,这种思维模式是破解计算机科学中难题的一把钥匙,读者如果能从本书的学习中悟出其中的一些奥妙,就真正达到本书出版的目的了。

　　本书的内容遵循由易到难、由浅入深、由表及里的原则逐步展开。首先介绍算法的基本概念,基本特征,算法在程序设计或软件开发中所起的重要作用,算法的分类,以及算法的分析方法等;然后依次介绍了各种经典算法,即递归算法、分治算法、贪心算法,动态规划算法、回溯算法、随机算法、图的遍历算法等;在介绍这些算法时,按照所述算法的设计思想、实现步骤、所涉及的数据结构、算法的具体描述,以及算法的时间复杂度与空间复杂度等几个方面逐一介绍;最后,介绍了目前在对于复杂优化问题算法研究领域中通常采用的4种智能算法,即遗传算法、粒子群优化算法、蚁群算法及免疫算法。

　　全书共分8章。第1章主要介绍了算法的基本概念,算法的主要特征,算法设计的基本步骤,算法分析的目的和方法;第2章主要介绍了递归算法与分治算法的基本特征、设计思想及用于解决的问题,即二分搜索问题、排序问题(归并排序、快速排序)、选择问题及对这些问题求解效率的分析;第3~7章分别对于贪心算法、动态规划算法、回溯算法、随机算法及图论中的经典算法的设计思想和设计方法通过典型的例子进行了详细的介绍,并对这些算法进行了时间复杂度与空间复杂度的讨论;第8章简要介绍了4种群智能算法,即遗传算法、粒子群优化算法、蚁群算法及免疫算法的设计思想和设计方法。对于计算机科学及其相关专业的读者来说,第1~7章是必须掌握的内容;第8章属于选学内容,对于学有余力者或需要在算法领域有深入研究的人员具有一定的意义和价值。为了更好地使读

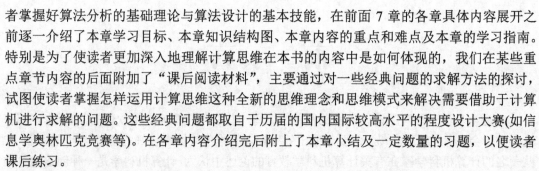

者掌握好算法分析的基础理论与算法设计的基本技能，在前面 7 章的各章具体内容展开之前逐一介绍了本章学习目标、本章知识结构图、本章内容的重点和难点及本章的学习指南。特别是为了使读者更加深入地理解计算思维在本书的内容中是如何体现的，我们在某些重点章节内容的后面附加了"课后阅读材料"，主要通过对一些经典问题的求解方法的探讨，试图使读者掌握怎样运用计算思维这种全新的思维理念和思维模式来解决需要借助于计算机进行求解的问题。这些经典问题都取自于历届的国内国际较高水平的程度设计大赛(如信息学奥林匹克竞赛等)。在各章内容介绍完后附上了本章小结及一定数量的习题，以便读者课后练习。

本书采用 C 语言作为数据结构和算法的描述语言。为了增加算法的可阅读性，书中在涉及有关难度较大的地方以程序注释的方式进行了一定的说明。除此以外，本书在概念的引入和文字的表述方面都遵循了"科学准确、通俗易懂、便于学习理解"这一基本原则；在例题和习题的选择方面注重分层原则，既便于普通读者掌握这本书的最基础、最核心的内容，又对学有余力者或专门从事算法研究的人员具有一定程度的参考价值。总之，本书是一本系统阐述算法分析与设计的基本原理和基本方法，并且概念准确、通俗易懂、具有雅俗共赏特点的教材或参考书。

对于要将本书作为算法分析与设计这门课程的学习教材的读者来说，首先应该系统地学过程序设计基础(或 C 语言程序设计)、离散数学、数据结构这些计算机专业基础课程。

本书是编者在总结多年从事算法研究、数据结构、C 语言程序设计的教学实践，以及指导学生多次参加国内国际高水平的软件开发或程序设计大赛(包括被誉为信息学领域的奥林匹克竞赛的 ACM/ICPC 国际大学生程序设计大赛)的基础上，参考了大量的相关资料编写而成的。书中融入了编者多年来在教学、科研及作为程序设计大赛教练带队参赛的经验体会，内容丰富，层次清晰，实用性很强。建议本书授课学时数为 60～70，第 8 章为选学内容，学有余力者可以在前面 7 章内容的基础上自学此章内容。

在编写本书的过程中，得到了华中科技大学文华学院、信息学部与专家的大力支持和帮助；感谢北京大学出版社的全体编辑和同仁，正是因为有你们的大力支持和提携，才使得本书在较短的时间内完稿并出版。

由于编者水平有限，书中不妥之处在所难免，恳请专家和广大读者批评指正，欢迎广大读者与编者联系(noahqm@126.com)。

本书配套答案可以通过下载链接（https://pan.baidu.com/s/1ChJLZgskMEgJXabUoilkJw提取码：192c）获得，或者扫描下方二维码直接换取下载链接，也可以联系本书责任编辑（Szheng_pup6@163.com）获得。

【习题答案】

编　者

2013 年 3 月

目　　录

第 1 章

算 法 引 论

学习目标

(1) 理解并掌握算法的基本概念；
(2) 掌握按照时间复杂度对计算机算法的分类；
(3) 掌握用时间复杂度对计算机算法的执行效率进行分析的基本方法。

知识结构图

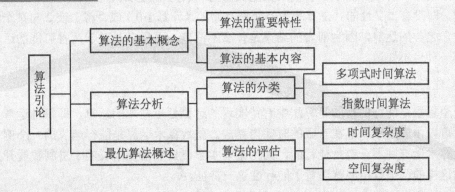

重点和难点

　　本章讨论的都是一些基本概念，因此没有难点，重点在于理解并掌握算法的基本概念、算法的重要特征，以及与计算机算法相关的各个名词和术语的含义；掌握频率计数和怎样运用时间复杂度分析算法的执行效率。

学习指南

(1) 掌握与计算机算法相关的各个名词、术语的含义；
(2) 了解时间复杂度和空间复杂度的基本概念；
(3) 理解计算机算法的 5 个重要特征；

(4) 了解计算机算法涉及的 5 个基本内容；

(5) 掌握计算频率计数和估算算法时间复杂度的基本方法。

1.1 算法的基本概念

凡是使用数字计算机解决过数值计算或非数值计算问题的人对于算法(algorithm)这个词都不陌生，因为他们都学习和编制过各种各样的算法。但是，若要给算法下一个准确的定义或做稍许准确一点的描述，那么，其中的绝大多数人都会感到这是件相当棘手的事情。实际上，算法和数字、计算等基本概念一样，要给它下一个严格的定义不是一件很容易的事情，只能笼统地将算法定义为解决某个确定问题的任意一种特殊的方法。但是在计算机科学中，算法已经逐渐成为了可以使用计算机求解一类问题的精确、有效方法的代名词。若对算法做稍许详细一些的非形式化描述，那么算法就是一组有穷的规则，它规定了解决某一特定类型问题的一系列计算方法。

1.1.1 算法的重要特性

1. 确定性

算法的每一种运算必须要有确切的定义，每一种运算应该执行怎样的动作必须是相当清楚的，即没有二义性的。在算法中不允许有诸如"计算 1/0"或"将 1 或 2 与某个确定的数相加"之类的运算，因为前者的结果是什么不清楚，而后者是对于两种可能的运算应该执行哪一种也不知道。

2. 能行性

一个算法是能行的指的是算法中有待实现的运算都是基本的运算，即每种运算至少在原理上可以由人用纸和笔在有限的时间内完成。整数算术运算是能行运算的一个例子，然而实数算术运算则不一定是能行的，因为某些实数值只能由无限长的十进制数展开式来表示，像这样的两个数相加就违背了能行性这一特征。

3. 输入

每个算法有 0 个或者多个输入，这些输入是在算法开始之前给出的量，这些输入取自特定的对象集合。

4. 输出

每个算法产生一个或者多个输出，这些输出是同输入有某种特定关系的量。

5. 有限性

任何一个算法总在执行了有限步的运算之后就停止执行。

只要是算法，都必须满足上面 5 条重要特性。仅仅只满足前面 4 条特性的一组规则不能称为算法，只能称其为计算过程。操作系统就是计算过程的一个重要例子。设计操作系统的目的就是控制作业的执行过程。当没有作业时，这个计算过程并不会真正停止，而是处于等待状态，一直等到一个新作业的进入。尽管计算过程包括这样一类重要的例子，我们还是将本书的讨论范围限制在那些总是可以停机的计算过程上。

由于研究计算机算法最终的目的就是有效地求出问题的解，因此，需要将算法投入到计算机上运行。这样一来，对于算法的讨论就不能仅仅局限于研究到其能在有限步内停机就结束，而应该对有限性进行更深入的研究，即应对算法的执行效率作出分析。例如，在国际象棋比赛中，对于任意给定的一种棋局，都可以设计出一种算法来判断该棋局是否可以导致获胜。这样的一个算法需要从开局起始对于所有棋子可能进行的移动及相应的对策做逐一的检查。为了做出应走哪些棋着的正确决策，计算步骤虽然是有限的，但实际上即便是在目前计算速度最快的数字计算机上计算也要千万年。由此可见，不能把任何在有限步计算内就停机的算法投入计算机中运行，而只能把那些在相当有限步内就停机的算法投入计算机中运行。而对于不能在相当有限步内停机的算法在投入计算机中运行之前，或者将其优化成在相当有限步内停机的算法，或者找出一种可以在相当有限步内停机的近似算法，总而言之，应尽可能地避免无益耗费计算机的宝贵资源。

1.1.2　算法的基本内容

为了要制定一个算法，一般需要经过设计、确认、分析、编码、检查、调试、计时等阶段，因此学习计算机算法必须涉及这些方面的内容。在这些内容中有许多都是现今重要而活跃的研究领域。为了便于区别，把算法学习的内容分成以下 5 个不同的方面。

1. 设计算法

设计算法的工作是不可能完全自动化的。本书的目的就是使读者学会已经被实践证明是有用的一些基本设计策略。这些策略不仅在计算机科学，而且在运筹学、自动化控制等多个领域都是非常有用的，利用它们已经设计出了许多精致有效的好算法。读者们一旦掌握了这些策略，也一定会设计出更多新的、适用的算法。

2. 表示算法

语言是思想交流的工具，设计的算法也要用语言恰当地表示出来。本书基本采用结构程序设计的方式，至于结构程序设计的内容限于篇幅并未展开作具体介绍，而是将所能收集到的主要结构运用于本书所给出的算法之中。

3. 确认算法

设计出了一个算法以后，就应证明它对于所有可能的合法输入都可以给出正确的答案，这一工作称为算法确认(algorithm validation)。这里需要指出的是，一个算法在设计好了以后，还不能马上成为一个可以立即投入计算机运行的程序。确认的目的在于使我们确信这个算法将可以正确无误地工作，而与写出这一算法所用的程序设计语言无关。一旦证明了所设计算法的正确性，就可以将其写成程序，在将程序投入到计算机上执行以前，实际上还应该证明该程序是正确的，也就是证明该程序对于所有可能的合法输入都能得到正确的结果，这一工作称为程序证明(program proving)。这一领域是当前很多计算机科学研究工作者集中研究的对象，但是这一工作目前还处于相当初期的阶段。在这一领域的工作还没有取得实质的突破性进展以前，为了增强对于所编制程序的置信度，只能使用对所编制程序的测试工作来代替。当前的一种典型测试程序的工作就是软件测试，即在规定的条件下对

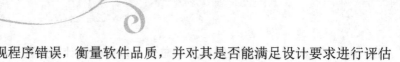

程序进行操作，以便发现程序错误，衡量软件品质，并对其是否能满足设计要求进行评估的过程。

4. 分析算法

在前面对有限性的研究中，曾论述到计算机上可以执行的算法仅仅是能在相当有限步内停机的算法。细心的读者一定会觉得在这个地方"相当"一词使用得非常模糊，能否对于有限步给出一个精确的数量界限呢？这其实是我们要在这里回答的一个问题。执行一个算法，要使用计算机的中央处理器(CPU)完成各种运算，还要用存储器来存放程序和数据。算法分析(analysis of algorithm)是对于每个算法需要多少计算时间和存储空间作定量的分析。算法分析不仅可以预计所设计的算法可以在怎样的环境中有效地执行，而且可以知道在最好、最坏及平均情况下执行得怎样，还可以使读者对于解决同一问题的不同算法执行的有效性做出比较判断。关于算法分析更确切的表述将在 1.2 节讨论。

5. 测试程序

测试程序实际上是由调试程序和作时空分布图这两部分组成的。调试(debugging)程序是在抽象数据集上执行程序，以确定是否会产生错误的结果。如果产生了错误的结果，就修改源程序。但是，这项工作正如著名的计算机科学家 E. 迪伊克斯特拉(E.Dijkstra)所说的那样"调试只能指出程序有错误，而不能指出程序不存在错误。"尽管如此，在程序正确性证明还尚未取得实质突破性进展的今天，程序调试仍是不可或缺且必须认真执行的一项重要工作。作时空分布图是首先使用各种给定的数据执行调试认为是正确的程序，然后测定为计算出正确的结果所花去的时间和空间，以印证以前所做的分析是否正确和指出实现最优化的有效逻辑位置。

以上 5 个方面基本概括了学习算法所涉及的全部内容。本书将重点放在算法分析和算法设计上，对其余部分只作扼要说明。

最后需要指出的是，本书中所介绍的算法，绝大部分属于非数值计算范畴内的问题。

1.2 算 法 分 析

算法分析是一种有趣的智力工作，它可以充分发挥和使用人类的聪明才智。更重要的是，从经济观点来看，通过算法分析可以知道为完成一项任务所设计的算法的优劣，进而促使人们想方设法设计出一些更好的算法，以达到少花钱多办事、办好事的经济效果。

在研究和讨论怎样进行算法分析以前，需要对运行算法的计算机类型做出假定。这对于问题求解的速度和效率影响很大。我们可以假定使用一台"通用"计算机模型，图灵机(Turing Machine)就是这台"通用"计算机的标准模型。图灵机是由英国著名的数学家和计算机科学之父阿兰·图灵(Alan Turing)于 1936 年提出的一种抽象计算模型，其更抽象的意义为一种数学逻辑机，可以看作等价于任何有限逻辑数学过程的终极强大逻辑机器。图灵机每次执行程序中的一条指令，并带有容量足够的随机存取存储器，在固定的时间内可以把任一个数存入到某个存储单元中或从某个存储单元中取出一个数。图灵机是目前各种类型计算机共同的计算机形式理论模型，可以使用该模型来说明各种类型通用计算机的计算能力。关于该模型的形式化定义及涉及该模型的其他方面的问题不再赘述。

为了分析一个算法，首先需要确定使用哪些运算，以及执行这些运算所需要使用的时间。一般说来，可以将这些运算分为两类。一类是基本运算，既包括加、减、乘、除这 4 种基本的整数算术运算，又包括浮点算术、比较、对各种变量赋值和过程调用等。这些运算所花费的时间虽然不同，但一般都只花费一个固定量的时间。因此，我们一般称其为时间围界于常数的运算。另一类运算则不然，可以由一些更基本的任意长序列的运算所组成。例如，两个字符串的比较运算可以是一系列字符比较指令，而这些字符比较指令又可以由移位指令或位比较指令这些更基本的指令所组成。假设比较一个字符所需要的时间围界于常数，那么比较两个字符串的时间总量就取决于这一系列指令的总长度。

接下来要做的事就是确定能反映出算法在各种情况下工作的数据集，即要求我们能编出可以产生最好、最坏和有代表性情况的数据配置，并且通过使用这些数据配置来执行现有的算法，以便了解算法的性能。这一部分工作是算法分析最重要和最富有创造性的工作之一。关于这一方面更为深入的论述将在以后讨论一些具体算法时再进行详细解读。

对于一个算法要做出全面的分析可以分成两个阶段来进行，即事前分析(a priori analysis)和事后测试(a posteriori testing)。根据事前分析，可以求出该算法的一个时间限界函数(它是一些有关参数的函数)；而由事后测试收集该算法的执行时间和占用空间的统计资料。假设在程序中的某个地方，出现语句"x=x+y"。在给出某种初始数据作为输入的情况下，如果要确定执行该条语句的时间总量，就需要两个基本信息，一个是该语句的频率计数(frequency count)(该语句的执行次数)和每执行一次该语句所需要的时间。这两个数的乘积就是时间总量。由于每次执行的时间都与所使用的计算机和程序设计语言及它的编译程序有关，因而事前分析应仅限于确定每条语句的频率计数。因为只有频率计数与所使用的机器无关，而且独立于编写这一算法的程序设计语言，从而可以根据该算法直接确定。

例如，考虑以下(a)、(b)、(c) 3 个程序段：

```
x=x+y                    for(i=1;i<=n;i++)          for(i=1;i<=n;i++)
                         {
                             x = x + y;                 {
                         }                          for(j=1;j<=n;j++)
                                                        {
                                                        x=x+y;
                                                        }
                                                    }


   (a)                          (b)                         (c)
```

对于每个程序段，假设语句"x=x+y"仅包含在当前可以看得见的循环之中，那么，在程序段(a)中，该语句的频率计数为 1；在程序段(b)中，该语句的频率计数为 n；而在程序段(b)中，该语句的频率计数为 n*n。显然，这些频率计数具有不同的数量级。就算法分析而论，一条语句的数量级是指执行它的频率；对于一个算法而言，它的数量级则是指其所有语句执行的频率之和。假设有 3 个算法可以求解同一个问题，它们的数量级分别是 n、n^2 和 n^3，相比较而言，我们自然愿意采用第一个算法求解该问题，因为它比其他两个算法

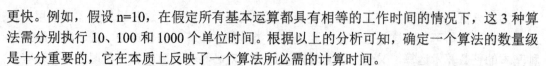

更快。例如，假设 n=10，在假定所有基本运算都具有相等的工作时间的情况下，这 3 种算法需分别执行 10、100 和 1000 个单位时间。根据以上的分析可知，确定一个算法的数量级是十分重要的，它在本质上反映了一个算法所必需的计算时间。

在实际的算法分析过程中，通常需要对一个算法的计算时间或频率总数进行分析，并用某种函数表示出来，例如用一个多项式来表示。但是，由于算法本身可能相当复杂或者受到其他许多因素的影响，使得在事前分析阶段根本就构造不出这个多项式的完整形式，甚至连这个多项式的最高次项的系数都无法得出，而只能得出该项的次数并判断出这个多项式与最高次项的关系。尽管这是一件令我们非常遗憾的事，但幸运的是这种关系仍然可以反映该算法在计算时间上的基本特性，至于如何反映，后面的内容会做详细介绍。因此，在算法的事前分析阶段，一般都致力于确定这种关系，下面我们将给出这种关系的数学描述。

1.2.1 计算时间的渐进表示

假设某算法的计算时间是 $f(n)$，其中变量 n 可以作为输入或输出的数据规模，也可以是这两者之和，还可以是其中之一的某种测度(如数组的维数，图的边数等)。$g(n)$ 是在事前分析中确定的某个形式很简单的函数，如 n^m，$\log n$，$n^m \log n$，2^n，$n!$ 等，它是独立于机器和语言的函数；然而 $f(n)$ 则是与机器和语言相关的。

定义 1.1 如果存在两个正常数 c 和 n_0，对于所有的 $n \geq n_0$，有

$$|f(n)| \leq c|g(n)|$$

则记作 $f(n) = O(g(n))$。

因此，一个算法具有 $O(g(n))$ 的计算时间指的是如果该算法用 n 值不变的同一类数据在某台计算机上执行，那么所用的时间总是小于 $|g(n)|$ 的一个常数倍。所以，通常把 $g(n)$ 称为计算时间 $f(n)$ 的一个上界函数，或者说 $f(n)$ 的数量级就是 $g(n)$。当然，在确定 $f(n)$ 的数量级时总是试图求出最小的那个上界函数 $g(n)$，使得 $f(n) = O(g(n))$。下面，我们来证明一个非常有用的定理。

定理 1.1 若 $A(n) = a_m n^m + \cdots + a_1 n + a_0$ 是一个 m 次多项式，则有 $A(n) = O(n^m)$。

证明：取 $n_0 = 1$，当 $n \geq n_0$ 时，有

$$|A(n)| \leq |a_m| n^m + \cdots + |a_1| n + |a_0|$$
$$\leq (|a_m| + |a_{m-1}|/n + \cdots + |a_0|/n^m) \, n^m$$
$$\leq (|a_m| + |a_{m-1}| + \cdots + |a_0|) \, n^m$$

令 $c = |a_m| + |a_{m-1}| + \cdots + |a_0|$
则定理立即得证。

实际上，只要将 n_0 取得足够大，可以证明只要 c 是比 $|a_m|$ 大的任意一个常数，定理 1.1 都成立。这个定理表明，变量 n 的固定阶数为 m 的任一多项式，与此多项式的最高阶 n^m 同阶。因此，只要计算时间为 m 阶的多项式的算法，其时间都可用 $O(n^m)$ 来表示。如果一个算法有数量级为 $a_1 n^{m_1}$，$a_2 n^{m_2}$，$\cdots$，$a_k n^{m_k}$ 的 k 个语句，那么该算法的数量级就是 $a_1 n^{m_1} + a_2 n^{m_2} + \cdots + a_k n^{m_k}$。根据定理 1.1 可知，它的计算时间为 $O(n^m)$，其中，$m = \max\{m_i | 1 \leq i \leq k\}$。

为了说明数量级的改进对于算法有效性的影响，下面我们通过一个具体的例子来进行说明。假设有两个算法用来求解同一个问题，它们都有 n 个输入，分别要求 $n*n$ 和 $n*\log_2 n$ 次标准运算，那么，当 $n=1024$ 时，它们分别需要做 1048576 次和 10240 次标准运算。如果

每执行一次标准运算所需要的时间是 1 微秒，则在输入相同数据规模的情况下，计算机执行第一个算法所需要的时间约为 1.05 秒，而计算机执行第二个算法所需要的时间约为 0.01 秒。如果将 n 增加到 2048，则两个算法所需要的标准运算次数就变成 4194304 和 22528，计算机执行每个算法所需要的时间分别增加到约为 4.2 秒和 0.02 秒。这样的结果表明，在将问题规模 n 加倍的情况下，一个 O(n*n)的算法要用 4 倍长的计算时间来完成，而一个 O(n*logn)的算法则只需要两倍多一点的时间即可完成。在实际求解问题的过程中，n 值为数千是很常见的，从这个意义上讲，数量级的大小对于一个算法有效性的影响是决定性的。

从计算时间上可以将目前的算法分为两大类，凡可用多项式来对其计算时间限界的算法，通常称为多项式时间算法(polynomial time algorithm)；而计算时间只能用指数函数限界的算法称为指数时间算法(exponential time algorithm)。例如，一个计算时间为 O(1)的算法，它的标准运算执行的次数是固定的，因此，总的计算时间应由一个常数(零次多项式)来限界，而一个计算时间为 O(n*n)的算法则应由一个二次多项式来限界。下面列出了 6 种使用计算时间限界的多项式时间算法，以及根据它们计算时间的长短形成的关系。

$$O(1)<O(logn)<O(n)<O(nlogn)<O(n^2)<O(n^3)$$

指数时间算法一般有 $O(2^n)$、$O(n!)$和 $O(n^n)$等，其关系为 $O(2^n)<O(n!)<O(n^n)$其中，最常见的是计算时间为 $O(2^n)$的算法。当 n 取很大的值(问题规模足够大)时，指数时间算法和多项式时间算法在所需的执行时间上相差非常悬殊，这是由于根本就不可能找到一个 m，使得 2^n 围界于 n^m。换句话说，对于任意的 m(m≥0)，总是可以找到一个 n_0，使得当 n≥n_0时，有 2^n≥n^m。因此，只要有人可以将现有的指数时间算法中的任何一个算法优化成为多项式时间算法，就取得了一个伟大的成就，甚至可以获得被誉为计算机科学界的诺贝尔奖——图灵奖(Turing Award)。

图 1.1 和表 1.1 指明了当常数值为 1 的情况下的 6 种典型计算时间随着问题规模 n 的增长的变化情况。从中不难发现，计算时间函数 O(logn)、O(n)和 O(nlogn)与另外 3 种计算时间函数相比，随着问题规模 n 的增长变化慢得多，即增长率慢得多。

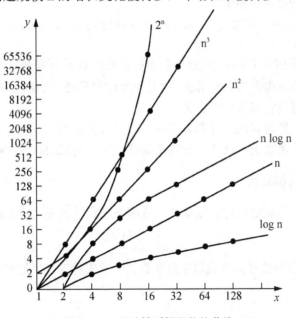

图 1.1　一般计算时间函数的曲线

表 1-1 计算时间函数值

logn	n	nlogn	n^2	n^3	2^n
0	1	0	1	1	2
1	2	2	4	8	4
2	4	8	16	64	16
3	8	24	64	512	256
4	16	64	256	4096	65536
5	32	160	1024	32768	4294967296

根据这些结果不难看出，当数据集的规模(n 的取值)足够大时，在现代数字计算机上运行计算时间比 O(nlogn)复杂度还高的算法通常是相当困难的。特别是时间复杂度为指数级别的指数时间算法，这些算法只有当数据集的规模 n 取值很小时才适用。因此，如果在顺序处理机(非并行处理机)上想要扩大处理问题的规模，最有效的方法就是降低算法时间复杂度的数量级，而不是提高数字计算机的速度。因为在具有相当数据集规模的情况下，速度不同的数字计算机对同一个算法的执行时间差别远远不及同一台机器上执行不同算法(如在同一台计算机上执行多项式时间算法与指数时间算法)的时间差别。

符号 O 作为算法性能描述的工具，它表示计算时间的上界函数。为了进一步描述算法的性能特性，通常我们也希望能给出确定计算时间的下界函数，因此，需要引入另一个数学符号。

定义 1.2 如果存在两个正常数 c 和 n_0，对于所有的 $n \geq n_0$，有 $|f(n)| \geq c|g(n)|$，则记作 $f(n) = \Omega[g(n)]$。

特别在某些情况下，如果某算法的计算时间既满足 $f(n) = \Omega[g(n)]$，同时又满足 $f(n) = O(g(n))$，也就是说 $g(n)$ 既是 $f(n)$ 的上界，同时又是它的下界。为了方便起见，我们引入另一个数学符号来表示这种情况。

定义 1.3 如果存在正常数 c_1, c_2 和 n_0，对于所有的 $n \geq n_0$，有 $c_1|g(n)| \leq |f(n)| \leq c_2|g(n)|$，则记作 $f(n) = \Theta(g(n))$。

一个算法的计算时间 $f(n) = \Theta(g(n))$ 意味着该算法在最好和最坏的情况下的计算时间就一个常数因子的范围内而言是相等的。这几种数学符号在本书后面的章节中会经常使用，希望读者在这里能明确它们各自的含义。

以上，我们只是针对算法的计算时间特性做了较为详细的介绍，对于算法的计算空间特性的分析也可以按照以上对算法的计算时间特性进行类似的研究，限于篇幅，在此从略。

1.2.2 常用的整数求和公式

在算法分析中，当确定语句的频率时，通常会遇到以下形式的表达式：

$$\sum_{g(n) \leq i \leq h(n)} f(i) \tag{1-1}$$

其中，f(i)是一个带有理数系数并且以 i 为变量的多项式。这个表达式最常用到的是下面几种形式：

$$\sum_{1 \leq i \leq n} 1 \qquad \sum_{1 \leq i \leq n} i \qquad \sum_{1 \leq i \leq n} (i * i) \tag{1-2}$$

由于它们都是有限求和，因此通常可以列出它们的求和公式。我们可以很容易地发现，第一个多项式的和就是 n。为了今后使用方便，直接写出其余多项式的求和公式如下：

$$\sum_{1\leq i\leq n} i = n(n+1)/2 = \Theta(n*n) \tag{1-3}$$

$$\sum_{1\leq i\leq n} (i*i) = n(n+1)(2n+1)/6 = \Theta(n*n*n) \tag{1-4}$$

通式是

$$\sum_{1\leq i\leq n} i^k = n^{k+1}/(k+1) + n^k/2 + 低次项 = \Theta(n^{k+1}) \tag{1-5}$$

以上我们简要介绍了算法分析的第一阶段即事前分析的基本步骤。接下来，我们将对算法分析的第二阶段——事后测试做简要介绍。

1.2.3 作时空性能分布图

事后测试是在对算法进行了设计、确认、事前分析、编码及调试以后所要做的工作，以便确定程序所耗费的精确时间和空间，也就是作时空性能分布图。由于事后测试与所使用的数字计算机密切相关，我们在此只对这一阶段所要进行的基本工作和若干注意事项概略地做一些介绍。

就作时间分布图为例，为了精确地确定算法的计算时间，首先必须在所用数字计算机上配置一台可以读出时间的时钟，除此以外，还必须了解该时钟的精确程度，以及数字计算机所使用的操作系统的基本工作方式。这是因为前者随着所使用数字计算机的不同而具有相当大的差异：如果在一台时钟精确度不高的计算机上运行耗时很少(如比时钟的误差值更小)的程序，那么，所得到的计时图只不过是一些"噪声"，这样，其时间分布性能将会完全被淹没在这些"噪声"之中；如果后者是以多道程序或者分时方式工作的操作系统，那么将会在取得算法工作的可靠时间上出现困难，特别是对于那些在计时过程中包含了换出磁盘上的用户程序耗用的时间的操作系统而言。由于时间会随着当前记入系统的用户数而相应变化，因此系统无法确定算法自身所花费的时间。

为了解决由于时钟误差而导致的"噪声"问题，通常推荐两种可供选择的方法：其一，增加输入规模，直至得到算法所需的可靠的时间总量；其二，取足够大的 r，将该算法重复执行 r 次，然后用总的时间除以 r。

在解决了计时方面的具体技术问题以后，就应该考虑怎样作出时间性能分布图。对于事前分析为 $\Theta(g(n))$ 计算时间的算法，应该选择按照输入不断增大其规模的数据集，再利用这些数据集在数字计算机上运行程序，从而得到在使用这些数据集的情况下算法所消耗的时间，并进而画出这一数量级的时间曲线。倘若这条曲线与事前分析所得到的曲线形状基本符合，那么就说明印证了事前分析的结论。而对于事前分析为 $O(g(n))$ 计算时间的算法，就应该首先在各种数据集规模的范围内分别按照最好情况、最坏情况及平均情况的数据集独立运行程序，然后作出各种情况的时间曲线，并进而根据这些曲线来分析最优的有效逻辑位置。

此外，如果为了解决某一个问题，分别设计了多种具有同一数量级的不同算法，或者为了加快某种算法的速度，在同一数量级情况下做了一些改进，那么，只要在输入相同数据集的情况下作出它们的时间分布图就可以比较出哪一个算法的运行效率更高一些。

1.3 最优算法概述

在后面的章节中，将进一步证明用元素比较的方法对 n 个元素进行排序的算法，在最坏情况下，其运行时间为 $\Omega(n\log n)$。这意味着不能设计出任何一种算法，使得它在最坏情况下的运行时间会小于 $n\log n$。因此，如果它的时间复杂度是 $\Theta(n\log n)$，就认为这个算法是基于比较的排序问题的最优算法。

在一般情况下，倘若可以证明待求解问题的任何算法的运行时间是 $\Omega(f(n))$，那么，对于以时间 $O(f(n))$ 来求解待求解问题的任何算法，都认为是最优算法。对于最优算法的这种定义方法，是被很多文献所广泛使用的。在这里，没有考虑空间复杂度，其主要原因在于，只要是在一个合理的范围内使用空间，则对于时间的考虑应该比对于空间的考虑更加重要。

在这里值得一提的是，最优算法是在上述意义下定义的。倘若对于同一个求解问题，存在两个不同的算法，在上述意义下都是最优的，那么，如果要确定这两个算法中哪一个是真正最优的，就必须进一步对这两个算法的时间复杂度表达式中的高阶项常数因子进行进一步的比较。一般说来，常数因子小的算法要优于常数因子大的算法。另一方面需要注意的是关于时间复杂度渐进阶的确定，与数据规模 n 及常数因子 c 的选取有关，当数据规模很小时，时间复杂度阶低的算法不一定比时间复杂度阶高的算法更有效。

本 章 小 结

本章是为以后各章的讨论内容做基本知识的准备，首先介绍有关计算机算法的一些基本概念及计算机算法的五大重要特性：确定性、能行性、输入、输出和有限性；然后介绍了计算机算法研究的五大内容：设计算法、表示算法、确认算法、分析算法和测试程序；接着介绍了在计算机算法中按照时间复杂度进行分类的两种基本算法：多项式时间算法和指数时间算法的基本概念及各自的特点；最后简明扼要地介绍了最优算法的基本概念及使用方法。

习题与思考

1．解释下列名词：算法、频率计数、多项式时间算法、指数时间算法。

2．算法分析的目的是什么？

3．什么是事前分析和事后测试？

4．评价一个算法应从哪几个方面考虑？

5．对于下列函数，求使得第二个函数比第一个函数小的 n 的最小值(n 为自然数)。

①n^2, $10n$　　　②$2^n$, $2n^3$　　　③$n^2/\log n$, $n(\log n)^2$　　　④$n^3/2$, $n^{2.81}$

注：本书中如果没有特别说明，所有对数的底数均为2。

第 2 章

递归算法与分治算法

学习目标

(1) 理解并掌握递归算法的实现机制；
(2) 熟练掌握递归关系式的求解方法；
(3) 掌握用求解递归关系式的方法分析递归算法和分治算法的时间复杂度；
(4) 理解并掌握设计有效算法的分治策略；
(5) 掌握分治算法的设计方式。

知识结构图

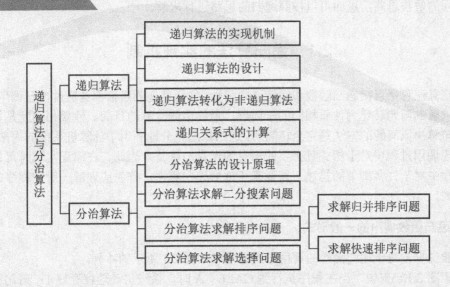

重点和难点

　　本章的重点在于理解递归算法的基本概念及实现机制；掌握递归算法设计的基本思想；理解分治算法的基本设计原理；掌握怎样使用分治策略来解决二分搜索问题、归并排序问题、快速排序问题和选择问题等各类问题；如何运用递归关系式的求解方法分析递归问题

与分治问题的时间复杂度；难点是如何将递归算法转化为最优化的非递归算法，从而提高求解问题的效率。

学习指南

本章最重要的概念是递归算法和分治算法的基本概念；本书中讲授的每一个算法都是用于解决某一类问题的，本章中所讲授的递归算法和分治算法也是如此。这就表明，在我们设计算法解决一个实际问题之前，必须首先分析这个实际问题具有哪些特征，然后依据这些特征选择相应的算法进行求解，往往会获得事半功倍的效果。此外，针对每个递归算法或分治算法，应熟练掌握时间复杂度的一般分析方法。读者在学习本章的内容时，应该牢牢把握以上两个基本原则。

递归算法是一种自身调用自身或间接调用自身的算法。若在算法设计的过程中使用递归技术，往往会使得对于算法的描述不仅简单明了、便于理解，而且会使程序员容易编程和验证算法的正确性。实际上，正是由于对很多复杂问题使用了递归技术求解，使得求解过程更加容易而有效。因此，在计算机软件开发领域中，递归算法是一种非常重要并且不可或缺的算法。在思想方法上，我们大体上可以把递归技术分为两种类型：基于归纳法的递归称为递归算法，基于分治思想的递归称为分治算法。递归算法将归纳法的思想应用于算法设计之中；分治算法把一个问题划分为一个或多个子问题，每个子问题与原问题具有完全相同的解决思路，进而可以按照递归的思路进行求解。

2.1　递归算法的实现机制

递归算法包括直接递归函数和间接递归函数。这两种递归函数都是通过自己调用自己，将需要求解的问题转化为性质相同的子问题，最终达到求解的目的。性质相同就是指解决子问题与解决原问题的方法是完全相同的。递归算法充分地利用了计算机系统的内部机能，自动实现调用过程中对于相关且必要的信息的保存与恢复，因此，在编程实现时可以省略求解过程中对于许多细节的描述。若要真正理解递归算法，首先应理解一般子程序的内部实现机制。

2.1.1　递归函数调用的一般形式

一般说来，对于递归函数的调用形式通常有如图 2.1 所示的 4 种。

对于图 2.1(a)来说，当主程序执行到 CALL　A 时，系统自动地保存好 1：语句在指令区的地址(为了后文叙述方便起见，不妨设地址为 1，下同)，便于递归调用函数 A 结束以后能够从系统获得返回地址，并且按照返回地址执行下一条指令。

对于图 2.1(b)来说，主程序中有多次对递归函数 A 的调用。在第 k 次重复调用递归函数 A 以前，系统自动地保存好地址 k，以便于第 k 次调用函数 A 结束以后能够顺利地按地址 k 返回。这种情况与图 2.1(a)所示的不一样，即保存的应有多个，但在某一时刻最多只能保存一个地址，一旦获得地址返回后，保留的地址 k 将被系统释放。

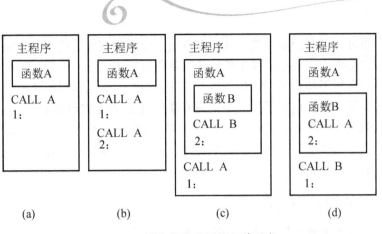

图 2.1 递归函数调用的 4 种形式

对于图 2.1(c)和图 2.1(d)来说，当主程序执行到 CALL A 或 CALL B 时，系统将自动地保存好地址 1，转入递归函数 A 或 B，在第二次调用递归函数 CALL B 或 CALL A 时，再次保存好地址 2，当执行完递归函数 B 或 A 以后，获得地址 2 并且返回，继续执行；当递归函数 A 或 B 执行完以后，获得地址 1 并且返回，直到执行完主程序为止。图 2.1(c)和图 2.1(d)这两种情况不同于图 2.1(b)，在某一时刻可以保存多个地址，而且后保存的地址先释放。因此，对于图 2.1(c)和图 2.1(d)，关于返回地址的管理方式，应用栈的方式来实现。由此不难得出以下结论：系统在实现递归函数的调用时，应使用栈的方式管理调用递归函数时的返回地址。

除了对地址的管理之外，系统应为支持程序的模块化而提供局部变量的概念及实现。在内部实现时，编译系统为每个将要执行的递归函数的局部变量(包括形参)分配一定的存储空间，并且限定这些局部变量不能由该递归函数以外的程序直接访问，这些递归函数之间的数据传送通过参数或全局变量实现，这样就确保了局部变量及其特性的实现。将这些局部变量、返回地址一起放在栈顶，就能较好地实现这一要求。因此，被调过程对于其中的局部变量的操作就是对栈顶中相应变量的操作，这些局部变量随着被调过程的执行而存在于栈顶，当被调过程结束以后，局部变量从栈顶移出。

2.1.2 值的回传

在计算机的高级语言中，实参与形参的数据传送通过两种方式来实现：其一是按值传送(如高级语言中的值参)，其二是按地址传送(如高级语言中的变参)。由于形参与实参结合的方式不同，在函数调用前后，值参对应的实参的值是不会发生变化的，但是变参所对应的实参的值会将执行过程中对变参的修改进行回传。对于变参的回传值，计算机有两种内部实现的方法。

(1) 两次值传送方式：按照指定类型为变参设置相应的存储空间，在执行函数调用时，将实参值传送给变参，在返回时将变参的值回传给实参。

(2) 地址传送方式：在内部将变参设置成为一个地址，函数调用时应首先执行地址传送，即将实参的地址传送给变参，在函数执行的过程中，对变参的操作实际上变为对所对应的实参的操作。

为了讨论问题方便起见，在以下讨论递归问题时，我们对变参的值的回传采用第一种方式，即两次值传送方式。

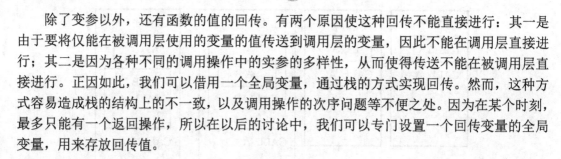

除了变参以外，还有函数的值的回传。有两个原因使这种回传不能直接进行：其一是由于要将仅能在被调用层使用的变量的值传送到调用层的变量，因此不能在调用层直接进行；其二是因为各种不同的调用操作中的实参的多样性，从而使得传送不能在被调用层直接进行。正因如此，我们可以借用一个全局变量，通过栈的方式实现回传。然而，这种方式容易造成栈的结构上的不一致，以及调用操作的次序问题等不便之处。因为在某个时刻，最多只能有一个返回操作，所以在以后的讨论中，我们可以专门设置一个回传变量的全局变量，用来存放回传值。

2.1.3 递归函数调用的内部操作

综上所述，递归函数调用的内部实现包括两个方面。

(1) 在执行调用时，系统至少应执行以下 3 步操作：

① 返回地址入栈，同时在栈顶为被调的递归函数的局部变量开辟空间；

② 为被调递归函数准备数据，计算实参值，并将其赋给相应的栈顶的形参；

③ 将指令流转入被调递归函数的入口处。

(2) 在执行返回操作时，系统至少应执行以下 4 步操作：

① 如果有变参或是函数，将其值保存到回传变量中；

② 从栈顶取出返回地址；

③ 按照返回地址返回；

④ 如果有变参或是函数，则从回传变量中取出保存的值传送给相应的变量或位置上。

递归调用过程是自己调用自己本身代码的过程。倘若将每一次的递归调用看作是调用自身代码的复印件，那么递归实现过程基本上就跟一般函数的实现过程相同。然而，在内部实现时，系统却并不是去复制一份程序代码放入到内存，而是使用代码共享的方式，关于这方面的细节问题读者不必深究。

2.2 递归算法的设计

我们首先应该明白究竟哪些问题可以使用递归算法进行求解，或者换句话说，可以采用递归算法进行求解的问题必须具有哪些特征呢？一般说来，可以使用递归算法求解的问题应满足以下 3 个条件：

(1) 问题 P 的描述涉及规模，即 P(size)；

(2) 问题的规模发生变化后，解决问题的方法完全相同，并且原问题(通常是大规模的问题)的解由小规模问题的解构成；

(3) 小规模的问题是可以求解的(在有限步内可以停机)。

递归算法的思想渊源来自于古老的归纳法的思想方法。对于一个数据规模为 P(n)的问题，归纳法的思想方法如下：

(1) 基础步：a_1 是问题 P(1)的解。

(2) 归纳步：对于任意的 k(k=1,2,…,n)，如果 b 是问题 P(k)的解，那么 P(b)就是问题 P(k+1)的解。其中，P(b)是对于 b 的某种运算或者操作。

例如，由于 a_1 是问题 P(1)的解，如果 $a_2=P(a_1)$，那么 a_2 就应该是对问题 P(2)的解；依此类推，如果 a_{n-1} 是问题 P(n-1)的解，并且 $a_n=P(a_{n-1})$，那么 a_n 就是问题 P(n)的解。

因此，为了求问题 P(n)的解 a_n，可以先去求解问题 P(n-1)的解 a_{n-1}，然后再对 a_{n-1} 进行 P 运算或者 P 操作。为了求问题 P(n-1)的解，应先求问题 P(n-2)的解，这样下去，不断地进行有限次递归求解，直到 P(1)为止。当得到 P(1)的解以后，再反过来，不断地将所得到的解进行 P 运算或者 P 操作，直到获得 P(n)的解为止。这就是基于归纳的递归算法的思想方法。

在计算机算法分析与设计中，递归算法是十分有用的。使用递归算法往往可以使得函数的定义及对于算法的描述不仅变得简捷而且易于理解。有些数据结构，如树、二叉树等，由于其自身固有的递归特性(树与二叉树的定义)，特别适合于使用递归的形式来表述。此外，还有一些问题，虽然其本身并没有明显的递归形式结构，但是，这些问题满足上面所述的 3 个条件，因此仍然可以使用递归算法进行求解。下面我们来看几个例子。

例 2.1　计算阶乘函数 n!

阶乘函数可以归纳定义为以下形式：

$$n!=\begin{cases} 1 & (n=0) \\ n(n-1)! & (n>0) \end{cases}$$

这是一个人们颇为熟悉的最简单的例子。阶乘函数的自变量 n(数据规模)的定义域是非负整数，满足上面的条件(1)；递归关系式的第一式给出了这个函数的初始值，是非递归地定义的。每个递归函数都必须具有非递归定义的初始值，否则，就无法对递归函数进行计算求解。递归关系式的第二式使用较小自变量的函数值来表示较大自变量的函数值的方式来定义 n 的阶乘，定义式的左右两边都引用了阶乘记号，是一个递归定义式，满足上面的条件(2)和(3)，因此该问题可以采用递归算法进行求解。实现它的递归算法如下。

算法 2.1　计算阶乘函数 n!

输入：n

输出：n!

```
1.   int  factorial(int n)
2.   {
3.     if(n==0)
4.       return 1;
5.     else
6.       return n* factorial(n-1);
7.   }
```

该算法的第三行判断是执行基础步还是执行归纳步；第四行执行基础步，它就是递归算法的出口；第六行执行归纳步。取乘法运算作为这个算法的基本操作，此递归算法的时间复杂度可由下面的递归方程确定：

$$\begin{cases} f(0)=0 \\ f(n)=f(n-1)+1 \end{cases}$$

则 f(n)=f(n-1)+1=f(n-2)+2=…=f(0)+n=0+n=n=Θ(n)，因此，这个递归算法的时间复杂度是Θ(n)。

例 2.2 计算整数的非负整数次幂

算法 2.2 计算整数的非负整数次幂

输入：整数 x 和非负整数 n

输出：x 的 n 次幂

```
1.  int  power(int x,int n)
2.  {
3.    int  y;
4.     if(n==0) y=1;
5.    else {
6.     y=power(x,n/2);
7.     y=y*y;
8.     if(n%2==1)
9.       y=y*x;
10.      }
11.   return  y;
12. }
```

第 4 行执行基础步，当 n=0 时，将 1 作为返回值返回；第 6～9 行执行归纳步，在计算了 $x^{n/2}$ 的基础上，分两种情况讨论：如果 n 为偶数，则 $x^n=(x^{n/2})^2$；如果 n 为奇数，则 $x^n=x*(x^{n/2})^2$。如果将第 7 行的乘法作为这个算法的基本操作，那么时间复杂度应按如下方式进行估计：

$$\begin{cases} f(1)=1 \\ f(n)=f(n/2)+1 \end{cases}$$

令 $n=2^k$，则 $g(k)=f(2^k)$，将上式变换为下式：

$$\begin{cases} g(0)=1 \\ g(k)=f(k-1)+1 \end{cases}$$

得到

$$f(n)=g(k)=k+1=\log n+1=\Theta(\log n)$$

值得注意的是，上述递归算法的每一次递归过程，都需要分配常数个工作单元，递归深度为 $\log n$，因此该算法用于递归栈的工作单元数与 $\log n$ 为同一数量级，即为 $\Theta(\log n)$。

例 2.3 基于递归算法的插入排序。

如果要对 n 个元素组成的数组 A 进行排序，可以按照以下方式进行。

算法 2.3 基于递归算法的插入排序

输入：数组 A[ ]，数组中的元素个数 n

输出：按非递减顺序排序的数组 A[ ]

```
1.  template<class Type>
2.  void insert_sort_rec(Type A[ ], int n)
```

```
3.   {
4.      int k;
5.      Type a;
6.      n=n-1;
7.      if(n>0) {
8.         insert_sort_rec(A, n);
9.         a=A[n];
10.        k=n-1;
11.        while((k>=0)&&(A[k]>a)) {
12.        A[k+1]= A[k];
13.        k=k-1;
14.        }
15.        A[k+1]=a;
16.     }
17.  }
```

该算法的第 7 行判断是执行基础步还是执行归纳步。假如，n=1，就执行基础步，此时，由于只有一个元素，因此不进行任何算法操作，立即返回。第 8～15 行执行归纳步操作。第 8 行对数组 A[ ]前面的 n-1 个元素进行排序，第 9～15 行使得第 n 个元素与前面的 n-1 个元素逐一进行比较，并且根据比较结果将第 n 个元素插入适当的位置。这样，如果我们取元素的比较操作作为这个算法的基本操作，那么此算法的时间复杂度可以按下面的递归关系式确定：

$$\begin{cases} f(0)=0 \\ f(n)=f(n-1)+n-1 \end{cases}$$

根据递归关系式的第二式，可以得到

$$f(n)=f(n-1)+n-1=f(n-2)+((n-2)+(n-1))=\cdots=f(0)+\sum_{k=1}^{n-1}k=n*(n-1)/2$$

因此，这个算法的时间复杂度为 $O(n*n)$。由于该算法的每一次递归，都需要分配常数个工作单元，递归深度应为 n，因此，算法用于递归栈的工作单元数与 n 为同一数量级，即应为 $\Theta(n)$。

例 2.4　多项式求值的递归算法。

设有如下的 n 阶多项式：$P_n(x)=a_nx^n+a_{n-1}x^{n-1}+\cdots+a_1x+a_0$

假若分别对每一项求值，则需要 $n+(n-1)+\cdots+1=n*(n+1)/2$ 个乘法，效率比较低。但是，如果我们使用秦九韶算法，将上面的公式改写为 $P_n(x)=a_nx^n+a_{n-1}x^{n-1}+\cdots+a_1x+a_0$

$=((\cdots((((a_n)x+a_{n-1})x+a_{n-2})x+a_{n-3})x+\cdots)x+a_1)x+a_0$

那么就可以使用以下的步骤进行归纳。

(1) 基础步：n=0，有 $P_0=a_n$。

(2) 归纳步：对于任意的 k(k=1，2，$\cdots$n)，倘若前面的 k-1 步已经计算出了 P_{k-1}，即

$$P_{k-1}=a_nx^{k-1}+a_{n-1}x^{k-2}+\cdots+a_{n-k+2}x+a_{n-k+1}$$

则应有

$$P_k=x*P_{k-1}+a_{n-k}$$

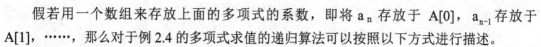

假若用一个数组来存放上面的多项式的系数，即将 a_n 存放于 A[0]，a_{n-1} 存放于 A[1]，……，那么对于例 2.4 的多项式求值的递归算法可以按照以下方式进行描述。

算法 2.4 多项式求值的递归算法

输入：存放于数组的多项式系数 A[ ]及 x，多项式的阶数 n

输出：阶数为 n 的多项式的值

```
1.  float qinjiushao_alm(float x,float A[ ],int n)
2.  {
3.      float p;
4.      if (n==0)
5.          p= A[0];
6.      else
7.          p= qinjiushao_alm(x,A,n-1)*x+ A[n];
8.      return p;
9.  }
```

如果将算法的第 7 行的乘法作为基本操作，那么算法的时间复杂度由以下的递归方程确定：

$$\begin{cases} f(0) = 0 \\ f(n) = f(n-1)+1 \end{cases}$$

由上面的递归关系式，不难得出以下结论：$f(n) = \Theta(n)$。同时不难看出，该算法用于递归栈的空间也应为 $\Theta(n)$。

例 2.5 排列问题的递归算法。

假设有 n 个元素，一般为了方便起见，不妨将它们进行编号为 1，2，…，n。用一个具有 n 个元素的数组 A 来存放所生成的排列，然后输出它们。假设开始时，这 n 个元素已经依次存放于数组 A 中，为了生成这 n 个元素的所有排列，可以采取以下的步骤。

(1) 数组的第一个元素为 1，即排列的第一个元素为 1，生成后面的 n-1 个元素的排列。

(2) 数组的第一个元素和数组的第二个元素互换，即使得排列的第一个元素为 2，生成后面的 n-1 个元素的排列。

(3) 依次类推，最后，数组的第一个元素和数组的第 n 个元素互换，使排列的第一个元素为 n，生成后面的 n-1 个元素的排列。

在上面步骤中的第一步，为了生成后面的 n-1 个元素的排列，我们继续采取以下的步骤。

(1) 数组的第二个元素为 2，即排列的第二个元素为 2，生成后面的 n-2 个元素的排列。

(2) 数组的第二个元素和数组的第三个元素互换，即使得排列的第二个元素为 3，生成后面的 n-2 个元素的排列。

(3) 依次类推，最后，数组的第二个元素和数组的第 n 个元素互换，使排列的第二个元素为 n，生成后面的 n-2 个元素的排列。

这样的步骤可以一直进行下去，即当排列的前 n-2 个元素确定了以后，为了生成后面的 2 个元素的排列，可以按照前面类似的方式进行：

(1) 数组的第 n-1 个元素为 n-1，即排列的第 n-1 个元素为 n-1，生成后面的 1 个元素

的排列，此时数组中的 n 个元素已经构成了一个排列。

(2) 数组的第 n-1 个元素与第 n 个元素互换，使排列的第 n-1 个元素为 n，生成后面的 1 个元素的排列，此时数组中的 n 个元素已经构成了一个排列。

如果排列算法 pl_alm(A,k,n)表示生成数组后面的 k 个元素的排列，那么通过上面的分析，不难得出以下结论：

(1) 基础步：k=1，只有一个元素，已经形成了一个排列。

(2) 归纳步：对于任意一个 k(k=2,3,…,n)，假如可以根据算法 pl_alm(A,k-1,n)完成数组后面 k-1 个元素的排列，则为了完成数组后面 k 个元素的排列 pl_alm(A,k,n)，应该逐一对数组中的第 n-k 元素与数组中的 n-k～n 元素进行互换，每互换一次，就执行一次 pl_alm(A,k-1,n)操作，并进而产生一个排列。

这样一来，排列生成的递归算法可以按照以下方式进行描述。

算法 2.5　排列问题的递归算法

输入：数组 A[ ]，数组的元素个数 n，当前递归层次需要完成排列的元素个数 k

输出：数组 A[ ]的全部排列情况

```
1.   template<class Type>
2.   void pl_alm(Type A[ ],int  k,int  n)
3.   {
4.     int  i;
5.     if (k==1)
6.       for(i=0;i<n;i++)              /*已经形成了一个排列,将其输出*/
7.         cout<<A[i];
8.     else{
9.       for(i=n-k;i<n;i++) {          /*生成后续的一系列排列形式*/
10.        swap(A[i], A[n-k]);
11.        pl_alm(A,k-1,n);
12.        swap(A[i], A[n-k]);
13.            }
14.      }
15.  }
```

以上算法的执行时间应进行如下估计：当 k=1 时，算法的第 6 行、第 7 行执行所生成的排列元素的输出，每产生一个排列，便输出 n 个元素。当 k=n 时，执行第 9～12 行 for 循环的循环体，即对 pl_alm(A,k-1,n)函数执行 n 次递归调用。通过分析，可以建立以下递归关系式：

$$\begin{cases} f(1) = n & (n = 1) \\ f(n) = nf(n-1) & (n > 1) \end{cases}$$

对上面的递归关系式进行求解，不难得出 f(n)=n*n!。因此，排列问题的递归算法的时间复杂度是 $\Theta(n*n!)$。由于该算法的递归深度为 n，因此，该算法每一次递归都需要常数个工作单元，所以，此算法所需要的递归栈的工作单元数应与 n 为同一数量级，即为 $\Theta(n)$。

通过对以上 5 个使用递归算法求解问题的讨论，不难看出，递归算法的结构清晰明了、易于阅读，甚至可以使用数学归纳法来证明它的正确性。因此，它为算法设计和程序调试都带来了极大的便利，因此，递归算法是算法设计中的一种强有力的工具。

由于递归算法是一种自身调用自身的算法，这颇有点类似于多个算法(递归函数)相互嵌套调用的情况。所不同的是，在递归算法中，调用的递归函数与被调用的递归函数是同一个函数。值得一提的是，在递归算法里，需要注意递归函数的调用层次，也就是递归深度。如果将调用递归函数的主函数称为第 0 层调用，那么当进入递归算法以后，首次递归调用自身，称为第 1 层调用；依此类推，如果从第 k 层递归调用自身，则称为第 k+1 层调用。反过来，当退出第 k+1 层调用时，就表明算法已经返回到了第 k 层。每逢递归算法中的递归函数递归调用自身，并进入新的一层时，系统就将它的返回断点保存在它的工作栈中，与此同时，在它的工作栈上建立它的所有局部变量，并且将全部实际参数的值传递给相关的局部变量。每当从新的一层返回到原来的一层时，就释放工作栈上的所有局部变量，并且根据工作栈上的返回断点，返回到原来被中断的地方。随着递归深度的不断增加，工作栈所需要的空间开销将会不断增大，由于工作栈的空间容量是有限的，有些时候甚至会导致栈溢出的现象，因此导致原问题无法求解。同时，在调用递归函数时，所进行的辅助操作将随着递归深度的增加会不断增多。所以，通常来说，递归算法的执行效率很低。所以，人们通常会将其转化为等价的非递归算法(如循环迭代算法)进行求解。

2.3 递归算法转化为非递归算法

对于那些本来就要使用递归算法求解的问题，在设计其算法时能否既发挥递归表示直观及易于验证算法正确的特点，又能克服由于使用递归而带来的总开销(包括时间开销和空间开销)增加的不足呢？因此，我们建议使用以下方法：对于一个可以使用递归算法求解的问题来说，在算法设计的初期阶段采用递归算法，一旦所设计的递归算法被证明是正确的并且确信是一个好的算法时，就可以消去递归，即将该算法翻译成为与之等价的，并且仅使用迭代的算法。这一翻译过程既可以使用一组简单的转换规则来完成，又可以根据具体情况将所得到的迭代算法做进一步的改进，并进而可以提高迭代过程的效率。

以下介绍的是将直接递归过程翻译成只使用迭代过程的一组规则。对于间接递归过程的处理只需要将这组规则稍做修改即可使用。翻译主要是将递归过程中出现递归调用的位置用等价的非递归代码进行置换，并且要对 return 语句做适当处理。

(1) 在过程的开始部分，插入说明为栈的代码并将其初始化为空。在一般情况下，这个栈用来存放参数、局部变量和函数的值，每次递归调用的返回地址也要存入栈。

(2) 将标号 L_K 附于第一条可执行语句。然后，对于每一处递归调用都用两组执行下列规则的指令来进行置换。

(3) 将所有参数和局部变量的值都存入栈。其中，可以将栈顶指针作为一个全局变量来看待。

(4) 建立第 k 个新标号 L_K，并将 k 存入栈。这个标号的 k 值将用来计算返回地址。该标号放在规则(7)所描述的程序段中。

(5) 计算本次调用的各个实参(可能是表达式)的值，并且把这些值赋给相应的形参。

(6) 插入一条无条件转移语句，转向过程的开始部分。

(7) 倘若该过程是函数，则对递归过程中含有本次函数调用的那条语句进行以下处理：将该语句的本次函数调用部分用从栈顶取回该函数值的代码来代替，其余部分的代码按照原来的描述方式照写，并且将规则(4)中建立的标号附于这条语句上。倘若该过程不是函数，则将规则(4)中建立的标号附于规则(6)所产生的转移语句后面的那条语句。

以上步骤是消去过程中各处的递归调用，下面对递归过程中出现的 return 语句进行处理。

(8) 倘若栈为空，则执行正常返回。

(9) 若栈不为空，将所有的输出参数的当前值赋给栈顶上的相应变量。

(10) 倘若栈中有返回地址标号的下标，则插入一条该下标从栈中退出的代码，并且将这个下标值赋给一个没有使用的变量。

(11) 从栈中退出所有的参数和局部变量的值并且将它们赋给相应的变量。

(12) 倘若这个过程是函数，则插入以下指令，这些指令用来计算紧接在 return 语句后面的表达式并且将结果值存入栈顶。

(13) 用返回地址标号的下标实现对该标号的转向。

在一般情况下，使用上面的规则都可以将一个直接递归过程正确地翻译成与之等价的仅使用迭代的过程。它的效率通常要比原来的递归模型高，如果进一步简化该程序，将会使得效率再次提高。

下面，我们举一个将递归算法转化为非递归算法(迭代算法)的例子，虽然例子中的问题最好应使用迭代算法进行求解，如果使用递归算法反而变得不是特别直观，但是这个例子有助于读者对于前面的规则有一些感性的认识。

例 2.6　求整数 a 与 b 的最大公约数问题。

这个问题最早出现在欧几里得(Euclid)的几何原本中，欧几里得给出的解决方法后来被人们称为欧几里得算法，中国人通常称其为辗转相除法，这个方法的独特之处就是巧妙地运用了递归算法对该问题进行了成功的求解。算法 2.6 就是运用递归算法对该问题的求解过程。

算法 2.6　递归算法求解两个整数的最大公约数

```
1.  int GCD(unsigned int a, unsigned int b)
2.  {
3.  int res ;
4.  if( a < b )
5.  {
6.  res = GCD(b,a);
7.  }
8.  else if( b == 0 )
9.  {
10. res = a;
11. }
12. else
13. {
```

```
14. res = GCD(b,a%b);
15. }
16. return res;
```

读者可以根据前面给出的 5 个例子分析算法 2.6 的时间复杂度和空间开销情况。如何将其转化为等价的非递归算法呢？如算法 2.7 所示。

算法 2.7　借助用户栈求解两个整数的最大公约数问题的非递归算法

```
1. int GCD(unsigned int a, unsigned int b)
2. {
3. CStack<int> stack;
4. int retvalue,retaddr;
5. int res ;
6. stack.push(a);stack.push(b);
7. L0:
8. b=stack.pop();a=stack.pop();          /*从堆栈取参数*/
9. if( a < b )
10. {
11. stack.Push(a);                        /*保护现场*/
12. stack.Push(b);
13. stack.Push(res);
14. stack.Push(1);                        /*返回地址*/
15. stack.Push(b);
16. stack.Push(a);                        /*设置函数的调用参数*/
17. goto L0;
18. }
19. else if( b == 0 )
20. {
21. res = a;
22. }
23. else
24. {
25. L1:
26. res = retvalue;                       /*返回值放在全局变量里*/
27. }
28. else
29. {//res = GCD(b,a%b);                   /*保护现场*/
30. stack.Push(a);
31. stack.Push(b);
32. stack.Push(res);
33. stack.Push(2);                        /*返回地址*/
34. stack.Push(b);
35. stack.Push(a%b);                      /*设置函数的调用参数*/
36. goto L1;
```

```
37. res = retvalue;                  /*返回值放在全局变量里*/
38. }
39. if( !stack.IsEmpty() )           /*栈非空,函数的返回值保存到全局变量中*/
40. {
41. retvalue = res;
42. retaddr = stack.Pop();           /*返回地址*/
43. res = stack.Pop();
44. b = stack.Pop();
45. a = stack.Pop();                 /*恢复现场*/
46. GOTOADDR(retaddr);               /*转到返回地址处*/
47. }
48. return res;
49. }
```

算法 2.7 虽然取消了系统工作栈，但是增加了用户栈，通过分析不难发现，完全可以不借助于用户栈实现参数的传递。因此可以将算法 2.7 进行进一步简化为算法 2.8 的形式。

算法 2.8　循环迭代算法求解两个整数的最大公约数问题的非递归算法

```
1. int  GCD(unsigned int a;unsigned int b)
2. {
3. int  res=0;
4. if(a<b)
5. {
6. int  t=a;
7. a=b;
8. b=t;
9. }
10. L1:
11. if (b==0)
12. {
13. res=a;
14. }
15. else
16. {
17. int t=b;
18. b=a%b;
19. a=t;
20. goto  L1;
21. }
22. return  res;
23. }
```

2.4 递归关系式的计算

通过对前面有关递归算法的介绍，不难发现，对于所有递归算法的运行时间，都可以运用递归关系式(递归方程)进行表示。这就使得对于递归方程的求解对于算法分析显得特别重要。在本节中，我们将为读者介绍两种递归方程的求解方法：生成函数法和特征方程法。

2.4.1 生成函数及其性质

一般说来，递归算法的执行时间应随着递归深度的增加而增多。如果序列 $a_0, a_1, \cdots, a_i$ 表示递归算法处于不同的递归深度时的运行时间，那么序列中的每一个元素之间，必定存在着相应的递归关系。作为算法分析者来说，一般关注当递归深度 $i=n$ 时，序列中的元素 a_n 的值。如果可以借助一个"参数"z 来建立一个无穷级数之和：

$$G(z) = a_0 + a_1 z + a_2 z^2 + \cdots = \sum_{i=0}^{\infty} a_i z^i$$

然后，通过对函数 $G(z)$ 的一系列演算，依次得到序列 $a_0, a_1, \cdots, a_i$ 的一个通项表达式，那么就可以比较容易地求得递归算法在递归深度 $i=n$ 时的运行时间。

定义 2.1 令 $a_0, a_1, a_2, \cdots$ 是一个实数序列，构造如下的函数：

$$G(z) = a_0 + a_1 z + a_2 z^2 + \cdots = \sum_{i=0}^{\infty} a_i z^i \tag{2-1}$$

则函数 $G(z)$ 称为序列 $a_0, a_1, a_2, \cdots$ 的生成函数。

当序列 $a_0, a_1, a_2, \cdots$ 确定时，相对应的生成函数仅仅只依赖于"参数"z。反过来，当生成函数确定时，所对应的序列也被确定。

例如，函数

$$(1+x)^n = C_n^0 + C_n^1 x + C_n^2 x^2 + \cdots + C_n^n x^n$$

则函数 $(1+x)^n$ 就是序列 $C_n^0, C_n^1, C_n^2, \cdots, C_n^n$ 的生成函数。

在这里，我们关心的仅仅只是关于生成函数 $G(z)$ 的演算，来间接地求出式(2-1)级数中的系数的通项表达式，而对于级数的敛散性质并不关心。实际上可以证明，通过生成函数所进行的大多数演算都是正确的，而不需要考虑级数的收敛性质。

生成函数具有以下一些基本性质。

(1) 加法(线性)性质：令 $G(z) = \sum_{i=0}^{\infty} a_i z^i$ 是序列 $a_0, a_1, a_2, \cdots$ 的生成函数，$H(z) = \sum_{i=0}^{\infty} b_i z^i$ 是序列 $b_0, b_1, b_2, \cdots$ 的生成函数，则

$$\alpha G(z) + \beta H(z) = \alpha \sum_{i=0}^{\infty} a_i z^i + \beta \sum_{i=0}^{\infty} b_i z^i = \sum_{i=0}^{\infty} (\alpha a_i + \beta b_i) z^i \tag{2-2}$$

是序列 $\alpha a_0 + \beta b_0, \alpha a_1 + \beta b_1, \alpha a_2 + \beta b_2, \cdots$ 的生成函数。

(2) 移位性质：令 $G(z) = \sum_{i=0}^{\infty} a_i z^i$ 是序列 $a_0, a_1, a_2, \cdots$ 的生成函数，则

$$z^m G(z) = \sum_{i=m}^{\infty} a_{i-m} z^i \tag{2-3}$$

是序列 $0, \cdots, 0, a_0, a_1, a_2, \cdots$ 的生成函数。

(3) 乘法性质：令 $G(z) = \sum\limits_{i=0}^{\infty} a_i z^i$ 是序列 $a_0, a_1, a_2, \cdots$ 的生成函数，$H(z) = \sum\limits_{i=0}^{\infty} b_i z^i$ 是序列 $b_0, b_1, b_2, \cdots$ 的生成函数，则

$$
\begin{aligned}
G(z)H(z) &= (a_0 + a_1 z + a_2 z^2 + \cdots)(b_0 + b_1 z + b_2 z^2 + \cdots) \\
&= a_0 b_0 + (a_0 b_1 + a_1 b_0)z + (a_0 b_2 + a_1 b_1 + a_2 b_0)z^2 + \cdots \\
&= \sum_{i=0}^{\infty} c_i z^i
\end{aligned} \tag{2-4}
$$

是序列 $c_0, c_1, c_2, \cdots$ 的生成函数。其中，$c_n = \sum\limits_{i=0}^{\infty} a_i b_{n-i}$。

(4) z 变换性质：令 $G(z) = \sum\limits_{i=0}^{\infty} a_i z^i$ 是序列 $a_0, a_1, a_2, \cdots$ 的生成函数，则

$$
\begin{aligned}
G(cz) &= a_0 + a_1(cz) + a_2(cz)^2 + a_3(cz)^3 + \cdots \\
&= a_0 + ca_1 z + c^2 a_2 z^2 + c^3 a_3 z^3 + \cdots
\end{aligned} \tag{2-5}
$$

是序列 $a_0, ca_1, c^2 a_2 \cdots$ 的生成函数。特别地，有

$$
\frac{1}{1-cz} = 1 + cz + c^2 z^2 + c^3 z^3 + \cdots \tag{2-6}
$$

因此，$\dfrac{1}{1-cz}$ 是序列 $1, c, c^2, c^3, \cdots$ 的生成函数。当 c=1 时，有

$$
\frac{1}{1-z} = 1 + z + z^2 + \cdots \tag{2-7}
$$

则 $\dfrac{1}{1-z}$ 是序列 $1,1,1,\cdots$ 的生成函数。利用

$$
\frac{1}{2}(G(z) + G(-z)) = a_0 + a_2 z^2 + a_4 z^4 + \cdots \tag{2-8}
$$

可以去掉级数中的奇数项；同理可知，利用

$$
\frac{1}{2}(G(z) - G(-z)) = a_1 z + a_3 z^3 + a_5 z^5 + \cdots \tag{2-9}
$$

可以去掉级数中的偶数项。

(5) 微分与积分函数性质：令 $G(z) = \sum\limits_{i=0}^{\infty} a_i z^i$ 是序列 $a_0, a_1, a_2, \cdots$ 的生成函数，对 G(z) 求导数

$$
\frac{dG(z)}{dz} = a_1 + 2a_2 z + 3a_3 z^2 + \cdots = \sum_{i=0}^{\infty} (i+1)a_{i+1} z^i \tag{2-10}
$$

显然，$\dfrac{dG(z)}{dz}$ 是序列 $a_1, 2a_2, 3a_3, \cdots$ 的生成函数。同理，对 G(z) 求积分可得

$$
\int_0^z G(t)dt = a_0 z + \frac{1}{2}a_1 z^2 + \frac{1}{3}a_2 z^3 + \cdots = \sum_{i=1}^{\infty} \frac{1}{i}a_{i-1} z^i \tag{2-11}
$$

则积分函数 $\int_0^z G(t)dt$ 是 $a_0, \frac{1}{2}a_1, \frac{1}{3}a_2, \cdots$ 的生成函数。

如果对式(2-7)求导数，可以得到

$$\frac{1}{(1-z)^2} = 1 + 2z + 3z*z + \cdots = \sum_{i=0}^{\infty}(i+1)z^i \qquad (2-12)$$

那么 $\dfrac{1}{(1-z)^2}$ 是算数级数 $1,2,3,\cdots$ 的生成函数。

如果对式(2-7)求积分，可以得到

$$\ln\frac{1}{1-z} = z + \frac{1}{2}z*z + \frac{1}{3}z*z*z + \cdots = \sum_{i=1}^{\infty}\frac{1}{i}z^i \qquad (2-13)$$

则 $\ln\dfrac{1}{1-z}$ 是调和级数 $1, 1/2, 1/3, \cdots$ 的生成函数。

从上面的计算公式不难看出：只要有可能确定一个函数的幂级数展开式，就表明找到了一个特殊序列的生成函数。

2.4.2　利用生成函数求解递归关系式

例 2.7　汉诺(Hanoi)塔问题。

汉诺塔是一个古老的游戏。游戏的装置如图 2.2 所示(图上以 3 个金片为例)，底座上有 3 根宝石柱，第一根宝石柱上放着从大到小 64 个金盘。游戏的目标是把所有金盘从第一根宝石柱移到第三根宝石柱上，第二根宝石柱作为中间过渡。每次只能移动一个金盘，并且大的金盘不能压在小的金盘上面。该游戏的结束就标志着"世界末日"的到来。

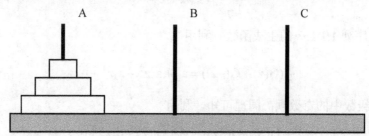

图2.2　3 个金盘的汉诺塔游戏装置

为什么是这样呢？下面我们进行简单的分析。假设宝石柱的编号分别为 A、B 和 C，在 A 柱(起始柱)上按照从上到下的顺序依次串上从小到大的 64 个金盘，希望将它们通过 B 针(过渡柱)往 C 柱上(目标柱)移动。有可能设计一个算法，将移动过程打印出来。如果设定 n 为金盘的数量，$h(n)$ 为移动 n 个金盘的移动次数，下面我们来估计一下 $h(n)$ 的大小。

(1) 当 $n=1$ 时，即当只有一个金盘，显然只需要移动一次，即 $h(1)=1$。

(2) 当 $n=2$ 时，即有一小一大两个金盘，可以按照以下方式进行操作：首先将小金盘从 A 柱移动到 B 柱，然后将大金盘从 A 柱移到 C 柱，最后将小金盘从 B 柱移动到 C 柱。这样一来，移动的总次数为：$h(2)=2h(1)+1$。

(3) 当 $n=3$ 时，即有一小一中一大 3 个金盘，可以按照下面的方式进行操作：首先将小金盘从 A 柱移动到 C 柱，然后将中金盘由 A 柱移动到 B 柱，接着将小金盘由 C 柱移动到 B 柱，然后将大金盘由 A 柱移动到 C 柱，最后，按照类似于(2)的方法将 B 柱(过渡柱)上的两个金盘由 B 柱移动到 C 柱。这样一来，移动的总次数为：h(3)=2 h(2)+1。

依次类推，可以设计出求解汉诺塔问题的递归算法，如算法 2.9 所示。

算法 2.9 递归算法求解汉诺塔问题

```
1. void hanoi(int n, int a, int b, int c)
2. {
3. if (n > 1)
4. {
5. hanoi(n-1, a, c, b);
6. move(n,a,b);
7. hanoi(n-1, b, a, c);
8. }
9. else move(n,a,b);    //结束条件
10. }
```

其中，hanoi(n,a,b,c)表示将 A 柱自上而下、由小到大叠放在一起的 n 个金片按照移动规则移动到 B 柱上并仍然按照同样的顺序叠放。在移动过程中，以 C 柱作为过渡塔座。move(n,a,b)表示将 A 柱上编号为 n 的金片移动到 B 柱上。算法 hanoi 以递归形式给出，每个金盘的具体移动方式并不清楚，因此很难采用手工移动来模拟这个算法。然而，这个算法易于理解，也容易证明其正确性，并且易于掌握其设计思想。

根据上面的算法，可以得到以下递归关系式：

$$\begin{cases} h(n) = 1 & (n = 1) \\ h(n) = 2h(n-1) + 1 & (n > 1) \end{cases}$$

为了求解上面的递归关系式，将 h(n)当作系数，于是可以构造一个生成函数，如下：

$$G(x) = h(1)x + h(2)x * x + h(3)x * x * x + \cdots = \sum_{i=1}^{\infty} h(i)x^i$$

为了求出 h(n)的值，需要对 G(x)进行演算，求出它的解析表达式，再将解析表达式转换成为相应的幂级数，级数中 x^n 项的系数，就是 h(n)的值。这样，我们可以得到下式：

$$G(x) - 2xG(x) = h(1)x + h(2)x * x + h(3)x * x * x + \cdots - 2h(1)x * x - 2h(2)x * x * x$$
$$= h(1)x + (h(2) - 2h(1))x * x + (h(3) - 2h(2))x * x * x + \cdots$$

整理得

$$(1 - 2x)G(x) = x + x * x + x * x * x + \cdots = \frac{x}{1-x}$$

计算出

$$G(x) = \frac{x}{(1-2x)(1-x)} = \frac{1}{1-2x} - \frac{1}{1-x}$$
$$= (1 + 2x + 4x * x + 8x * x * x + \ldots)(1 + x + x * x + x * x * x + \cdots)$$
$$= (2-1)x + (4-1)x * x + (8-1)x * x * x + \cdots$$
$$= \sum_{i=1}^{\infty} (2^i - 1)x^i$$

所以，h(n)=2^n-1，它是式中第 n 项的系数，当 n=64 时，移动次数为 2^{64}-1 次。如果移动一次需要耗费 1 微秒的时间，则移动所有 64 个金盘需要大约 585000 年。也就是说，即使这个算法设计好了，要让打印机将所有金盘的移动路线都打印出来，也是不可能完成的任务。

读者可以进一步考虑：如果放的柱子数目多于 3 个，可否使用递归算法求解呢？关于这个问题，有兴趣的读者可以参考第 4 章的课后阅读材料。

例 2.8 菲波拉契序列问题。

菲波拉契(Fibonacci)序列问题可以描述成下面的问题：假设小兔子每隔一个月长成大兔子，大兔子每隔一个月生一只小兔子。第一个月有一只小兔子，求 n 个月以后共有多少只兔子。

下面，我们将这个实际应用问题抽象为一个数学问题。假设 f(n)为 n 个月以后兔子的数目，则第一个月有一只小兔子，即 f(1)=1；第二个月小兔子长成大兔子，兔子的数目仍然为 1，即 f(2)=1；第三个月，大兔子生了一只小兔子，兔子的数目是 2；第四个月，大兔子又生了一只小兔子，与此同时，原来的小兔子又长成了大兔子，小兔子的数目是 1，大兔子的数目是 2，因此，兔子的总数是 3；依次类推，兔子的数目可以用以下序列表示：

$$1,1,2,3,5,8,13,21,34,55,89, \cdots$$

其中，从第 3 项开始，任何一项都是相邻的前面两项之和。

如果令 t(n)、T(n)分别表示第 n 个月小兔子、大兔子的数目，f(n)为第 n 个月兔子的总数目，则有以下关系式：

$$T(n)=T(n-1)+t(n-1) \tag{2-14}$$

$$t(n)=T(n-1) \tag{2-15}$$

$$f(n)=T(n)+t(n) \tag{2-16}$$

式(2-14)表示第 n 个月的大兔子的数目，为前一个月的大兔子的数目与前一个月的小兔子的数目之和；式(2-15)表示第 n 个月的小兔子的数目，为前一个月的大兔子的数目；式(2-16)表示第 n 个月的兔子的总量是该月的大兔子数目与小兔子数目之和。由这 3 个式子，可以得到下面的递归关系式：

$$f(n) \begin{cases} 1 & (n=1) \\ 1 & (n=2) \\ f(n-1)+f(n-2) & (n>2) \end{cases}$$

为了求解上面的递归关系式，将 f(n)当作系数，于是可以构造一个生成函数，如下：

$$F(x) = f(1)x + f(2)x*x + f(3)x*x*x + \cdots$$

$$= \sum_{i=1}^{\infty} f(i)x^i$$

为了求解 f(n)的值，需要对 F(x)进行演算，求出它的解析表达式，再将解析表达式转换成为相应的幂级数，级数中 x^n 项的系数，就是 f(n)的值。因此，我们可以得到下式：

$$F(x) - xF(x) - x*x*F(x)$$

$$= f(1)x + f(2)x*x + f(3)x*x*x + \cdots - x(f(1)x + f(2)x*x + \cdots) - x*x(f(1)x + \cdots)$$

$$= f(1)x + (f(2) - f(1))x*x + (f(3) - f(2) - f(1))x*x*x + \cdots$$

$$= x$$

整理得到

$$F(x) = \frac{x}{1-x-x*x} = \frac{-x}{(x+1/2)*(x+1/2)-(\sqrt{5}/2)*(\sqrt{5}/2)}$$

$$= \frac{1}{\sqrt{5}}\left[\frac{1}{1-2x/(\sqrt{5}-1)} - \frac{1}{1+2x/(\sqrt{5}+1)}\right]$$

令

$$\alpha = \frac{2}{\sqrt{5}-1} = \frac{1}{2}(1+\sqrt{5}), \beta = \frac{-2}{1+\sqrt{5}} = \frac{1}{2}(1-\sqrt{5})$$

则应有

$$F(x) = \frac{1}{\sqrt{5}}((\alpha-\beta)x + (\alpha*\alpha-\beta*\beta)x*x + \cdots$$

因此，展开式中的第 n 项系数为：

$$f(n) = \frac{1}{\sqrt{5}}(\alpha^n - \beta^n)$$

菲波拉契序列有很多奇妙的性质，其中，当项数很大趋于无穷大时，相邻两项之比(前项除以后项)近似为"黄金分割"就是其中的一个十分重要的性质。

2.4.3　k 阶常系数线性齐次递归关系式

如果递归关系式的形式为：

$$\begin{cases} f(n) = a_1 f(n-1) + a_2 f(n-2) + \cdots + a_k f(n-k) \\ f(i) = b_i \quad (i=0,1,2,\cdots,k-1) \end{cases} \tag{2-17}$$

我们把这种递归关系式称为 k 阶常系数线性齐次递归关系式。式(2-17)中的第二式是该递归关系式的初始条件，其中，b_i 是常数，在式(2-17)中，如果用 x^n 置换 $f(n)$，则应有

$$x^n = a_1 x^{n-1} + a_2 x^{n-2} + \cdots + a_k x^{n-k}$$

上式两边分别除以 x^{n-k}，可得到

$$x^k = a_1 x^{k-1} + a_2 x^{k-2} + \cdots + a_k$$

整理上式可以得到：

$$x^k - a_1 x^{k-1} - a_2 x^{k-2} - \cdots - a_k = 0 \tag{2-18}$$

我们通常将式(2-18)称为递归关系式(2-17)所对应的特征方程。

可以通过求解特征方程的根，进而求得递归关系式的通解，再运用递归关系式的初始条件，确定通解中的待定系数，并且最终求解得到递归关系式的解。下面，我们将分两种情况进行讨论。

第一种情况：特征方程的 k 个根都是单根。此时，令 q_1，q_2，$\cdots$，q_k 是特征方程的根，则递归关系式(2-17)的通解为

$$f(n) = c_1 q_1^n + c_2 q_2^n + \cdots + c_k q_k^n \tag{2-19}$$

第二种情况：特征方程的 k 个根中有 r 个重根 q_i，q_{i+1}，$\cdots$，q_{i+r-1} 时，递归关系式(2-17)的通解形式为

$$f(n) = c_1 q_1^n + \cdots + c_{i-1} q_{i-1}^n + (c_i + c_{i+1}n + \cdots + c_{i+r-1}n^{r-1})q_i^n + \cdots + c_k q_k^n \tag{2-20}$$

在式(2-19)与式(2-20)中，$c_1, c_2, \cdots, c_k$ 是待定系数。把递归关系式的初始条件代入式(2-19)与式(2-20)中，建立联立方程，依次确定系数 $c_1, c_2, \cdots, c_k$，并且最终可以求出通解 $f(n)$。

例 2.9 求解三阶常系数线性齐次递归关系式。

$$\begin{cases} f(n) = 9f(n-1) - 26f(n-2) + 24f(n-3) \\ \\ f(0) = 6, f(1) = 17, f(2) = 53 \end{cases}$$

解：特征方程为

$$x^3 - 9x^2 + 26x - 24 = 0$$

对此特征方程进行因式分解得

$$(x-2)(x-3)(x-4) = 0$$

解此方程得到了 3 个特征单根 $q_1 = 2$，$q_2 = 3$，$q_3 = 4$。

因此，上面的递归关系式的通解为

$$f(n) = c_1 q_1^n + c_2 q_2^n + c_3 q_3^n = c_1 2^n + c_2 3^n + c_3 4^n$$

由初始条件得

$$\begin{cases} f(0) = c_1 + c_2 + c_3 = 6 \\ f(1) = 2c_1 + 3c_2 + 4c_3 = 17 \\ f(2) = 4c_1 + 9c_2 + 16c_3 = 53 \end{cases}$$

解此方程组得：$c_1 = 3$，$c_2 = 1$，$c_3 = 2$。

因此，该递归关系式的解为

$$f(n) = 3 * 2^n + 3^n + 2 * 4^n$$

例 2.10 求解三阶常系数线性齐次递归关系式。

$$\begin{cases} f(n) = 5f(n-1) - 7f(n-2) + 3f(n-3) \\ \\ f(0) = 1, f(1) = 2, f(2) = 7 \end{cases}$$

解：特征方程为

$$x^3 - 5x^2 + 7x - 3 = 0$$

对此特征方程进行因式分解得

$$(x-1)(x-1)(x-3) = 0$$

因此，求得该特征方程的一个单根和一个二重根分别是 $q_1 = 3$，$q_{2,3} = 1$(二重根)，所以，此递归关系式的通解应为

$$f(n) = c_1 q_1^n + (c_2 + c_3 n) q_2^n$$

代入初始条件，得

$$f(0) = c_1 + c_2 = 1$$
$$f(1) = 3c_1 + c_2 + c_3 = 2$$
$$f(2) = 9c_1 + c_2 + 2c_3 = 7$$

解此方程组得 $c_1 = 1$，$c_2 = 0$，$c_3 = -1$。

则此递归关系式的解

$$f(n) = c_1 q_1^n + (c_2 + c_3 n) q_2^n = 3^n - n$$

2.4.4　k 阶常系数线性非齐次递归关系式

当递归关系式的形式为

$$\begin{cases} f(n) = a_1 f(n-1) + a_2 f(n-2) + \cdots + a_k\, f(n-k) + g(n) \\ f(i) = b_i \qquad (i = 0,1,2,\cdots,k-1) \end{cases} \tag{2-21}$$

我们通常把这种形式的递归关系式称为 k 阶常系数线性非齐次递归关系式。它的通解形式是 $f(n) = \overline{f(n)} + f(n)^*$，其中，$\overline{f(n)}$ 是所对应的齐次递归关系式的通解，$f(n)^*$ 是原来非齐次递归关系式的特解。

目前，我们尚未有一个寻找特解的有效方法，一般是根据式(2-21)中 $g(n)$ 的形式来确定特解的。一旦将特解确定下来后，再将特解代入原来的递归关系式，用待定系数的方法确定特解的系数。下面，我们列举几种常见的特解形式。

(1) $g(n)$ 是 n 的 m 次多项式，即

$$g(n) = b_1 n^m + b_2 n^{m-1} + \cdots + b_m n + b_{m+1} \tag{2-22}$$

其中，$b_i(i=1,2,\cdots,m+1)$ 是常数。特解 $f(n)^*$ 也是 n 的 m 次多项式：

$$f(n)^* = A_1 n^m + A_2 n^{m-1} + \cdots + A_m n + A_{m+1} \tag{2-23}$$

其中，$A_i(i=1,2,\cdots,m+1)$ 是待定系数。

(2) $g(n)$ 是如下形式的指数函数：

$$g(n) = (b_1 n^m + b_2 n^{m-1} + \cdots + b_m n + b_{m+1}) a^n \tag{2-24}$$

其中，a，$b_i(i=1,2,\cdots,m+1)$ 是常数。如果 a 不是递归关系式所对应的特征方程的重根，则特解 $f(n)^*$ 的形式如下：

$$f(n)^* = (A_1 n^m + A_2 n^{m-1} + \cdots + A_m n + A_{m+1}) a^n \tag{2-25}$$

其中，$A_i(i=1,2,\cdots,m+1)$ 是待定系数。

如果 a 是递归关系式所对应的特征方程的 p 重特征根(特别的，如果 a 是特征方程的单根，则 p=1)，则特解的形式应为

$$f(n)^* = (A_1 n^m + A_2 n^{m-1} + \cdots + A_m n + A_{m+1}) n^p a^n \tag{2-26}$$

其中，$A_i(i=1,2,\cdots,m+1)$ 是待定系数。

例 2.11　求解三阶常系数线性非齐次递归关系式。

$$\begin{cases} f(n) = 7f(n-1) - 10f(n-2) + 4n * n \\ f(0) = 1 \\ f(1) = 2 \end{cases}$$

解：此递归关系式所对应的齐次递归关系式的特征方程是

$$x^2 - 7x + 10 = 0$$

所以，立即得到此特征方程有两个特征单根 $q_1=2$，$q_2=5$。

因此，相应的齐次递归关系式的通解是

$$\overline{f(n)} = c_1 2^n + c_2 5^n$$

令非齐次递归关系式的特解为

$$f(n)^* = A_1 n^2 + A_2 n + A_3$$

代入原来的递归关系式，并化简得到

$$4A_1n^2 + (-26A_1 + 4A_2)n + 33A_1 - 13A_2 + 4A_3 = 4n^2$$

通过比较系数，得到以下方程组

$$\begin{cases} 4A_1 = 4 \\ -26A_1 + 4A_2 = 0 \\ 33A_1 - 13A_2 + 4A_3 = 0 \end{cases}$$

解此联立方程组，可得：$A_1=1$，$A_2=13/2$，$A_3=103/8$。

因此，我们可以得到以上非齐次递归关系式的通解是

$$f(n) = c_1 2^n + c_2 5^n + n^2 + \frac{13}{2}n + \frac{103}{8}$$

将初始条件代入上面的通解形式，可得

$$\begin{cases} f(0) = c_1 + c_2 + \dfrac{103}{8} = 1 \\ f(1) = 2c_1 + 5c_2 + \dfrac{163}{8} = 2 \end{cases}$$

解上面的联立方程组，可得 $c_1=-41/3$，$c_2=43/24$。

因此，原非齐次递归关系式的解为

$$f(n) = -\frac{41}{3}2^n + \frac{43}{24}5^n + n^2 + \frac{13}{2}n + \frac{103}{8}$$

例 2.12 求解三阶常系数线性非齐次递归关系式。

$$\begin{cases} f(n) = 7f(n-1) - 12f(n-2) + n*2^n \\ f(0) = 1 \\ f(1) = 2 \end{cases}$$

解：此递归关系式所对应的齐次递归关系式的特征方程是

$$x^2 - 7x + 12 = 0$$

所以，立即得到此特征方程有两个特征单根 $q_1=3$，$q_2=4$。

因此，相应的齐次递归关系式的通解是

$$\overline{f(n)} = c_1 3^n + c_2 4^n$$

令非齐次递归关系式的特解为

$$f(n)^* = (A_1 n + A_2)2^n$$

将特解代入原来的递归关系式并整理得

$$2A_1 n + 2A_2 - 10A_1 = 4n$$

通过比较系数，得到以下联立方程组

$$\begin{cases} 2A_1 = 4 \\ 2A_2 - 10A_1 = 0 \end{cases}$$

解此联立方程组，可得 $A_1=2$，$A_2=10$。

因此，我们可以得到以上非齐次递归关系式的通解是

$$f(n) = c_1 3^n + c_2 4^n + (2n+10)2^n$$

将初始条件代入上面的通解形式，可得

$$\begin{cases} f(0) = c_1 + c_2 + 10 = 1 \\ f(1) = 3c_1 + 4c_2 + 24 = 2 \end{cases}$$

解上面的联立方程组，可得 $c_1=-14$，$c_2=5$。

因此，原非齐次递归关系式的解为

$$f(n) = -14*3^n + 5*4^n + (2n+10)2^n$$
$$= -14*3^n + 5*4^n + (n+5)2^{n+1}$$

2.5 分治算法的基本设计原理

当我们需要求解一个输入规模为 n 并且取值又相当大的问题时，直接求解往往是非常困难的，有的问题甚至根本没有办法直接求出。正确的方法是，当我们遇到这类问题时，首先应仔细分析问题本身所具有的特性，然后根据这些特性选择适当的设计策略进行求解。在将这 n 个输入分成 k 个不同子集合的情况下，如果能得到 k 个不同的可独立求解的子问题，其中 k 是大于 1 且不超过 n 的自然数。并且在求出了这些子问题的解之后，还可以找到适当的方法将它们合并成整个问题的解，可以考虑运用分治算法进行求解。这种求解的思想就是将整个问题划分成为若干个小问题后分而治之。显然，这体现了一种分而治之的思想。一般说来，由分值算法所得到的子问题一定要与原问题具有相同的类型。所谓相同的类型，就是指每一个子问题与原问题除了数据的规模不相同以外，解决问题的方法完全相同。如果得到的子问题相对来说还太大，则可反复使用分治策略将这些子问题分成更小的具有相同类型的子问题，直至产生出不用进一步细分就可以求解的子问题。由此可知，分治算法求解问题很自然地可以使用一个递归过程来表示。

分治算法的一般算法设计模式如算法 2.10 所示。

算法 2.10 分治算法的一般化设计模式

```
1. divide-and-conquer(P)
2. {
3. if(|P|<=n0) adhoc(P);
4. divide P into smaller subinstances P1,P2,…,Pk;
5. for(i=1;i<=k;i++)
6. yi= divide-and-conquer(Pi);
7. return merge(y1,y2,…,yk);
8. }
```

其中，|P|表示问题 P 的数据规模，n_0 为一阈值，表示当问题 P 的规模不超过 n_0 时，问题已容易求解，不需要再继续进行分解。所谓容易求解，就是说计算机可以通过较快的算法可以求出该问题的解。adhoc(P)是该分治算法的基本子算法，用于直接对于小数据规模问题 P 的求解。当问题 P 的数据规模不超过 n_0 时，直接利用算法 adhoc(P)进行求解，算法 merge($y_1,y_2,…,y_k$)就是该分治算法中的合并子算法，用于将 P 的子问题 $P_1,P_2,…,P_k$ 的解

$y_1, y_2, \cdots, y_k$ 合并为原问题 P 的解。

根据分治算法的分划原则，应将原问题分划为多少个子问题才较为适宜呢？每个子问题是否具有相同的数据规模或怎样才为适当？这些问题虽然很难给予确定的回答，但是我们从大量实践中发现，在使用分治算法设计算法时，最好使子问题的规模大致相同。也就是说，将一个问题分解成大小相等的 k 个子问题的处理方法是行之有效的。很多问题可以取 k=2。这种使子问题规模大致相等的取法来源于一种平衡(balancing)子问题的思想，它几乎总是比子问题规模不相等的取法要好。

从上面的分治算法的描述中，可以看出，分治算法的设计由以下 3 个步骤构成。

(1) 划分步：在这一步，将输入的问题实例划分为 k 个子问题。一般说来，应尽可能使得这 k 个子问题的数据规模基本相同。在大多数情况下，取 k=2；在特殊的情形下，也可以取 k=1 的划分，但这仍然是将问题划分成为两部分，取其中一部分而丢弃另一部分。例如，2.6 节要讲到的二分搜索问题，如果采用分治算法进行求解，就可以这样进行处理。

(2) 治理步：当原问题的数据规模大于某个预定义的阈值 n_0 时，治理步由 k 个递归调用组成。理论上来说，可以将阈值设置为任意正整数。但是，一般来说，阈值的大小经常与算法的性能相关。对于某些算法，当 k=2 时，如果将阈值设置成 $n_0=8$ 或 16，有时可以改进算法的性能；可是倘若继续增大阈值，使其达到某一点之后，算法的性能就开始下降。这在很大程度上取决于算法中的 adhoc 对阈值 n_0 的敏感程度，以及算法 merge 的处理情况。但是，应该指出的是，在某些算法里，阈值可能不会像 1 那么小，它必须大于某个常数。通过仔细地分析算法，通常可以找到这个阈值常数。

(3) 组合步：组合步将各个子问题的解组合起来，它对分治算法的实际性能至关重要，算法的有效性在很大程度上依赖于组合步的实现。为了更准确地理解这一点，我们假定问题的数据规模 $n=k^m$，阈值为 $n_0=1$；adhoc 解数据规模为 1 的问题，需要耗费 1 个单位时间；当把原问题 P 划分成为 k 个子问题求解以后，算法 merge 把 k 个子问题的解合并成为原问题的解，需要耗费 bn 个单位时间，其中，b 是某个正常数。那么，分治算法的计算时间可以根据以下的递归关系式来确定：

$$T(n) = \begin{cases} 1 & (n = 1) \\ kT(n/k) + bn & (n > 1) \end{cases}$$

又由于 $n=k^m$，因此，有

$$T(k^m) = kT(k^{m-1}) + bk^m$$

令 $T(k^m) = h(m)$，则以上的递归关系式可以转化为

$$h(m) = \begin{cases} 1 & (m = 0) \\ kh(m-1) + bk^m & (m > 0) \end{cases}$$

求解这个递归关系式，可以得到

$$T(n) = h(m) = k(kh(m-2) + bk^{m-1}) + bk^m$$
$$= k^2 h(m-2) + 2bk^m = \cdots$$
$$= k^m h(0) + mbk^m = n + bn \log_k n$$

由上面的式子可以看到，算法的整个运行时间中，adhoc 子算法共耗费 n 个单位时间，

而组合步耗费的时间为 $bn \log_k n$ 时间。当 $b>1$，并且数据规模 n 很大时，组合步耗费的时间确定了整个分治算法的实际性能。

从以上的分析不难发现，分治算法的计算时间与 adhoc 子算法、组合步 merge 子算法的计算时间及将原问题划分的子问题个数 k 有关。在确定分治算法计算时间的递归关系式中，adhoc 子算法的计算时间确定了递归关系式的初始值；组合步 merge 子算法的运行时间确定了递归关系式的非齐次项；而子问题的个数 k 确定了递归关系式的低阶项的系数。下面的几个定理，说明了这几个参数与算法时间复杂度的关系。

引理 2.1 令 a、c 是非负整数，b、d 和 x 是非负常数，对于某个非负整数 k，有 $n=c^k$，则递归关系式

$$f(n) = \begin{cases} d & (n=1) \\ af(n/c) + bn^x & (n \geq 2) \end{cases}$$

的解应是

$$f(n) = \begin{cases} bn^x \log_c n + dn^x & (a = c^x) \\ (d + \dfrac{bc^x}{a - c^x})n^{\log_c a} - (\dfrac{bc^x}{a - c^x})n^x & (a \neq c^x) \end{cases}$$

由引理 2.1，可以得到以下两个推论。

推论 2.1 令 a、c 是非负整数，b、d 和 x 是非负常数，对于某个非负整数 k，有 $n=c^k$，则递归关系式

$$f(n) = \begin{cases} d & (n=1) \\ af(n/c) + bn^x & (n \geq 2) \end{cases}$$

的解满足

$$f(n) = bn^x \log_c n + dn^x \qquad a = c^x \tag{2-27}$$

$$f(n) = \begin{cases} dn^x & (a < c^x, d \geq \dfrac{bc^x}{c^x - a}) \\ (\dfrac{bc^x}{a - c^x})n^x & (a < c^x, d < \dfrac{bc^x}{c^x - a}) \end{cases} \tag{2-28}$$

$$f(n) \leq (d + \dfrac{bc^x}{a - c^x})n^{\log_c a} \qquad (a > c^x) \tag{2-29}$$

证明： 式(2-27)可以直接由引理 2.1 得出，证明从略，下面证明式(2-28)。

由于 $a < c^x$，有 $\log_c a < \log_c c^x = x$，因此有

$n^{\log_c a} < n^x$；根据引理 2.1，可以得出

$$f(n) = (d + \dfrac{bc^x}{a - c^x})n^{\log_c a} - (\dfrac{bc^x}{a - c^x})n^x$$

$$= (\dfrac{bc^x}{c^x - a})n^x + (d - \dfrac{bc^x}{c^x - a})n^{\log_c a}$$

因此，当 $d \geqslant \dfrac{bc^x}{c^x - a}$ 时，有

$$f(n) \leqslant (\frac{bc^x}{c^x - a})n^x + (d - \frac{bc^x}{c^x - a})n^x = dn^x$$

当 $d < \dfrac{bc^x}{c^x - a}$ 时，有

$$f(n) \leqslant (\frac{bc^x}{c^x - a})n^x$$

所以，式(2-28)成立，证毕。

同理可证式(2-29)亦成立，证明过程作为练习留给读者。

推论 2.2 令 a、c 是非负整数，b、d 和 x 是非负常数，对于某个非负整数 k，有 $n = c^k$，则递归关系式

$$f(n) = \begin{cases} d & (n = 1) \\ af(n/c) + bn^x & (n \geqslant 2) \end{cases}$$

的解是

$$f(n) = \begin{cases} bn\log_c n + dn & (a = c) \\ (d + \dfrac{bc}{a - c})n^{\log_c a} - (\dfrac{bc}{a - c})n & (a \neq c) \end{cases}$$

证明：可以从引理 2.1 直接得出，证明从略。

从以上的引理与推论，可以得到定理 2.1。

定理 2.1：令 a、c 是非负整数，b、d 和 x 是非负常数，对于某个非负整数 k，有 $n = c^k$，则递归关系式

$$f(n) = \begin{cases} d & (n = 1) \\ af(n/c) + bn^x & (n \geqslant 2) \end{cases}$$

的解是

$$f(n) = \begin{cases} \Theta(n^x) & (a < c^x) \\ \Theta(n^x \log n) & (a = c^x) \\ \Theta(n^{\log_c a}) & (a > c^x) \end{cases}$$

如果令 x=1，则应有

$$f(n) = \begin{cases} \Theta(n) & (a < c) \\ \Theta(n \log n) & (a = c) \\ \Theta(n^{\log_c a}) & (a > c) \end{cases}$$

证明：从引理 2.1 及推论 2.1 可以直接得出，证明从略。

在分治算法中，数据规模为 n 的问题，也有可能被分解成为 k 个数据规模各不相同的子问题。此时，对于所列出的递归关系式，如果使用归纳法求解，则存在一定程度的困难。

但是，在绝大多数情况下，给定的递归关系式类似于某个已知的递归关系式，并且后者的解是预先知道的。这时，首先可以假设所列出的递归关系式的解与已知递归关系式的解存在一个常数因子 c 的关系；接下来，证明并推导出该常数因子 c 的大小，并进而从侧面证明所列出的递归关系式的上界或下界。按照这种方法，我们可以证明定理 2.2。

定理 2.2：令 b、d 和 c_1、c_2 是大于 0 的常数，则以下递归关系式

$$f(n) = \begin{cases} b & (n=1) \\ f[(c_1 n)] + f[(c_2 n)] + bn & (n \geqslant 2) \end{cases}$$

的解即是

$$f(n) = \begin{cases} \Theta(n \log n) & (c_1 + c_2 = 1) \\ \Theta(n) & (c_1 + c_2 < 1) \end{cases}$$

特别地，当 $c_1 + c_2 < 1$ 时，有

$$f(n) \leqslant \frac{bn}{1 - c_1 - c_2} = O(n)$$

关于定理 4.2 的证明，可以参考相关文献。定理 4.2 表明，当原问题分解以后的子问题数据规模之和小于原问题的规模时，算法的计算时间可以达到 n 数量级，即 $\Theta(n)$。但是必须注意，这个线性时间是需要乘以一个常数因子的。原问题的数据规模越小，常数因子越小；反过来，原问题的数据规模越大，常数因子越大。

以上讨论的是分治算法的基本设计原理和一般原则。接下来，我们使用一些经典的例子来说明怎样针对具体问题运用分治算法的基本思想来设计有效的分治算法。

2.6　分治算法求解二分搜索问题

二分搜索(binary search)算法是运用分治算法的一个经典范例。它所针对的搜索问题是：已知一个按照非降次序排列的元素表 $a_1, a_2, \cdots, a_n$，要求判定某个给定元素 x 是不是在该表中出现。如果出现在该表中，则找出这个元素 x 在表中的出现位置，并且将此位置的下标值赋给变量 j；如果元素 x 没有出现在该表中，则将变量 j 的值置为 0。这个问题用 $I = (n, a_1, a_2, \cdots, a_n, x)$ 来表示，将其分解成为一些子问题，一种可能的解法是，任意选取一个下标 k，由此立即得到原问题的 3 个子问题：$I_1 = (k-1, a_1, a_2, \cdots, a_{k-1}, x)$，$I_2 = (1, a_k, x)$，与 $I_3 = (n-k, a_{k+1}, \cdots, a_n, x)$。对于子问题 I_2，我们可以通过比较 x 与 a_k 之间的大小来解决。如果 $x = a_k$，那么 $j = k$，此时，不需要再对子问题 I_1 与子问题 I_2 进行求解；否则，将子问题 I_2 中的变量 j 的值置为 0，即 $j = 0$，此时，如果 $x < a_k$，则只有子问题 I_1 留待求解，将子问题 I_3 中的变量 j 的值置为 0，即 $j = 0$。如果 $x > a_k$，则只有子问题 I_3 留待求解，将子问题 I_1 中的变量 j 的值置为 0，即 $j = 0$。在将元素 x 与元素 a_k 进行了比较以后，留待求解的问题(如果有的话)可以再一次使用分治策略来进行求解。如果待求解的问题(或者子问题)所选择的下标 k 都是其中间元素的下标(例如，对于原问题 I，则应选择 $k = \left\lceil \frac{n+1}{2} \right\rceil$)，那么所产生的算法就

是通常所说的二分搜索算法。

具体的分治算法可以描述成为算法 2.11。

算法 2.11 求解二分搜索问题的分治算法

```
1.  template<class Type>/*在"a[0]<= a[1]<=…<=a[n-1]"中搜索元素 x,找到元素 x
时返回其在数组中的位置,否则返回-1*/
2.  int BinarySearch(Type a[ ], const Type& x, int n)
3.  {
4.  int  j, left=0;
5.  int  right=n-1;
6.  while(left<=right)
7.  {
8.  int middle=(left+ right)/2;
9.  if(x< a[middle])
10. right=middle-1;
11. if(x> a[middle])
12. left=middle+1;
13. else
14. j=middle;
15. return
16. }
17. j=0;
18. return -1;                        /*没有找到元素 x*/
19. }
```

为了判断二分搜索是否为一个算法,除了上面所述的内容以外,还必须使元素 x 与
a[middle]的比较有比较适当的定义。此外,还需要判断二分搜索算法是否会停机。关于这
一点,留待证明算法的正确性时予以回答。

在对算法的正确性给出证明之前,为了增加对该算法的置信度,不妨用一个具体的例
子来模拟算法 2.11 的执行过程。

例 2.13 假定在数组 a[0:8]中按照非递减顺序存放着以下 9 个元素:-7,-3,2,5,7,13,
53,83,97。

要求搜索下列 x 的值:97,-6 和 83 是否在数组 a[0:8]中出现。

通过分析,不难发现这是两次成功搜索和一次不成功的搜索。在模拟算法 2.11 的执行
时只需要跟踪整型变量 left,right 和 middle。其跟踪轨迹由表 2-1 列出。

表 2-1 例 2.13 的实际运行轨迹

x=97			x=-6			x=83		
left	right	middle	left	Right	middle	left	right	middle
0	8	4	0	8	4	0	8	4
5	8	6	0	3	1	5	8	6
7	8	7	0	0	0	7	8	7
8	8	8	1	0		7	8	7
查找成功			查找失败			查找成功		

关于程序正确性的证明目前还是一个尚未解决的难题。在这里我们仅仅只给出二分搜索算法正确性的一种"非形式化的证明"。

假定待比较元素 x>a[middle]之类的比较运算可以适当地被执行,并且二分搜索算法中的全部语句都可以按照所需要的那样工作。起初,left=0,right=n-1,(n=1,2,…),并且 a[0]<=a[1]<=…<=a[n-1]。如果 n=0,则二分搜索算法将不进入 while 循环,变量 j 被置为 0,算法终止(停机)。否则,算法将会进入 while 循环去查找元素 x 是否是数组 a[ ]中的元素。对于每一次循环,有可能被检查比较的元素是 a[left],a[left+1],…,a[middle],…,a[right]。如果 x=a[middle],则应将 middle 的值送给变量 j,同时,二分搜索算法成功地终止。若 x<a[middle],则说明元素 x 根本不可能出现在数组 a[ ]中的从 a[middle]到 a[right]的各个元素中,于是,可以将查找范围缩小到数组 a[ ]中的从 a[left]到 a[middle-1]的各个元素中。这样一来,尽管查找范围缩小了,可是却并不影响搜索结果,提高了搜索效率。缩小搜索范围的工作是由语句 right=middle-1 完成的。同理,如果 x>a[middle],则可以通过语句 left=middle+1 将下标 left 增加到 middle+1 的方式来缩小搜索范围并且不会影响搜索结果。又由于 left 与 right 都是整型变量,按照上述方式缩小搜索区域总是可以在有限步内使 left 变得比 right 大。如果出现这种情况,则说明元素 x 不可能出现在数组 a[ ]中,此时应退出循环,变量 j 被置为 0,算法终止(停机)。证毕。

二分搜索算法所需要的空间是很容易确定的,它要用 n 个位置存放数组 a[ ],还要有存放变量 left,middle,right,x 与 j 的 5 个空间位置。因此,所需要的空间位置应是 n+5。至于二分搜索算法的计算时间,则需要对于最好情况、最坏情况及平均情况这 3 种情况分别予以讨论。为了清楚起见,对于二分搜索问题还需要将最好情况区分为搜索成功的最好情况和搜索不成功的最好情况加以分析。对于最坏情况和平均情况的分析也可以进行类似的处理。很显然,元素 x 只有在取数组 a[ ]中任一元素的情况下,才会出现成功搜索的情况,因此,成功的搜索一共有 n 种可能情况,而为了测试全部不成功的搜索,只需要将元素 x 取 n+1 个不同的值(取数组 a[ ]中任意两个相邻元素之间的区间有 n-1 个,再加上小于 a[0]和大于 a[n-1]各一个区间总共有 n+1 个区间,元素 x 可以在这 n+1 个区间的任意一个区间取值)。因此,只要在计算出二分搜索算法在元素 x 这 2n+1 种取值情况下的执行时间以后,求取其在最好情况、最坏情况及平均情况这 3 种情况的计算时间就轻而易举了。

在对二分搜索算法的一般情况进行具体分析以前,不妨首先对于例 2.13 所给出的实例进行分析,看看该算法在频率计数上有一些什么特征,从二分搜索算法中可以看到,所有的运算基本上都是在进行比较和数据传送。前两条语句和最末一条语句是赋值语句,频率计数均为 1。在 while 循环中,我们将重点讨论元素 x 和数组 a[ ]中的元素比较,而其余计算的频率计数显然与这些元素比较运算的频率计数具有相同的数量级。表 2-2 列出了元素 x 与例 2.13 中的数组 a[0:8]中的每个元素进行的成功比较所需要的次数。

表 2-2 元素 x 与例 2.13 中元素比较表

a	0	1	2	3	4	5	6	7	8
数组元素	-7	-3	2	5	7	13	53	83	97
比较次数	3	2	3	4	1	3	2	3	4

从表 2-2 中,不难看出,要找到一个元素至少需要进行 1 次比较,至多需要进行 4 次

比较。如果对于找到的 9 项比较次数取平均值，即可以得到每一次搜索成功的平均比较次数为25/9≈2.77 次，搜索不成功(搜索失败)的终止方式取决于元素 x 的取值，总共有9+1=10 种可能的取值方式。与搜索成功的比较次数讨论类似，我们也可以按照以下方式讨论搜索不成功时的元素平均比较次数：如果 x<a[0]，a[0]<x<a[1]，a[1]<x<a[2]，a[4]<x<a[5]，a[5]<x<a[6]或a[6]<x<a[7]，为了确定元素 x 不在数组 a[ ]中出现，二分搜索算法需要进行 3 次元素比较，而对于元素 x 取值的其他情况，则需要进行 4 次元素比较。这样一来，对于一次不成功搜索(搜索失败)的元素平均比较次数就是(3+3+3+4+4+3+3+3+4+4)/10 =34/10=3.4 次。

在元素 x 的所有可能取值的(2n+1)种情况中，不难看出，二分搜索算法的每一次运行过程都与一系列的 middle 值相关，即二分搜索算法的执行过程其本质上就是元素 x 与数组中一系列中间元素 a[middle]的比较过程。人们通常可以使用一棵二元树来描述二分搜索算法全部可能的执行过程是清楚的。这种用来描述二分搜索算法执行过程的二元树称为二元比较树。比较树的结点由称为内结点和外结点的两种结点组成。其中，每个内结点表示进行一次元素比较，它用圆形结点进行表示，每一条路径表示一个元素比较序列。在以元素比较为基础的二分搜索算法中，每个内结点存放一个数组元素下标——整型变量 middle 中的值。外结点用一个矩形结点表示，在二分搜索算法中，它表示任意一种可能存在的不成功搜索情况。这样一来，如果元素 x 在数组 a[ ]中出现，则二分搜索算法就在一个圆形结点处结束，这个圆形结点就指出元素 x 在数组 a[ ]中被搜索到处的元素的下标。如果元素 x 不在数组 a[ ]中出现，那么二分搜索算法在一个矩形结点处终止。图 2.3 就是有 9 个元素数组情况下的二元比较树，它刻画了在元素 x 的各种取值情况下二分搜索算法所产生的比较过程。

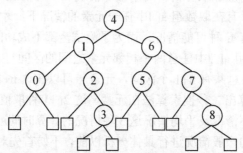

图 2.3　二分搜索算法的二元比较树

为了说明这一过程，我们仍然以例 2.13 中的数据集为例，如果取元素 x=13，那么在执行二分搜索算法时，首先将元素 x(13)与 a[4]=7 进行比较，如果元素 x>a[4]，则下一次与其右结点，即数组 a[ ]中下标为 6 的元素进行比较；如果元素 x<a[6]=53，则下次与数组 a[ ]中下标为 6 的元素的左结点，即数组 a[ ]中下标为 5 的元素进行比较；如果元素 x= a[5]=13，则说明元素 x 在数组 a[ ]中已经找到，二分搜索算法成功终止(停机)。

借助于二元比较树，二分搜索算法的计算时间可以通过定理 2.3 给出。

定理 2.3：如果在区间$[2^{i-1}, 2^i)$中，对于一次成功的搜索，二分搜索算法应至多进行 i 次比较，而对于一次不成功的搜索，二分搜索算法应至多进行 i-1 次比较或者进行 i 次比较。

证明：考察以 n 个结点描述二分搜索算法执行过程的二元比较树，所有成功搜索都在内部结点处结束，而所有不成功搜索都在外部结点处结束。又由于 $2^{i-1}\leqslant n<2^i$，因此，所有的内部结点在第 $1,2,\cdots,i$ 级，可是所有的外部结点在第 i 级和第 i+1 级(注意：令二元比较树的树根在第 1 级)。也就是说，成功搜索在第 i 级终止所需要进行的元素比较次数是 i 次，而不成功搜索在第 i 级外部结点终止的元素比较次数是 i-1 次。从而该定理得证。

定理 2.3 说明，最坏情况下的成功搜索和不成功搜索的计算时间都应为 $\Theta(\log n)$。最好情况下的成功搜索在第 1 级的结点处达到，因此计算时间为 $\Theta(1)$。最好情况下的不成功搜索需要进行 $\log n$ 次元素比较，因此计算时间应为 $\Theta(\log n)$。由于外部结点均处于第 i 级和第 i+1 级，因此每种不成功搜索的时间都应为 $\Theta(\log n)$。所以，平均情况下不成功搜索的计算时间应为 $\Theta(\log n)$，记为 U(n)。下面，我们利用外部结点和内部结点到二元比较树的树根的距离和之间的一种简单关系，由不成功搜索的平均比较次数求解出成功搜索的平均比较次数。为了讨论问题方便起见，下面定义两个概念：由树根到所有内部结点的距离之和称为内部路径长度 I；由树根到所有外部结点的距离之和称为外部路径长度 E。容易证明内部路径长度 I 与外部路径长度 E 之间应满足关系式为 E=I+2n(其中，n 为二元比较树中的内部结点数)。令 S(n) 为成功搜索时的平均比较数，为了找一个内部结点表示的元素所需要的比较次数是由树根到该结点的路径长度(即距离)加 1，所以，S(n)= I/ n+1，而到任何一个外部结点所需要的比较次数是由树根到该路径的长度，由此可得 U(n)=E/(n+1)，利用以上公式可以立即推出下面的关系式

$$S(n)=(1+1/n)U(n)-1。$$

根据式可以看出平均情况下，成功搜索的计算时间与不成功搜索的计算时间是直接相关的，即 S(n) 和 U(n) 是直接相关的，又因为 U(n)=$\Theta(\log n)$，所以成功搜索的计算时间 S(n) 和 $\Theta(\log n)$ 也是直接相关的。

综上所述，二分搜索算法在数据规模为 n 时各种情况的计算时间见表 2-3。

表 2-3　二分搜索算法在各种情况下的计算时间

状态	最好情况	最坏情况	平均情况
搜索成功	$\Theta(1)$	$\Theta(\log n)$	$\Theta(\log n)$
搜索失败	$\Theta(\log n)$	$\Theta(\log n)$	$\Theta(\log n)$

2.7　分治算法求解归并排序问题

归并排序(merge sort)问题是运用分治思想实现的又一经典范例。归并排序算法是用分治策略实现对于 n 个元素进行排序的算法。它的基本思想是：首先将待排序的 n 个元素分成大小大致相同的两个子集合，然后分别对这两个子集合进行排序，最后将排好序的子集合归并成为所要求的排好序的集合。归并排序算法可以按照如下的方式递归地进行描述成算法2.12。

算法 2.12　含有递归调用过程的归并排序算法

```
1.  template<class Type>
2.  void MergeSort(Type a[ ],int left,int right)
3.  {
4.  if(left<right)              /*至少有 2 个元素*/
5.  {
```

```
6.  int i=(left+right)/2;           /*取中点*/
7.  MergeSort(a,left,i);
8.  MergeSort(a, i+1, right);
9.  Merge(a,b, left,i, right);      /*归并到辅助数组b[ ]*/
10. Copy(a,b, left,right);  /*将数组b[ ]中已排好序的元素复制回原数组a[ ]中*/
11. }
12. }
```

其中，归并排序算法的递归过程只是将待排序的集合一分为二，直至待排序集合只剩下一个元素为止，然后不断合并两个已排好序的数组段。函数 Merge 的功能是将两个已经排好序的数组段归并到一个新的数组 b[ ]中，我们通常将这个新的数组 b[ ]称为辅助数组。然后由 Copy 函数将归并以后的数组段再复制回原数组 a[ ]中。

实现分治策略核心思想的就是算法 2.12 中的 Merge 函数。其实现过程描述成算法 2.13。

算法 2.13　使用辅助数组归并两个已排好序的集合

```
1.  template<class Type>
2.  void Merge(Type a[ ], Type b[ ],int l,int m, int r)/*a[l:r]是一个全程
数组,它含有两个放在a[l: m]和a[m+1: r]中的已排好序的子数组。其目的是将这两个已经排序好的数组
归并成为一个新的数组,并存放到全程数组a[l:r]中。在这个过程中,需要借用一个辅助数组b [l:r]*/
3.  {
4.  int i=l;
5.  int j=m+1;
6.  int k= l;
7.  while((i<=m)&&(j<=r))          /*当两个集合的元素都没有取尽时*/
8.  if(a[i]<= a[j])
9.  b[k++]=a[i++];
10. else
11. b[k++]=a[j++];
12. if(i>m)
13. for(int q=j;q<=r;q++)          /*对集合中的剩余元素进行处理*/
14. b[k++]=a[q];
15. else
16.  for(int q=i;q<=m;q++)         /*将已经归并了的集合复制到全程数组a[ ]中*/
17. b[k++]=a[q];
18.  }
```

下面，我们通过一个具体的实例来模拟算法 2.12 和算法 2.13 的执行过程。

例 2.14　使用归并排序算法，将含有 10 个元素的数组 A=(300,280,170,600,350,420,800,250,440,500)按照非降次序进行排序。

规并排序算法首先将含有 10 个元素的数组 A 分成两个各自含有 5 个元素的子数组，然后将子数组 A[1：5]分成大小为 3 和 2 的两个子数组，再将子数组 A[1：3]分成大小为 2 和 1 的两个子数组，最后将子数组 A[1：2]分成各含一个元素的两个子数组，此时就开始归并过程。此时的状态可以排成为下列形式：

$$(300|280|170|600,350|420,800,250,440,500)$$

其中，直杠表示子数组的边界线。归并 A[1：1]和 A[2：2]得

$$(280,300|170|600,350|420,800,250,440,500)$$

再归并 A[1∶2]和 A[3∶3]得

(170,280,300|600,350|420,800,250,440,500)

然后将 A[4∶5]分成两个各自分别含有一个元素的子数组，再将两个子数组归并得

(170,280,300|350,600|420,800,250,440,500)

接着归并子数组 A[1∶3]和 A[4∶5]得

(170,280,300,350,600|420,800,250,440,500)

此时，算法就将返回到归并排序算法第一次递归调用后继语句的开始之处，即准备执行第二条递归调用语句。又通过反复地递归调用和归并过程，将子数组 A[6:10]的元素排好序，其结果如下：

(170,280,300,350,600|250,420,440,500,800)

到目前为止，我们有了两个各自含有 5 个元素的已经排好序的子数组。经过最后的归并过程得到最终的排好序的结果如下：

(170,250,280,300,350,420,440,500,600,800)

图 2.4 所示的是在数据规模 n=10 的情况下，由归并排序算法所产生的对它自己进行一系列递归调用的树表示。每个结点中的一对值都是参变量 left 和 right 的值。值得一提的是，集合的分划一直进行到产生只含有单个元素的子数组为止。图 2.5 所示的则是一棵表示归并排序算法对函数 Merge 调用的树。每个结点中的值依次是参变量 l、m 及 r 的值。例如，含有值 1,2,3 的结点表示子数组 A[1:2]和 A[3:3]中元素的归并。

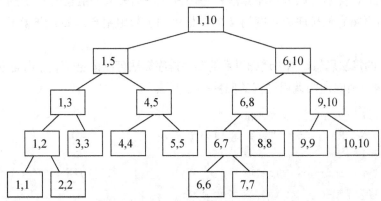

图 2.4   用树表示归并排序算法的递归调用过程

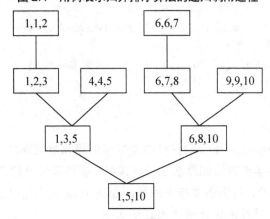

图 2.5   用树表示对于函数 Merge 的调用

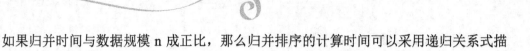

如果归并时间与数据规模 n 成正比，那么归并排序的计算时间可以采用递归关系式描述如下：

$$T(n) = \begin{cases} a & (n=1) \\ 2T(n/2) + cn & (n>1) \end{cases}$$

在这里，a 和 c 都是常数，当 n 是 2 的幂即 $n=2^k$ 时，可以通过逐次代入求出其解。

$$\begin{aligned} T(n) &= 2[2T(n/4) + cn/2] + cn \\ &= 4T(n/4) + 2cn \\ &= 4[2(T/8) + cn/4] + 2cn \\ &= \cdots \\ &= 2^k T(1) + kcn \\ &= an + cn\log n \end{aligned}$$

如果 $2^k < n < 2^{k+1}$，则容易求解得到：$T(n) \leqslant T(2^{k+1})$。所以，时间复杂度为 $T(n) = O(n\log n)$。

对于归并排序算法，还可以从多方面对其进行改进。考虑到归并排序中含有递归调用过程，对于大规模的数据量来说，执行效率比较低。因此，我们可以从分治策略的机制入手，消除归并排序算法中的递归调用。按照这个机制，我们首先可以将数组 a[] 中相邻的元素进行两两配对，然后用归并排序算法将它们排序，构成 n/2 组长度为 2 的排好序的子数组集合，然后再将它们排序成长度为 4 的排好序的子数组集合，如此继续下去，直至整个数组排好序。

按照以上的算法思想，消去递归以后的归并排序算法可以按照以下方式描述为算法 2.14。

算法 2.14　消除递归调用过程的归并排序算法

```
1.    template<class Type>
2.    void MergeSort(Type a[ ],int  n)
3.    {
4.    Type * b=new Type[n];
5.    int  s=1;
6.    while(s<n)
7.    {
8.    MergePass(a,b,s,n);          /*归并到数组 b[ ]*/
9.    s+=s;
10.   MergePass(b,a,s,n);          /*归并到数组 a[ ]*/
11.   s+=s;
12.   }
13.   }
```

在这里，函数 MergePass 用于归并已经排好序的相邻数组集合。具体的归并算法由函数 Merge 来实现，具体实现方法如算法 2.13。其中需要特别注意的是定义关于类型为 Type 的元素的比较运算 "<="。特别需要指出的是，如果 Type 是自定义的，那么必须重载运算 "<="。归并相邻子数组算法的描述形式如算法 2.15。

算法 2.15　归并相邻子数组的算法

```
1.   template<class Type>
2.   void MergePass(Type x[ ], Type y[ ],int  s,int  n) /*归并大小为 s 的相
邻子数组*/
3.   {
4.   int i=0;
5.   while(i<=n-2*s)              /*归并大小为 s 的相邻两段子数组*/
6.   {
7.    Merge(x,y, i,i+s-1,i+2*s-1);
8.    i=i+2*s;
9.   }
10.   if(i+s<n)                   /*剩下的元素个数少于 2s*/
11.     Merge(x,y, i,i+s-1,n-1);
12.   else
13.     for(int j=i;j<=n-1;j++)
14.       y[j]=x[j];
15.   }
```

　　自然归并排序算法是上面所述的归并排序算法的一个变化形式。在上述归并排序算法中，第一步归并相邻长度为 1 的子数组集合，这是因为长度为 1 的子数组段是已经排好序的。实际上，对于初始给定的数组 a[ ]，通常存在有多个长度大于 1 的已经自然排好序的子数组集合。例如，如果假设数组 a[ ]的元素为{4,8,3,7,1,5,6,2}，那么自然排好序的子数组集合有{4,8}，{3,7}，{1,5,6}和{2}。用一次对数组 a [ ]的线性扫描就足以找出所有这些已经排好序的子数组集合。然后将相邻的已经排好序的子数组集合进行两两归并，组成更大的排好序的子数组集合。对于上面的例子，经过一次归并过程以后可以得到两个归并以后的子数组集合{3,4,7,8}和{1,2,5,6}。继续归并相邻的已经排好序的子数组集合，直至整个数组元素排好序为止。上面的这两个子数组集合再通过归并以后就最终得到排好序的数组{1,2,3,4,5,6,7,8}。

　　上述思想就是自然归并排序算法的基本思想。在通常的情况下，按照以上的方式进行归并排序所需要的归并次数较少。例如，我们不难分析出，对于所给的由 n 个元素组成的数组在已经排好序的极端情况下，自然归并排序算法不需要执行归并步，而归并排序算法则需要执行$(\log n)$次归并过程。因此，在这种情况下，自然归并排序算法的时间复杂度为$O(n)$。从这个意义上来说，此算法的效率比传统的归并排序算法效率更高。

2.8　分治算法求解快速排序问题

　　在前面讨论的归并排序算法中，为了将两个非递减的已经排好序的子数组归并成为一个新的数组，该数组里的元素也是按照非递减顺序进行排列的，使用了一个大小为 n 的辅助空间，该辅助空间将会随着待排序数据规模的不断增大而呈线性增大，如果数据规模很大，则系统的空间开销也很大。有没有一种算法可以不用通过增加系统的空间开销就同样可以完成排序任务呢？答案是肯定的。在本节中，我们将讨论另外一种分治算法，它不需要额外的系统辅助空间，就可以完成对 n 个元素进行排序。它的分治策略是：首先在待排

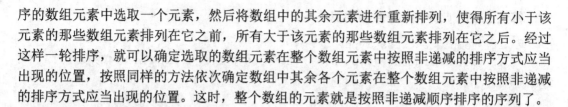

序的数组元素中选取一个元素，然后将数组中的其余元素进行重新排列，使得所有小于该元素的那些数组元素排列在它之前，所有大于该元素的那些数组元素排列在它之后。经过这样一轮排序，就可以确定选取的数组元素在整个数组元素中按照非递减的排序方式应当出现的位置，按照同样的方法依次确定数组中其余各个元素在整个数组元素中按照非递减的排序方式应当出现的位置。这时，整个数组的元素就是按照非递减顺序排序的序列了。

2.8.1 数组的划分

给定序列 $a_1,a_2,\cdots,a_n$，如果存在元素 a_k，使得对于所有的 $i(i=1,2,\cdots,k-1)$ 都有 $a_i \leqslant a_k$，而对于所有的 $j(j=k+1,k+2,\cdots,n)$，都有 $a_j \geqslant a_k$，那么我们将元素 a_k 称为这个数组的划分元素。因此，如果能在数组中寻找一个划分元素，就可以将原数组划分成为小于划分元素的子数组、划分元素及大于划分元素的子数组。

在数组中寻找划分元素的方法有多种，其中一种方法是：将数组的第一个元素作为划分元素，然后重新排列这个数组中的所有元素，使得划分元素之前的每个元素都小于划分元素，划分元素之后的每个元素都大于划分元素。算法 2.16 就是这个方法的算法描述。

算法 2.16　按照划分元素划分数组的算法

输入：数组 A[ ]，数组的起始位置 low，数组的终止位置 high

输出：按照数组的划分元素划分的数组 A[ ]，划分元素所在的位置 i

```
1.  template<class Type>
2.  int partition(Type A[ ],int low,int high)
3.  {
4.    int k, i=low;
5.    Type x=A[low];
6.    for (k=low+1;k<=high;k++) {
7.      if(A[k]<=x) {
8.        i+=1;
9.        if(i!=k)
10.       swap(A[i],A[k]);
11.     }
12.   }
13.   swap(A[low],A[i]);
14.   return i;
15. }
```

这个算法需要用到两个游标，i 和 k，它们分别初始化为 low 和 low+1。这两个游标都是从左向右移动，使得在执行 for 循环的每一轮循环体以后，都有

(1) A[low]=x。

(2) 对于所有的 $j(j=low,low+1,\cdots,i)$，都有 $A[j] \leqslant x$；

(3) 对于所有的 $j(j=i+1,i+2,\cdots,k)$，都有 $A[j]>x$。

在这个算法扫描了全部元素之后，再将划分元素与 A[i] 进行交换，使得划分元素位于游标 i 所在的位置，从而使得游标 i 之前的所有元素都小于或者等于划分元素，游标 i 之后的所有元素都大于划分元素。

很显然，在执行这个算法的时候，数组中的全部元素，都需要与划分元素 A[low]进行比较，以便可以确定当前的元素应该位于划分元素之前还是位于划分元素之后。因此，划分含有 n 个元素的数组的划分算法需要执行 n-1 次元素比较操作，所以算法 2.16 的时间复杂度为 $\Theta(n)$。

2.8.2　快速排序算法的实现

现在，我们就可以利用划分算法来实现快速排序，算法 2.17 就是关于快速排序算法的描述。

算法 2.17　快速排序算法
输入：数组 A[ ]，数组的起始位置 low，数组的终止位置 high
输出：按照非递减顺序排序的数组 A[ ]

```
1.  template<class Type>
2.  void quicksort(Type A[ ],int  low,int  high)
3.  {
4.  int k;
5.  if(low<high) {
6.  k= partition(A, low, high);
7.  quicksort(A, low,k-1);
8.  quicksort(A, k+1,high);
9.        }
10. }
```

算法 2.17 的第 5 行判断被排序的子数组的起始位置与终止位置是否重叠，如果重叠，则说明该数组中仅含有一个元素，此时不需要继续排序，算法直接返回；如果不重叠，则第 6 行的划分算法将对子数组进行划分，找出该子数组的新的划分元素的位置；第 7 行和第 8 行则继续对被划分出来的两个新的子数组递归调用快速排序算法，进行新的一轮划分。接下来，我们通过下面的例子来说明快速排序算法的工作过程。

例 2.15　假定数组元素的关键字值如图 2.6 中的第一排数所示，调用快速排序算法以后，划分元素以及被划分的两个子数组的关键字值在第二排用相应的数表示。图 2.6 表示模拟快速排序算法的工作过程。

在第一次调用时，进入递归算法的第 0 层。划分算法产生的划分元素关键字值为 50。此外，将原来的数组划分为两个子数组，关键字值分别为 20、40、30 和 80、60、70、90。用元素的关键字值来代表该元素：第 0 层的第 7 行对子数组{20，40，30}进行处理；第 8 行对子数组{80、60、70、90}进行处理。在第 7 行处理时，调用快速排序算法，进入第一层递归。在第一层，划分算法首先产生划分元素 20，然后将原来的子数组中去掉划分元素 20 后剩下的元素划分为一个空的数组和一个由元素 40 和 30 构成的子数组；第一层的第 7 行对空数组调用快速排序算法以后，立即返回；第 8 行对子数组{40,30}进行调用，进入第二层递归。在第二层，划分算法产生划分元素 40，并将原来的子数组中去掉划分元素 40 后剩下的元素划分成由单个元素 30 组成的子数组及一个空数组，第二层的第 7 行对元素 30 调用快速排序算法，由于只有一个元素，因此，立即返回；接着的第 8 行对空数组同样调用快速排序算法，也立即返回。第二层在完成第 8 行的处理后返回到第一层。这样，第一层的第 8 行也完成了对于子数组 {40,30} 的处理，从而返回到第 0 层，继续执行第 0 层第 8 行对于子数组 {80，60，70，90} 的处理，从而又进入第一层。在第一层，划分算法产生划分元素 80 和两个子数组 {70,60} 及 {90}。第一层的第 7 行对子数组 {70,60} 进行处理，而第 8 行对子数组 {90} 进行处理。当第 8 行处理完毕之后，就返回到第 0 层，此时，第 0 层也完成了第 8 行的处理，从而返回到主调用的算法。

50	80	40	90	30	60	70	20	初始数据

20	40	30	**50**	80	60	70	90	第1次划分

20	40	30	50	80	60	70	90	第2次划分

20	30	**40**	50	80	60	70	90	第3次划分

20	**30**	40	50	80	60	70	90	第4次划分

20	30	40	50	70	60	**80**	90	第5次划分

20	30	40	50	60	**70**	80	90	第6次划分

20	30	40	50	**60**	70	80	90	第7次划分

20	30	40	50	60	70	80	**90**	第8次划分

图 2.6　模拟快速排序算法的工作过程

2.8.3　快速排序算法的最坏情况分析

如果对于被排序的初始数组，它的元素已经是按照非递减或者非递增的顺序排列的，那么在这种情况下就是处于最坏的情况。如果是对于按照非递减顺序排列的元素组成的长度为 n 的数组，快速排序算法每一次执行划分函数时，将总是使得划分元素位于子数组的第一个位置，从而使得原数组被划分成为一个空数组及一个长度为 n-1 的子数组。快速排序算法的第 7 行及第 8 行调用的参数将分别是 quicksort(A,0,-1) 及 quicksort(A,1,n-1)。第一个调用就是对于一个空数组进行操作，将立即返回；第二个调用将对于一个长度为 n-1 的子数组进行操作，它又将调用 quicksort(A,1,0) 及 quicksort(A,2,n-1)，前者仍然是对空数组的操作，后者则是对于长度为 n-2 的子数组进行操作。其结果就是产生一系列的对空数组的操作，这些操作所耗费的总时间是与待排序数据规模 n 处于同一数量级，即时间复杂度为 $\Theta(n)$。一系列的实质性操作如下：

quicksort(A,0,n-1)，quicksort(A,1,n-1)，…，quicksort(A,n-1,n-1)
而这些操作又转而对划分算法执行如下一系列的操作：
partition(A,0,n-1)，partition(A,1,n-1)，…，partition(A,n-1,n-1)

划分算法对于 n 个元素的数组进行划分，需要执行 n-1 次元素进行比较操作。由此，在最坏情况下，划分算法所执行的元素比较的总次数应是

$$(n-1)+(n-2)+\cdots+1+0=\frac{1}{2}n*(n-1)=\Theta(n^2)$$

如果初始的数组中的元素已经是按照非递增的顺序排列的，那么情况类似。

在上述最坏情况下，算法的递归深度为 n，每一次递归调用，都需要常数个工作单元。因此，在这种情况下所需要的空间开销为 $\Theta(n)$。

在下面的章节中，读者将会看到：可以用线性时间 $\Theta(n)$ 在含有 n 个元素的数组中，选取中值元素作为划分元素，如果采用这种方法来划分数组，将会把原数组划分成为两个长度接近相同的子序列。这样一来，两个递归调用都可以对于接近相同长度的数组进行操作。于是，快速排序算法所执行的元素比较次数可以采用以下的递归关系式求解得出：

$$f(n) = \begin{cases} 0 & (n=1) \\ 2f(n/2)+\Theta(n) & (n>1) \end{cases}$$

通过对上述递归关系式进行求解，可以得到 $f(n)=\Theta(n\log n)$。因此，我们可以得到下面的结论：快速排序算法在最坏情况下的运行时间是 $\Theta(n^2)$。如果选取数组中的中值元素作为划分元素，那么，快速排序算法的时间复杂度应为 $\Theta(n\log n)$。此时，快速排序算法的递归深度接近于 $\log n$。因此，该算法的实现所需要的空间复杂度应为 $\Theta(\log n)$。

2.8.4 快速排序算法的平均情况分析

假定数组中的每一个元素的关键字的值都不相同，并且元素的每一种排列情况的概率都相同。这样一来，数组中的任何元素，作为数组的第一个元素的可能性的概率也相同，因此，它们被选取作为划分元素的可能性的概率都为 1/n。如果被选取的划分元素，经过 partition 函数的重新排列之后，位于数组的第 i 个位置，其中，i=1,2,…,n，那么，处于划分元素前面的元素个数有 i-1 个，处于划分元素后面的元素个数有 n-i 个。不妨设 f(n) 是快速排序算法对 n 个元素进行排序时所执行的平均比较次数，则应有以下关系式：

$$f(n) = \begin{cases} 0 & (n=0) \\ n-1+\dfrac{1}{n}\sum_{i=1}^{n}(f(i-1)+f(n-i)) & (n>0) \end{cases}$$

又由于，当 n>0 时，有

$$\sum_{i=1}^{n}f(k-1) = f(0)+f(1)+\cdots+f(n-1) = \sum_{i=1}^{n}f(n-i) = \sum_{i=0}^{n-1}f(i)$$

因此有

$$f(n) = (n-1)+\dfrac{2}{n}\sum_{i=0}^{n-1}f(i)$$

将上式的两边同时乘以 n，可以得

$$n*f(n) = n*(n-1)+2*\sum_{i=0}^{n-1}f(i) \tag{2-30}$$

如果用 n-1 取代上式中的 n，则将上式立即变换为下式：

$$(n-1)*f(n-1) = (n-1)*(n-2)+2*\sum_{i=0}^{n-2}f(i) \tag{2-31}$$

令式(2-30)减去式(2-31)，立即得到

$$n*f(n) = (n+1)*f(n-1)+2*(n-1)$$

将上式的等式两边同时除以[n*(n+1)]，得到下面的等式：

$$\frac{f(n)}{n+1} = \frac{f(n-1)}{n} + \frac{2(n-1)}{n(n+1)}$$

又令 h(n)=f(n)/(n+1)，代入上式，立即得到下面的递归关系式：

$$h(n) = \begin{cases} 0 & (n=0) \\ h(n-1) + \dfrac{2(n-1)}{n(n+1)} & (n>0) \end{cases}$$

对这个递归关系式求解，得到

$$h(n) = \sum_{i=1}^{n} \frac{2*(i-1)}{i*(i+1)} = 2*\sum_{i=1}^{n} \frac{2}{i+1} - 2*\sum_{i=1}^{n} \frac{1}{i}$$

$$= 4*\sum_{i=2}^{n+1} \frac{1}{i} - 2*\sum_{i=1}^{n} \frac{1}{i}$$

$$= 4*(\sum_{i=1}^{n} \frac{1}{i} + \frac{1}{n+1} - 1) - 2*\sum_{i=1}^{n} \frac{1}{i}$$

$$= 2*\sum_{i=1}^{n} \frac{1}{i} - \frac{4n}{n+1}$$

$$= 2*\sum_{i=2}^{n} \frac{1}{i} + 2 - \frac{4n}{n+1}$$

$$= 2*\sum_{i=2}^{n} \frac{1}{i} - 2*\frac{n-1}{n+1}$$

$$\leqslant \int_{1}^{n} (1/x)dx - 2*\frac{n-1}{n+1} = \log_e n - 2*\frac{n-1}{n+1}$$

所以，当 n>0 时，有

$$f(n) = (n+1)*h(n) \leqslant (n+1)\log_e n - 2*(n-1)$$

由此，我们得到下面的结论：对于输入数据规模为 n 的数组，在平均情况下，快速排序算法所执行的时间复杂度为 O(n log n)。

2.9　分治算法求解选择问题

在前面讲到的快速排序算法中，使用划分算法对数组中的元素进行划分，在最坏的情况下，它的时间复杂度将会是 O(n*n)，这是由于划分算法选择数组的第一个元素作为划分元素，而这个划分元素将位于该数组的什么位置是未知的。如果能够以 O(n) 时间选取数组中的中值元素作为划分元素，那么就可以直接将原来的数组划分为两个大致相等的子数组。快速排序算法利用这样的算法来对原数组进行划分操作，也就能够在最坏的情况下，达到 O(n log n) 的运行时间。下面，我们将要介绍一种能够以 O(n) 时间选取数组的中值元素或者任意的第 i 小元素的算法，它从另一个侧面说明了分治算法的应用。我们将这一算法称为选择算法。

2.9.1　选择问题的思想方法

用分治算法选择中值元素或者第 i 小元素的算法的基本思想是：在分治算法的递归调用的每一个划分步里，放弃一个固定部分的元素，并对其余的元素进行递归。于是，问题的规模就可以以几何级数递减。如果每一次递归放弃处理 1/3 的元素，那么在第二次递归时，只需要处理原来数组的 2/3 的元素，在第三次递归时，只需要处理原来数组的 4/9 的元素，依次类推。如果问题的数据规模为 n，并且能够在每一次的递归调用时，使得算法对于每一个元素的花费不会超过一个常数时间 c，那么处理所有元素所花费的时间将会是

$$cn + \frac{2}{3}cn + (\frac{2}{3})^2 cn + \cdots + (\frac{2}{3})^i cn + \cdots = cn \sum_{i=0}^{\infty}(\frac{2}{3})^i = cn\frac{1}{1-2/3} = 3cn = \Theta(n)$$

这样一来，就可以按照线性时间来完成对于原问题的处理。

根据以上的思想方法，可以采取下面的步骤，来选择中值元素或者第 i 小元素。

(1) 当 $n \leqslant n_0$ 时，直接对数组中的元素进行排序，第 i 个元素即为所求的元素，其中 n_0 为某个阈值；否则，转步骤(2)。

(2) 将数组中的元素划分为 p = (n/5) 组，每一组都有 5 个元素，不足 5 个元素的那一组不予处理。

(3) 取每一组中的中值元素，构成一个数据规模为 p 的数组 M。

(4) 对数组 M 递归地执行算法，得到一个中值的中值元素 m。

(5) 将原来的数组划分成为 P，Q 和 R 三组，使得大于 m 的元素存放于组 P，等于 m 的元素存放于组 Q，小于 m 的元素存放于组 R。

(6) 如果|P|>i，对于 P 递归地执行算法；否则转步骤(7)。

(7) 如果|P|+|Q|≥k，那么 m 就是所要选择的元素；否则转步骤(8)。

(8) 对组 R 递归地执行算法。

例 2.16　按照递增顺序，找出下面这一含有 29 个元素的数组 A 中的第 18 小元素。其中，A={08，31,60,33,17,04,51,57,49,35,11,43,37,03,13,52,06,19,25,32,54,16,05,41,07,23,22,46,29}。

当 i=18 时，算法将按照以下步骤依次执行。

(1) 将数组 A 前面的 25 个元素划分成 5 组，即{08,31,60,33,17}，{04,51,57,49,35}，{11,43,37,03,13}，{52,06,19,25,32}及{54,16,05,41,07}，而对数组后面的 4 个元素暂时不进行处理。

(2) 提取每一组中的中值元素，形成一个由中值元素构成的一个新的中值数组，即{31,49,13,25,16}。

(3) 递归地使用算法去求取上面这个中值数组中的这些中值元素的中值，得到 m=25。

(4) 根据 m=25,将原来的数组划分成为 3 个子数组，即数组 P={08,17,04,11,03,13,06,19,16,05,07,23,22}，数组 Q={25}以及数组 R={31,60,33,51,57,49,35,43,37,52,32,54,41,46，29}。

(5) 由于子数组 P 中有 13 个元素，即|P|=13，子数组 Q 是由单元素组成的，即|Q|=1，而又由于 i=18，因此，舍弃子数组 P 和子数组 Q，使得 i=18-13-1=4，对于数组 R 递归地执行该算法。

(6) 此时，又将数组 R 划分成为下面的 3 组：{31,60,33,51,57}，{49,35,43,37,52}及{32,54,41,46,29}。

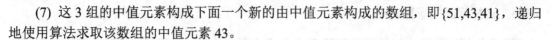

(7) 这 3 组的中值元素构成下面一个新的由中值元素构成的数组，即{51,43,41}，递归地使用算法求取该数组的中值元素 43。

(8) 这样，又根据 43 将数组 R 划分成为 3 组，即{31,33,35,37,32,41,29}，{43}以及{60,51,57,49,52,54,46}。

(9) 由于 i=4，第一个子数组的元素个数大于 i，因此舍弃后面两个子数组，以 i=4 对于第一个子数组递归调用本算法。

(10) 这时，将这个子数组划分成为由 5 个元素组成的新的子数组，即{31,33,35,37,32}，取其中值元素为 33。

(11) 根据中值 33，将第一个子数组划分成为 3 个子数组，即{31,32,29}，{33}及{35,37,41}。

(12) 由于 i=4，而第一、第二个子数组的元素个数为 4，因此 33 就是所求取的第 18 小元素。

2.9.2 选择问题的算法实现

按照以上所叙述的算法步骤，可以按以下方式描述选择问题的分治算法，即**选择算法**。

算法 2.18 选择问题的分治算法——选择算法

输入：n 个元素组成的数组 A[ ]，所要选择的第 i 小元素

输出：所选择的元素

```
1.   template<class Type>
2.   Type select (Type A[ ],int  n,int  i)
3.   {
4.       int j,k,s,t;
5.       Type m,*p,*q,*r;
6.       if(n<=38) {                  /*如果元素个数小于阈值,则直接进行排序*/
7.           mergesort(A,n);
8.           return A[i-1];           /*返回第 i 小元素*/
9.       }
10.      p=new Type[3*n/4];
11.      q=new Type[3*n/4];
12.      r=new Type[3*n/4];
13.      for(j=0;j<n/5;j++)           /*将每组 5 个元素的中值元素依次存入 p*/
14.      mid(A,j,p);
15.      m=select(p,j,j/2+j%2);       /*递归调用,取得中值元素的中值元素于 m*/
16.      j=k=s=0;
17.      for(t=0;t<n;t++) {           /*根据 m,将原数组划分成为 p、q 与 r 3 个部分*/
18.        if(A[t]<m)
19.            p[j++]=A[t];
20.        else if(A[t]==m)
21.            q[k++]=A[t];
22.        else
23.            r[s++]=A[t];
```

```
24.    if(j>i)                    /*如果第 i 小元素在数组 p 中,则继续在数组 p 中寻找*/
25.      return select(p,j,i);
26.    else if(j+k>=i)            /*m 就是第 i 小元素*/
27.      return m;
28.  Else                        /*如果第 i 小元素在数组 r 中,则继续在数组 r 中寻找*/
29.      return select(r,s,i-j-k);
30.    }
31.  }
```

　　选择算法 2.18 的第 6～9 行判断数组 A 的元素个数是否小于某个阈值。如果是,那么就直接调用一般的排序算法,取第 i 个元素(下标为 i-1)返回;否则,按照分治策略进行处理。第 10～12 行分配 3 个数组作为工作单元;第 13 行和第 14 行则是调用 mid,将数组 A 中每 5 个元素作为一组,依次取每一组的中值元素于数组 p;第 15 行递归调用本算法,取得数组 p 的中值元素于 m;第 17～23 行根据中值元素 m,将数组 A 划分成为 3 个子数组于 p、q 及 r,其元素个数分别为 j、k 和 s。第 24～29 行分 3 种情况进行处理:如果 j>i,则说明第 i 小元素就在数组 p 中,因此对于数组 p 递归调用本算法,最终取得第 i 小元素;否则,如果 j+k≥i,则说明第 i 小元素就在数组 q 中,但是,数组 q 中的每一个元素都与中值元素 m 相同,因此,直接取中值元素 m 作为返回值返回;否则,第 i 小元素必定只能出现在数组 r 中,因此对于数组 r 递归调用本算法,取得第 i 小元素。

　　在选择算法 2.18 中,取每组 5 个元素的中值元素 mid 的具体实现方案如算法 2.19 所示。

算法 2.19　从数组 A 中,每 5 个元素为一组,取第 i 组的中值元素于数组 p

输入:数组 A[ ],组号 i

输出:存放中值元素的数组 p[ ]

```
1.   template<class Type>
2.   void mid (Type A[ ],int  i, Type p[ ])
3.   {
4.     int k=5*i;
5.     if(A[k]>A[k+2])
6.       swap(A[k],A[k+2]);
7.     if(A[k+1]>A[k+3])
8.       swap(A[k+1],A[k+3]);
9.     if(A[k]>A[k+1])
10.      swap(A[k],A[k+1]);
11.    if(A[k+2]>A[k+3])
12.      swap(A[k+2],A[k+3]);
13.    if(A[k+1]>A[k+2])
14.      swap(A[k+1],A[k+2]);
15.    if(A[k+4]>A[k+2])
16.      p[i]=A[k+2];
17.    else if(A[k+4]>A[k+1])
18.      p[i]=A[k+4];
19.    else
```

```
20.        p[i]=A[1];
21. }
```

2.9.3　关于选择问题的算法分析

现在，我们来分析这个选择算法的执行时间。选择算法 2.18 的第 6～12 行，耗费了一个常数时间，假定为 c。第 13 行和第 14 行对数组 A 中的每一组元素取中值，总共有 n/5 组，每一组需要进行 7 个比较，总共耗费 $\Theta(n)$ 时间；第 15 行对于长度为 n/5 的数组，递归调用选择算法，总共需要耗费 f(n/5)时间；第 17～23 行将原数组划分为 3 个子数组，需要耗费 $\Theta(n)$ 时间；第 24～29 行对于长度为 j 或 s 的数组，递归调用 select 算法，总共需要耗费 f(max(j,s))时间。

当选择算法完成了第 13 行和第 14 行的工作时，如果将数组 p 中所存放的那些中值元素，按照递增顺序从左到右依次排列，每一组 5 个元素，从小到大，自下而上进行排列，不妨设 R 为小于或等于中值 m 的元素集合，P 为大于或等于中值 m 的元素集合。不难看出，有下面的关系式：

$$|P| \geqslant 3*[(n/5)/2] \geqslant \frac{3}{2}*(n/5)$$

因此，立即得到下式：

$$j = |R| \leqslant n - \frac{3}{2}(n/5) \leqslant n - \frac{3}{2}(\frac{n-4}{5}) = n - 0.3n + 1.2 = 0.7n + 1.2 \tag{2-32}$$

同理，可以得到下式：

$$|R| \geqslant 3*[(n/5)/2] \geqslant \frac{3}{2}(n/5)$$

因此，立即得出下式：

$$s = |P| \leqslant 0.7n + 1.2 \tag{2-33}$$

由式(2-32)及式(2-33)说明：不论是小于等于 m 的元素，或者是大于等于 m 的元素，都将不可能超过 0.7n+1.2。因此，第 24～29 行所耗费的时间为 f(0.7n+1.2)时间。

假设阈值 n_0=38，则对于所有的 $n \geqslant n_0$，都有 $0.7n + 1.2 \leqslant (3n/4)$。令选择算法的第 6～12 行耗费的时间为 c，该算法的第 13 行、第 14 行及第 17～23 行所执行的线性时间之和为 cn。于是，可以列出下面的递归关系式：

$$f(n) \leqslant \begin{cases} c & (n < 38) \\ f[(n/5)] + f[(3n/4)] + cn & (n \geqslant 38) \end{cases}$$

根据定理 2.2，我们不难得出以下的结论：

$$f(n) \leqslant \frac{cn}{1 - 1/5 - 3/4} = 20cn = \Theta(n)$$

由此得出，从 n 个元素组成的数组中，提取第 i 小元素或者提取中值元素，所需要耗费的时间与数据规模 n 具有相同的数量级，即 $\Theta(n)$。

通过以上的分析，我们不难看出，在每一次地递归调用时，所分配的 3 个子数组，每一个的大小都小于原来的 3/4。这样一来，随着递归深度的增加，每一个数组的大小都应当以 3/4 递减。如果递归深度为 1，那么，选择算法所需要的空间开销 S 应为

$$S \leqslant \sum_{i=1}^{1} 3n * \left(\frac{3}{4}\right)^i$$

$$\leqslant \sum_{i=1}^{\infty} 3n * \left(\frac{3}{4}\right)^i = 3n * \frac{1}{1-3/4} = 3n * 4$$

$$= 12n = O(n)$$

通过上面的分析，不难看出，选择算法所需要的空间开销，即空间复杂度为 O(n)。

本 章 小 结

本章首先介绍了有关递归算法与分治算法的一些基本概念及递归算法的实现机制；然后介绍了递归算法的设计思想、递归关系式的求解方法，以及怎样将递归算法转化为非递归算法；接着介绍了分治算法设计的基本原则、基本思想和基本思路；最后介绍了分治算法用于求解二分搜索问题、归并排序问题、快速排序问题以及选择问题的基本思路和求解方法。

课后阅读材料

与/或图简介

很多复杂的递归问题或使用分治算法求解的问题很难或没法直接求解，但是可以分解成一系列(类型相同)的子问题，并且这些子问题又可以反复细分成为一些更小的子问题，一直到分成一些最基本的、可以直接求解的问题时为止。然后，由这些分解成的子问题的全部或者部分解再导出原问题的解。这种将一个问题分解成若干个子问题，并由子问题导出原问题解的方法称为问题化简。问题化简已经在工业调度分析、定理证明等诸多领域得到了广泛的应用。

将一个复杂的问题分解成一系列子问题的过程可以使用以下结构的有向图来表示：在有向图中，结点表示待求解的问题，一个结点的子孙结点表示与该待求解问题相关联的子问题。为了表示父结点的解可由哪些子问题联合导出，通常用一条弧将那些能联合导出其解的子结点连在一起。这样的父结点称为与结点；如果父结点的解可以通过求解它的其中一个子孙结点就可以得到，那么将这种父结点称为或结点。由与结点和或结点相互连接构成的图称为与/或图。

我们可以通过与/或图对一个递归问题或使用分治算法求解的问题进行化简，在对这些问题化简时，如果两个子问题在分解成的更小的子问题中有一个公共的更小子问题，并且这个更小的子问题只需要求解一次，那么在该问题的与/或图上可以使用一个结点来表示这个更小的公共子问题。

下面，我们通过一个例子加以说明。这个例子是读者在《数据结构》课程中学过的中序遍历二叉树的例子。采用递归算法，令指针 p 指向二叉树的根结点。为了方便起见，我们按照以下的方式定义一棵二叉树的数据结构：

```
struct Bitree
{
    int data;
```

```
        struct Bitree *L,*R;
    };
```

并且定义指针 p 为 Bitree 结构类型的指针：Bitree *p；让 LNR(p)表示对以 p 为根结点的树作中序遍历的子函数，得出如图 2.7 所示的递归算法与/或图。对于图 2.6，我们做以下的几点说明。

(1) 结点 A 表示中序遍历以结点 p 为根结点的二叉树，函数为 LNR(p)。该结点为或结点，有两个分支。即当 p 为空时，A 取 B 结点表示的解，即什么都不做；当 p 不为空时，说明二叉树存在(即至少有一个根结点)，有结点 C。

(2) 结点 C 是一个与结点，要依次做相关联的 3 件事情：

① 结点 D 表示的事情：即中序遍历以结点 p 为根结点的左子树，函数为 LNR(P->L)；

② 结点 E 表示的事情：直接可解结点，访问根结点 p(如输出根结点 p 数据域中的值)；

③ 结点 F 表示的事情：即中序遍历以结点 p 为根结点的右子树，函数为 LNR(P->R)。

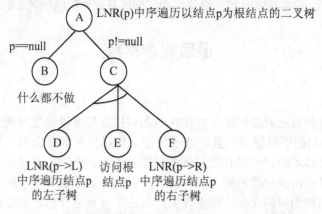

图 2.7 中序遍历以结点 p 为根结点的二叉树的与/或图

(3) 比较函数 LNR(p)与 LNR(p->L)及 LNR(p->R)可以看出，都是同一个函数形式，只不过代入了不同的参数，从层次和隶属关系来说，p 是父结点的指针，而 p->L 和 p->R 是子结点的指针，p->L 指向左子树的根结点；p->R 指向右子树的根结点。

建立二叉树的过程是一个"插入"过程，下面通过一个例子来讲解这一过程。

建立这样一棵二叉树，该树中的每一个结点有一个整数，数据名为 data；有两个指针(左指针 L，右指针 R)，分别指向这个结点的左子树和右子树。显然可以使用名为 Bitree 的结构类型来描述这种类型的结点结构：

```
struct Bitree
{
    int data;
    struct Bitree *L,*R;
};
```

对于二叉树来说，最重要的是根结点，它起到对于这棵树的定位作用。因此，我们应该首先建立的是根结点。也就是说，如果从键盘输入数据来建立二叉树，第一个数据就是这棵树的根结点数据。以后再输入的数据，每一个都要与在根结点数据域中的数据进行比较，以便确定该数据所在结点的插入位置。如果待插入结点的数据比根结点数据域中的数据小，则将其插入至左子树；如果待插入结点的数据比根结点数据域中的数据大，则将其插入至右子树。

定义一个函数：

void insert(Bitree *&pRoot, Bitree *pNode)

其中，指针 pNode 指向含有待插入数据的结点，pRoot 为指向二叉树的根结点指针的别名。

insert 函数可以理解为将结点 pNode 插入到指针 pRoot 所指向的二叉树中。函数 insert(pRoot, pNode)可以使用如图 2.8 所示的与/或图进行描述。值得读者注意的是，在图 2.8 中，pRoot 是被调用函数的形式参数。从前面对它的定义看，pRoot 是指针的引用，实际上是指向二叉树根结点的指针的别名。因此，在主程序调用 insert 函数时，实参数为 pMRoot 和 pMNode，形式参数为 pRoot 和 pNode。

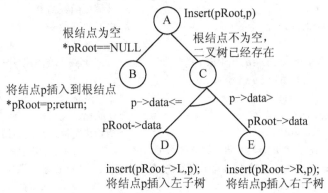

图 2.8　二叉树结点的插入与/或图

下面，我们给出一棵二叉树的参考程序。

```
1. #include<iostream>              /*预编译命令*/
2. using namespace std;
3.  struct Bitree                  /*结构类型定义*/
4. {
5.    int data;                    /*整型数据*/
6.    struct Bitree *L;            /* Bitree 型结构指针*/
7.    struct Bitree *R;
8. };
9. void insert(Bitree *&pRoot, Bitree *pNode) /*被调用函数 insert,将结点插
入二叉树*/
10. {                             /*函数体开始*/
11.   if(pRoot==NULL)             /*如果根结点为空*/
12.   {
13.     pRoot=pNode;              /*将结点 pNode 插入至根结点*/
14.   }
15.   else                       /*根结点不为空*/
16.   {
```

```
17.        if(pNode->data<= pRoot->data)    /*如果 pNode 结点的数据不大于根结点的数据*/
18.          insert(pRoot->L,pNode);        /*插入左子树*/
19.        else                             /*如果 pNode 结点的数据大于根结点的数据*/
20.          insert(pRoot->R,pNode);        /*插入右子树*/
21.      }
22.  }                                      /*函数体结束*/
23.  void print(Bitree *pRoot)             /*被调用函数,形式参数为 Bitree 结构指针,
输出二叉树内容*/
24.  {                                      /*函数体开始*/
25.      if(pRoot==NULL)                    /*根结点为空或子树根结点为空*/
26.        return;                          /*返回*/
27.      print(pRoot->L);                   /*输出左子树的内容*/
28.      cout<< pRoot->data<<endl;          /*输出数据*/
29.      print(pRoot->R);                   /*输出右子树的内容*/
30.  }                                      /*被调用函数结束*/
31.  int main()                             /*主函数开始*/
32.  {                                      /*函数体开始*/
33.      struct Bitree *pRoot;              /* Bitree 型结构指针*/
34.      struct Bitree *pNode;
35.       int temp;                         /*临时变量,用于用户输入数据*/
36.      pRoot=NULL;                        /*初始化二叉树根结点为空*/
37.      pNode=NULL;                        /*初始化待插入结点的指针为空*/
38.      cout<< "请输入待插入结点的数据\n";    /*提示信息*/
39.      cout<< "如果输入-1 表示插入过程结束\n";  /*提示信息*/
40.      cin>>temp;                         /*输入待插入结点的数据*/
41.      while(temp!=-1)                    /*当型循环,-1 为结束标志*/
42.      {
43.        pNode=new Bitree;                /*为待插入结点分配内存单元*/
44.        pNode->data=temp;                /*将 temp 赋值给 pNode 结点的数据域*/
45.        pNode->L=NULL;                   /*将 pNode 结点的左指针域和右指针域都置为空*/
46.        pNode->R=NULL;
47.        insert(pRoot,pNode);             /*将 pNode 结点插入到根为 pRoot 的二叉树中*/
48.        cout<<"请输入待插入结点的数据\n";     /*提示信息*/
49.        cout<<"如果输入-1 表示插入过程结束\n"; /*提示信息*/
50.        cin>>temp;                       /*输入待插入结点的数据*/
51.      }                                  /*当型循环体结束*/
52.  if(pRoot==NULL)                        /*如果二叉树的根结点为空*/
53.      cout<<"这是一棵空二叉树。\n";          /*输出空二叉树信息*/
54.  else                                   /*根结点不为空*/
55.    print(pRoot)                         /*调用函数 print,输出二叉树的内容*/
56.  return 0;                              /*主函数结束*/
57.  }
```

习题与思考

1. 试分别论述递归算法与分治算法的一般原则。

2. 为什么说分治算法中的组合步确定了分治算法的实际性能？

3. 设计一个递归算法计算 Fibonacci 数列。

4. 设计一个递归算法求解汉诺塔问题。

5. 分别求解下面的各个递推关系式：

① $f(n) = \begin{cases} 0 & (n=0) \\ 2f(n-1)+n & (n>0) \end{cases}$

② $f(n) = \begin{cases} c & (n=1) \\ 2f(n/2)+bn & (n>1) \end{cases}$

其中，b、c 均为常数。

6. 一幢大楼有 n 级台阶，有一个人上楼有时一次只跨一级台阶，有时一次连跨两级台阶，试编写一个递归算法，计算此人共有多少种不同的上楼方法，并分析该递归算法的时间复杂度。

7. 试编写一个递归算法，实现对任意一棵二叉树的后序遍历过程，如何将这个递归算法转化为非递归算法？(只需要描述转化的基本思想)

8. 设数组中元素的值及顺序为 47、35、53、38、65、36、37、73，说明用快速排序算法对这个数组中的元素进行划分的工作过程与结果。

9. 令 f(n)是快速排序算法在划分一个具有 n 个元素的数组时，所执行的元素交换次数。

(1) 在什么情况下，f(n)=0？

(2) 在什么情况下，f(n)最大？最大为多少？

10. 试说明快速排序算法对于下面的数组元素进行排序的工作过程。

(1) 34,33,34,45,23,23,34,23

(2) 50,60,70,80,90

11. 试用分治算法求在含有 n 个元素的数组中的最大最小元素。

12. 有以下两个多项式：

$$f(x) = 1 + x - x^2 + 2x^3$$
$$g(x) = 1 - x + 2x^2 - 3x^3$$

试用分治算法计算这两个多项式的乘积。

第 3 章

贪 心 算 法

(1) 理解贪心方法的基本思想；

(2) 掌握背包问题的求解方法；

(3) 掌握贪心算法求解最小成本生成树问题；

(4) 掌握用贪心方法求解单源点最短路径的基本方法。

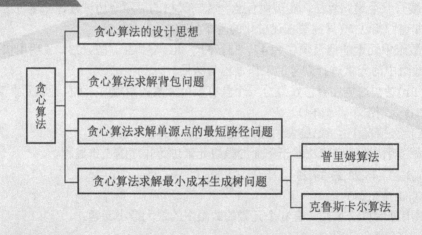

本章的重点在于理解贪心算法的基本概念及实现机制；掌握贪心算法设计的基本思想；理解贪心算法的基本设计原理；掌握使用贪心策略来解决背包问题、单源点最短路径问题，以及最小成本生成树问题等各类问题；掌握如何分析使用贪心算法求解的最优化问题的时间复杂度与空间复杂度；难点是如何运用数学归纳法证明求解此问题所使用的贪心算法得出的解就是最优解。

学习指南

　　本章最重要的概念是贪心策略和贪心算法的基本概念；本书中讲授的每一个算法都是用于解决某一类问题的，本章中所讲授的贪心算法也是如此。这就表明，在我们设计算法解决一个实际问题之前，必须首先分析这个实际问题具有哪些特征，然后依据这些特征选择相应的算法进行求解，往往会获得事半功倍的效果。此外，针对每个可以使用贪心算法求解的问题，应首先熟练掌握贪心策略的设计思路，然后将其转化为贪心算法，最后能够运用数学归纳法证明按照贪心算法求出的贪心解就是这个最优化问题的解，这个证明过程是必要的，因为如果不对贪心算法求出的解是问题的最优解给予证明，则只能说明根据这个贪心策略设计的贪心算法得出该问题的解仅仅只是贪心解，而不一定是最优解。这一点读者要有明确的认识。

　　在现实世界中，人们通常需要解决这样一类优化问题：它有 n 个输入，而它的解就是由这 n 个输入的某个子集组成，只是这个子集必须要满足某些事先给定的条件。我们通常将那些必须满足的条件称为约束条件；而将满足那些约束条件的子集称为该问题的可行解。不难发现，满足那些约束条件的子集很有可能不止一个，因此，一般说来，可行解是不唯一的。为了衡量可行解的优劣，通常会预先给出一定的标准，这些标准一般以函数的形式给出，为了叙述的方便起见，可以将这些函数称为目标函数。通常，将那些使得目标函数取得极值(极大值或者极小值)的可行解称为最优解。对于这样一类需要求取最优解的问题，又根据描述约束条件与目标函数的数学模型的特性或者求解问题方法的不同进而可以再细分为整数规划问题、线性规划问题、非线性规划问题、动态规划问题等。尽管各类规划问题都有一些相应的求解方法，但是对于其中的某些问题，我们仍然可以使用一种更为直接的方法进行求解，这种方法就是人们通常所说的贪心算法。

　　贪心算法是一种改进了的分级处理方法。它的基本思想是：首先根据优化问题的要求，选取一种量度标准，然后按照这种量度标准对这 n 个输入进行排序，并且按照排好的顺序依次输入每一个量。如果这个输入与当前已经构成在这种量度意义下的部分最优解组成在一起不能产生一个可行解，那么我们就不把该输入纳入到这一部分最优解中。这种能够得到某种量度意义下的最优解的分级处理方法称为贪心算法。值得一提的是，对于任意一个给定的问题，往往可能会有多种量度标准。乍看起来，这些量度标准似乎都是可取的。但是实际上，使用其中的大多数量度标准作为贪心算法处理所得到的该量度标准意义下的最优解并不一定是原优化问题的最优解，而是次优解。特别值得注意的是，将目标函数作为量度标准所得到的解也不一定就是原优化问题的最优解。这样一来，采用贪心算法设计求解原优化问题的最优解的核心问题就是选择能够产生优化问题最优解的最优量度标准。在更一般的情况下，要选出最优量度标准并不是一件很容易的事情。不过，如果能选择出某个问题的最优量度标准，那么用贪心算法求解这个优化问题就显得特别有效。

　　下面，我们举一个经典的优化问题的实例来进一步说明贪心算法的设计思想。假设出纳员手中有 4 种硬币各 10 枚，它们的面值分别为 25 元、10 元、5 元和 1 元。现在要用最少的货币找给某个顾客 63 元钱。应该如何处理呢？这时，我们很自然地想到可以按照下面的方式完成。拿出 2 枚 25 元的硬币，1 枚 10 元的硬币和 3 枚 1 元的硬币交给顾客。不难看出，这种找硬币的方法与其他的方法相比，所拿出的硬币个数是最少的。这里，我们使用了以下的找硬币算法：首先选出一枚面值不超过 63 元的最大硬币，即 25 元的硬币一枚；然后从 63 元中减去 25 元，剩下 38 元；然后再选出一个面值不超过 38 元的最大硬币，即又选出 25 元的硬币一枚，这样一直做下去。这种找硬币的方法实质上就是贪心算法的思想。顾名思义，贪心算法总是做出在当前看来是最好的选择。也就是说贪心算法并不是从整体最优上加以考虑，它所做出的选择只是在某种意义上的局部最优选择。当然，我们希望贪心算法得到的最终结果也是整体最优的。不幸的是，以上介绍的找硬币数量最少的贪心算法不能保证在任何情况下都能获得最优解。

例如，针对上述找 63 元零钱的问题来说，如果有五种面值的硬币可供选择，分别为 25 元、21 元、10 元、5 元、1 元，如果找照上述贪心算法求解，其结果仍然是需要找给顾客 6 枚硬币，但这并不是最佳方案，事实上，我们完全可以找给顾客 3 枚面值为 2 元的硬币即可完成任务，而此时需要的硬币数量（3）比用贪心算法得到的解 6 更优。由此不难看出使用贪心算法求解最优化问题有一定的局限性。正因如此，本章选择的最优化问题都是可以通过贪心算法求得最优解（不仅只是贪心解）的例子。

3.1 贪心算法的设计思想

如上文所述，贪心算法通常用于解决具有最大值或者最小值的最优化问题。它就好像登山运动那样，一步一步地向前挺进，直到山顶。贪心算法的设计思想就是，从某一个初始状态开始，依据当前局部的但却不一定是全局的最优策略，并且需要满足问题给出的约束条件，从而能够确保目标函数的值增加得最快或者最慢，选择一个可以最快达到问题要求的输入元素，以便尽可能快地构成问题的局部最优解。为了叙述的方便起见，我们给出算法 3.1 来描述贪心算法的设计思想。

算法 3.1 贪心算法的一般化设计模式

```
1.  greedy(S,n)
2.  {
3.  solution=ϕ;
4.  for(i=1;i<n;i++)
5.  {
6.   x= select(S);
7.   if(feasible(solution,x))
8.   solution=union(solution,x);
9.  }
10. return  solution;
11. }
```

开始时，我们将初始的可行解集 solution 设置为空集；然后，采用 select 按照某种量度标准，从集合 S 中选择一个输入元素 x，并且使用 feasible 进行判断：在可行解集 solution 中添加一个新的元素 x 以后，是否可以组成新的可行解，如果可以，那么就把元素 x 添加进当前的可行解集 solution 中，同时将其从原来的集合 S 中删去；如果不行，那么就舍弃元素 x，并且重新从原集合 S 中选择另一个元素 y 作为新的输入元素，然后重复前面的步骤，直到找出一个满足原优化问题的可行解为止。

在一般的情况下，贪心算法通过一个迭代的循环组成。在每一轮的循环中，通过少量的局部的计算，力争去找出一个局部的最优解，而不考虑整体是否达到最优。因此，这种算法是一步一步地建立问题的解。每一步的工作不仅增加了可行解的规模，而且每一步的选择都极大地增大或减小了它所希望实现的目标函数。正是由于每一步都是由少量的工作基于少量的信息构成的，因此，所产生的贪心算法特别有效。正是因为如此，在较为简单的优化问题实例中，它所产生的局部最优解可以转化为全局最优解；但是，现实中人们所面临的许多优化问题通常比较复杂，面对这些问题的时候，贪心算法往往不能给出最优解，这就足以说明贪心算法存在着一定的局限性。因此，在设计贪心算法时，其困难在于证明所设计的算法就是真正解决这个问题的最优算法。

适合于用贪心算法求解的问题，通常具有以下两个重要的性质，即贪心选择性质与最优子结构性质。

贪心选择性质就是指待求解最优化问题的全局最优解，可以通过一连串的局部最优选择来实现。每进行一次选择，就可以得到一个局部的解，并且将待求解的问题简化为一个规模更小的类似子问题。最优子结构性质就是指一个待求解的最优化问题的最优解中包含它的子问题的最优解。

3.2 贪心算法求解背包问题

在本节中，我们将给读者介绍怎样使用贪心算法来解决一种更加复杂的最优化问题——背包问题。已知有 n 种物品及一个可以容纳 M 质量的背包，其中，每种物品 i 的质量为 w_i，价值为 p_i，假定将物品 i 的一部分 x_i 放入背包将会得到 p_ix_i 的效益，在这里，$0 \leq x_i \leq 1$, $p_i > 0$。采用怎样的装包方法才能够使得装入背包的物品的总效益值最大呢？这就是著名的背包问题。显然，由于背包所能承受的总质量为 M，因此，这就要求所有选中要装入背包的物品总质量不能超过 M。如果这 n 种物品的总质量没有超过 M，那么，将这 n 种物品全部装入背包即可获得最大的效益值 $\sum_{i=1}^{n} p_i$；但是，当这 n 种物品的总质量大于背包所能承受的总质量 M 时，在这种情况下，应该怎样装包才可以获得最大效益呢？这就是本节所需要解决的问题。根据前面的叙述，我们可以将这个问题形式化描述如下。

目标函数：$d = \max \sum_{i=1}^{n} p_ix_i$

约束条件：$\sum_{1 \leq i \leq n} w_ix_i \leq M$

其中，$0 \leq x_i \leq 1$, $p_i > 0$, $w_i > 0$, $i = 1,2,\cdots,n$。满足约束条件的任意一个解向量 $(x_1, x_2, \cdots, x_n)$ 是背包问题的一个可行解，使得上面目标函数取最大值的可行解是最优解。

3.2.1 背包问题贪心算法的设计思想

例 3.1 讨论下列情况下的背包问题：n=3，M=20，$(p_1, p_2, p_3) = (25, 24, 15)$，$(w_1, w_2, w_3) = (18, 15, 10)$，其中的 4 个可行解见表 3-1。

表 3-1 求解背包问题的部分可行解

编号	(x_1, x_2, x_3)	$\sum w_i x_i$	$\sum p_i x_i$
①	(1/2,1/3,1/4)	16.5	24.25
②	(1,2/15,0)	20	28.2
③	(0,2/3,1)	20	31
④	(0,1,1/2)	20	31.5

在这 4 个可行解中，可行解④有最大的效益值。接下来，我们进一步说明，可行解④就是背包问题在这个情况下的最优解。

为了得到背包问题的最优解，必须将物品装满背包。根据题意，在将任一物品 i 装入背包时，可以全部装入或者只装入该物品的一部分，因此完全可以将物品装满背包。如果使用贪心算法对背包问题进行求解，那么就应该像 3.1 节中所叙述的那样，首先要选出最优的量度标准。不妨先取目标函数作为量度标准，即每装入一种物品就可以使得当前的背包获得最大可能的效益值增量。在这种量度标准下的贪心策略就是按照效益值的非增次序依次将每种物品装入背包，直到达到背包可以承载的总质量为止。这样，如果正在考虑中的物品装不进去，则可以将当前物品的一部分装满背包。但是，这最后一次的装法有可能不符合使背包每次都获得最大效益增量的量度标准，可以考虑换一种能够获得最大增量的物品，将它(或者它的一部分)装入背包，从而使得最后一次装包也符合量度标准的要求。例如，假定背包还可以承受一个单位的质量，而在背包外还有两种物品，这两种物品分别是$(p_j = 3, w_j = 3)$和$(p_k = 2, w_k = 1)$，显然装入物品 k 比装入物品 j 所获得的总效益值要大。

下面，我们对例 3.1 使用这种选择策略。具体过程如下：由于物品 1 有最大的效益值$(p_1 = 25)$，因此首先将物品 1 装入背包，这时，解向量中的 $x_1 = 1$ 且效益值为 25。这时背包还可以承载两个单位的质量。物品 2 有次大的效益值$(p_2 = 24)$，但是 $w_2 = 15$，此时背包中装不下物品 2，只能装入它的 2/15；物品 3 的效益值最小$(p_3 = 15)$，$w_3 = 10$，同理，此时背包中也装不下物品 3，只能装入它的 1/5，究竟应该将剩下的两个物品中的哪个物品的一部分装入背包呢？需要计算物品 2 的 2/15 部分与物品 3 的 1/5 部分谁的效益值更高，谁高就选择谁。不难计算物品 2 的 2/15 部分效益值(3.2)高于物品 3 的 1/5 部分效益值(3)，因此，应取物品 2 的 2/15 部分装入背包中，这样一来，$x_2 = 2/15$。因此，这种贪心策略得到可行解②的解，总效益值为 28.2。根据表 3-1，显然，该解仅仅只是一个次优解。由该例可知，按照物品效益值的非增次序装包不能获得最优解。

为什么上面的量度标准不能获得最优解呢？其原因在于背包的可承载质量消耗太快。这样，就自然而然地启发我们用背包的可承载质量作为量度标准。让背包的可承载质量尽可能慢地被消耗。这就要求按照物品质量的非降次序将物品依次装入背包。例 3.1 的可行解③就是使用这种量度标准求得的，但是通过表 3-1 可以看出这个解仍然只是一个次优解。不难看出，这种贪心策略得到的解也只能是次优解，其原因在于虽然背包所能承载的质量渐渐地被消耗，但是效益值却没能迅速地增加。于是，进一步启发我们利用在效益值的增长速率和可承载质量之间取得平衡的量度标准。也就是以每一次装入的物品应使其占有的单位质量获得当前最大的单位效益作为量度标准。这就需要使得物品的装入次序按照 p_i / w_i 这个比值的非增次序依次排序。在这种策略下的量度是已经装入物品的累计效益值与所占有的容量之比。将该贪心策略应用于例 3.1，得到的解是可行解④。同时，这个可行解就是背包问题在这种情况下的最优解。

根据前面的分析，我们定义的数据结构如下。

```
typedef struct {
    float p;                    /*n 种物品的效益*/
    float w;                    /*n 种物品的质量*/
    float v;                    /*n 种物品的效益质量比*/
    OBJECT instance[n];
    Float x[n];                 /*n 种物品装入背包的份额*/
```

由上面的数据结构，求解背包问题的贪心算法可以描述成算法 3.2。

算法 3.2 贪心算法求解背包问题

输入：背包载承量 M，存放 n 种物品的效益值 p，质量 w 信息的数组 instance[ ]

输出：n 种物品被装入背包的份额 x[ ]，背包中的物品总效益值

```
1.  float knapsack_greedy(float M,OBJECT instance[ ],float x[ ],int n)
2.  {
3.      int  i;
4.      float m,p=0;
5.      for(i=0;i<n;i++){            /*计算物品的效益质量比*/
6.          instance[i].v= instance[i].p / instance[i].w;
7.          x[i]=0;                 /*解向量赋初值*/
8.      }
9.      quick_sort(instance,n);     /*按照效益质量比值 v 的非递增次序排序物品*/
10.     m=M;                        /*背包的可承载质量*/
11.     for(i=0;i<n;i++){
12.         if(instance[i].w<=m){   /*优先装入效益质量比值大的物品*/
13.             x[i]=1;
14.             m=m-instance[i].w;
15.             p=p+instance[i].p;
16.         }
17.         else{                   /*最后一种物品的装入份额*/
18.             x[i]=m/instance[i].w;
19.             p=p+x[i]*instance[i].p;
20.             break;
21.         }
22.     }
23.     return p;
24. }
```

3.2.2 背包问题贪心算法的分析

算法 3.2 的执行时间通常按照以下方式进行估计：背包问题贪心(knapsack_greedy)算法的第 5～8 行，主要用于计算 n 种物品的效益质量比，以及为解向量赋初值，时间复杂度为 $\Theta(n)$；第 9 行对 n 种物品的效益质量比按照非递增的次序排好序，因此，时间复杂度为 $\Theta(n\log n)$；第 11～22 行对于每种物品判断可以装入背包的份额，因此，时间复杂度为 $\Theta(n)$。这样一来，整个背包问题贪心算法的执行时间应当由第 9 行决定，所以它的时间复杂度为 $\Theta(n\log n)$。另外，不难看出，执行该算法的空间复杂度是 $\Theta(n)$，用于存放每种物品的效益质量比值。

算法 3.2 可以完全获得背包问题的最优解，我们用定理 3.1 来保证算法 3.2 可以求得背包问题的最优解。下面，我们来证明使用第三种量度标准的贪心算法所得到的贪心解就是背包问题的最优解。证明的基本思想是，将这种贪心解与任一最优解进行比较，如果这两个解不相同，首先去找开始不相同的第一个 x_i，然后将贪心解的 x_i 去置换最优解的 x_i，并且证明最优解在分量置换前后的总效益值没有任何变化。反复进行这样的置换，直到新产生的最优解与所求出的贪心解完全相同，从而可以证明此贪心解就是最优解。由于这种证明最优解的方法在本教程中经常使用，因此读者从现在起就应该掌握它。

定理 3.1 当物品的效益重量比值按照非递增次序排好序以后，背包问题贪心算法可以求得背包问题的最优解。

证明 假设解向量 $X=(x_1,x_2,\cdots,x_n)$ 是背包问题贪心算法所生成的贪心解。如果所有的 x_i 都等于 1，显然这个解就是背包问题的最优解。于是，不妨设 j 是使得 $x_j \neq 1$ 的最小的下标。根据 knapsack_greedy 算法可知，对于任意一个 $i(i=1,2,\cdots,j-1)$，x_i 都等于 1；而对于任意一个 $i(i=j+1,j+2,\cdots,n)$，x_i 都等于 0；对于 j，有 $0 \leq x_j < 1$。如果解向量 X 不是一个最优解，那么就一定存在一个可行解向量 $Y=(y_1,y_2,\cdots,y_n)$，使得 $\sum p_i y_i > \sum p_i x_i$。不失一般性，不妨假设 $\sum w_i y_i = M$，又设下标 k 就是使得 $y_k \neq x_k$ 的最小下标。显而易见，一定存在这样的下标 k。根据以上的假设，经过推理可以得到，$y_k < x_k$。这个结论可以从 3 种可能发生的情况，即 k<j、k=j 和 k>j 分别获得证明。

(1) 如果 k<j，则有 x_k 等于 1。又因为 $y_k \neq x_k$，因此有 $y_k < x_k$。

(2) 如果 k=j，由于 $\sum w_i x_i = M$，并且对于任意一个 $i(i=1,2,\cdots,j-1)$，x_i 都等于 1；而且对于任意一个 $i(i=j+1,j+2,\cdots,n)$，x_i 都等于 0。假设 $y_k > x_k$，显然有 $\sum w_i y_i > M$，这与解向量 Y 是可行解相矛盾；如果 $y_k = x_k$，则与假设前提 $y_k \neq x_k$ 相矛盾，因此有 $y_k < x_k$。

(3) 如果 k>j，则 $\sum w_i x_i > M$，这是不可能的。现在，假设将 y_k 增加到 x_k，那么就必须从 $(y_{k+1},y_{k+2},\cdots,y_n)$ 中减去同样多的量，使得所消耗的背包总质量仍然为 M。这样就会导致产生一个新的解向量 $Z=(z_1,z_2,\cdots,z_n)$，其中，$z_i = x_i (i=1,2,\cdots,k)$，并且有 $\sum_{k<i\leq n} w_i(y_i - z_i) = w_k(z_k - y_k)$。因此，对于解向量 Z 有

$$\sum_{1\leqslant i\leqslant n} p_i z_i = \sum_{1\leqslant i\leqslant n} p_i y_i + (z_k - y_k)w_k p_k / w_k - \sum_{k<i\leqslant n} (y_i - z_i)w_i p_i / w_i$$

$$\geqslant \sum_{1\leqslant i\leqslant n} p_i y_i + [(z_k - y_k)w_k - \sum_{k<i\leqslant u} (y_i - z_i)w_i]p_k / w_k = \sum_{1\leqslant i\leqslant n} p_i y_i$$

如果 $\sum p_i z_i > \sum p_i y_i$，那么解向量 Y 不可能是最优解；如果这两个和数相等，并且解向量 Z 与解向量 X 相等，那么解向量 X 就是最优解；如果解向量 Z 与解向量 X 不相等，那么就需要重复以上的讨论，或者证明解向量 Y 不是最优解，或者将解向量 Y 置换成解向量 X，从而证明了解向量 X 就是最优解。证毕。

3.3　贪心算法求解单源点最短路径问题

设想我们要从甲地到乙地去，可是甲地和乙地之间有许多条交通线相连接，这些交通线可以是公路、水路、铁路或者航空线等，走哪条交通线路才是最佳的呢？这种"最佳"在不同的情况下具有不同的含义，或者是距离最短，或者是时间最少，或者是差旅费用最省等，但是，抽象起来看，则都是在有向图中求两个指定结点之间的最短路径问题。在图论中，最短路径问题可以分成为很多种。例如，单源点最短路径问题、每对结点之间的最短路径问题、在两个指定的结点之间必须通过一个或者几个其他结点的最短路径问题，以及找出某个有向图中第一短、第二短、……的最短路径问题，等等。本节仅仅只讨论单源点最短路径问题。也就是说，已知一个由 n 个结点组成的有向图 G=(V，E) 及边的权值函数 c(e)，求由有向图 G 中的某个指定的结点 v_0 到其他各个结点的最短路径。这里还必须设定有向图中所有有向边的权值都为正值。

3.3.1　单源点最短路径贪心算法的设计思想

例 3.2　如图 3.1 所示的有向图，有向边上的数是权，如果 v_0 是起始结点(有时也可称为源点)，那么从结点 v_0 到结点 v_1 的最短路径就应该是 $v_0 v_2 v_3 v_1$。这条路径的长度就是 10+15+20=45。虽然在这条路上有 3 条边，但是它比长度为 50 的路径 $v_0 v_1$ 要短一些。结点 v_0 到结点 v_5 之间没有路。

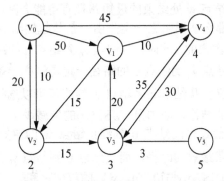

图 3.1　一个带有权值的有向图 G_1

为了制定产生最短路径的贪心算法，对于这个问题，我们应该设计出一个多级解决方法及一种最优的量度标准。其中的一种方法就应该是逐条构造出这些最短路径，可以使用到目前为止已经生成的所有路径长度之和作为一种量度，为了使得这样一种量度达到最小值，其单独的每一条路径都必须具有最小的路径长度。当我们使用这样一种量度标准时，事先假定已经构造好了 k 条最短路径，则接下来需要构造的路径就应该是下一条最短的最小长度路径。生成从结点 v_0 到其余所有结点的最短路径的贪心算法的设计思想就应当是按照路径长度的非降次序依次生成这些路径。也就是说，首先，生成一条到最近结点的最短路径；然后生成一条到第二近结点的最短路径，依次类推。在图 3.1 中，距离结点 v_0 最近的结点就是结点 v_2 (结点 v_0 到结点 v_2 的距离是 10，是结点 v_0 到其他所有结点中距离最短的)。因此，路径 v_0v_2 是将要生成的第一条路径；与结点 v_0 距离第二近的结点是 v_3，结点 v_0 与结点 v_3 之间的距离为 25，因此，路径 $v_0v_2v_3$ 是要生成的第二条路径。为了按照这样的顺序依次生成这些最短路径，就需要确定与其生成最短路径的下一个结点，以及到这一结点的最短路径。不妨假设集合 S 表示对其已经生成了最短路径的那些结点(包括起始结点 v_0 在内)的集合。对于不在集合 S 中的结点 w，不妨设 DIST(w) 是从结点 v_0 开始的仅仅只经过集合 S 中的结点而在结点 w 结束的那条最短路径的长度，于是我们可以得出下面的结论。

(1) 如果下一条最短路径是到结点 u，那么这条路径就应该是从结点 v_0 处起始而在结点 u 处终止，并且仅仅只经过那些在集合 S 中的结点。为了证明这一点，应该证明从起始结点 v_0 到结点 u 的最短路径上的所有中间结点一定都存在于集合 S 中。不失一般性，不妨假设在这条路径上存在有一个不在集合 S 中的结点 w，那么，从起始结点 v_0 到结点 u 的路径亦包含了一条从结点 v_0 到结点 w 的路径，并且这条路径的长度小于从结点 v_0 到结点 u 的长度。根据前面的假设，由于最短路径是依照路径长度的非降次序依次生成的，因此从结点 v_0 到结点 w 的最短路径应该已经被生成。所以，不可能会出现不在集合 S 中的中间结点。

(2) 所生成的下一条路径的终点 u 一定是所有不在集合 S 内的结点中具有最短距离 DIST(u) 的结点。这一点可以根据 DIST 的定义和上面的(1)的阐述而得知。如果出现存在有多个不在集合 S 中但是却存在相同的 DIST 值的结点的情况，那么就可以选择这些结点中的任意一个结点。

(3) 在像(2)中那样选出了结点 u 并且生成了从结点 v_0 到结点 u 的最短路径之后，结点 u 就成为了集合 S 中的一个元素。在这个时候，那些从结点 v_0 起始，仅仅通过集合 S 中的结点并且在集合 S 以外的结点 w 处结束的最短路径有可能会减小，即 DIST(w) 的值可能会改变。如果长度改变了，那么就说明它一定是由一条从起始结点 v_0 开始，经过结点 u 然后到结点 w 的更短的路径所生成的。此时，从结点 v_0 到结点 u 的路径上的中间结点应该全部都在集合 S 中。并且，从结点 v_0 到结点 u 的路径一定是这样一条最短的路径，否则就违背了(1)中关于 DIST(w) 的定义。从结点 u 到结点 w 的路径可以选择成不包含任何中间结点。由此，我们可以得出以下的结论，即如果 DIST(w) 的值减少了，那么就说明这一定是由于生成了一条从起始结点 v_0 经过中间结点 u 到终止结点 w 的更短的路径。其中从结点 v_0 到结点 u 的路径就是这样一条最短的路径，而从结点 u 到结点 w 的路径就是边 $\langle u, w \rangle$。而这条路径的长度就应该是 DIST(u) 与边 $\langle u, w \rangle$ 的权值之和。

3.3.2 单源点最短路径贪心算法的实现

为了方便起见，我们在有向带权图 G=(V, E) 中，不妨将顶点用数字进行编号。假设顶点集合为 V={0,1,…,n-1}；将边集 E 中的边(i,j)的长度存放在图 G 的邻接表中；用布尔数组 s 来表示集合 S 中的顶点，s[i]为真，表示结点 i 在集合 S 中，否则不在集合 S 中；采用数组元素 d[i]表示结点 i 到源结点的距离；使用数组元素 p[i]来存放结点 i 到源结点的最短路径上的前方结点的编号并且假设源结点由变量 u 设定。有向带权图 G 的邻接表的数据结构定义如下。

```
struct adj_list{              /*邻接表结点的数据结构*/
    int v_num;                /*邻接结点的编号*/
    float len;                /*邻接结点与该结点的距离*/
    struct adj_list *next;    /*下一个邻接结点*/
    };
typedef struct adj_list NODE;
```

则求单源点最短路径的贪心算法的描述如下。

算法 3.3 求单源点最短路径问题的贪心算法

输入：结点个数 n，有向图的邻接表头结点 node[]，源结点 u

输出：其余结点与源结点 u 的距离 d[]，到源结点的最短路径上的前方结点编号 p[]

```
1. #define MAX_FLOAT_NUM 3.14e38    /*最大的浮点数*/
2. void dijkstra(NODE node[],int n,int u,float d[],int p[])
3. {
4.    float temp;
5.    int i,j,t;
6.    BOOL *s=new BOOL[n];
7.    NODE *pnode;
8.    for(i=0;i<n;i++) {              /*初始化*/
9.      d[i]= MAX_FLOAT_NUM;
10.     s[i]=FALSE;
11.     p[i]=-1;
12.     }
13.   if(!(pnode=node[u].next))       /*源结点与其余结点不相邻接*/
14.   return;
15.   while(pnode) {                  /*预先设置与源结点相邻接的结点距离*/
16.     d[pnode->v_num]=pnode->len;
17.     p[pnode->v_num]=u;
18.     pnode=pnode->next;
19.       }
20.     d[u]=0;                       /*开始时,结点集合 s 内只含有结点 u */
21.     s[u]=TRUE;
22.     for(i=1;i<n;i++) {
23.       temp= MAX_FLOAT_NUM;
24.       t=u;
25.       for(j=0;j<n;j++) {          /*在 T 中寻找距离结点 u 最近的结点 t */
26.         if(!s[j]&&d[j]<temp) {
```

```
27.              t=j;
28.              temp=d[j];
29.           }
30.        if(t==u)
31.          break;                    /*如果找不到,就跳出当前的循环*/
32.        s[t]=TRUE;                   /*否则,将结点 t 并入集合 s */
33.        pnode=node[t].next;    /*更新与结点 t 相邻接的结点到结点 u 的距离*/
34.        while(pnode){
35.          if(!s[pnode->v_num]&&d[pnode->v_num]>d[t]+pnode->len){
36.             d[pnode->v_num]= d[t]+pnode->len;
37.             p[pnode->v_num]=t;
38.           }
39.     pnode=pnode->next;
40.        }
41.     }
42.     delete s;
43.  }
```

开始时,有向图邻接表的头结点存放在数组 node[],因此,与结点 i 相关联的所有出边的长度,以及与结点 i 相邻接的所有结点编号,都存放在 node[i]所指向的链表中。算法分为两个阶段进行:初始化阶段和选择具有最短距离的顶点阶段。在初始化阶段,算法的第 8～12 行将源结点到所有其余结点的距离都置为无限大,将集合 S 置为空,将所有结点到源结点最短路径上的前方结点的编号都置为-1;判断第 13 行与第 14 行源结点是否存在邻接结点,如果没有,则表明源结点与其余结点均不可达,此时,算法执行过程停止;否则,第 15～19 行预先设置源结点到邻接结点的距离,此时,只有这些邻接结点 x,它们到源结点的距离 d[x]被赋值,而其余结点到源结点的距离都依然是无限大;第 20 行将源结点 u 并入结点集合 S,从而结束初始化阶段。

在选择具有最短距离的结点阶段,因为有 n 个结点,所以算法执行一个具有 n-1 轮的循环。第 23～30 行,在 T 中寻找距离结点 u 最近的结点 t,如果找不到,则结点 u 到 T 中的结点不可达,算法结束;否则,它就是所要找的结点,将其并入结点集合 S;第 34～40 行更新与结点 t 相邻接的结点到结点 u 的距离,然后进入新的一轮循环。最后,要么 n-1 个结点均处理完毕,要么有若干个结点不可达。

综上所述,不难看出,在有 n 个结点的有向图上,该算法的时间复杂度为 $O(n*n)$。

例 3.3 求图 3.2 中结点 v_0 到其余各个结点的最短路径。

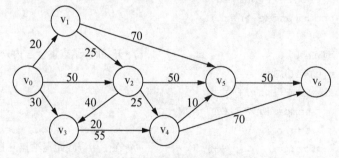

图 3.2　一个带有权值的有向图 G_2

以这 7 个结点的有向图的相关数据作为输入，执行算法 3.3，并将该算法第 8 行 for 循环的每一次迭代所选取的结点和 DIST 的值以表 3-2 的形式列出。可以看出，只有当这 7 个结点中的 6 个结点在结点集合 S 内时，该算法才会终止。

表 3-2 模拟算法 3.2 的执行过程

迭代	选取的结点	结点集 S	DIST						
			0	1	2	3	4	5	6
设置初值	—	0	0	20	50	30	+∞	+∞	+∞
0	1	0,1	0	20	45	30	+∞	90	+∞
1	3	0,1,3	0	20	45	30	85	90	+∞
2	2	0,1,3,2	0	20	45	30	70	90	+∞
3	4	0,1,3,2,4	0	20	45	30	70	80	140
4	5	0,1,3,2,4,5	0	20	45	30	70	80	130

3.3.3 单源点最短路径贪心算法的分析

现在，我们开始对单源点最短路径贪心算法的时间复杂度进行下面的评估：第 8～12 行消耗 $\Theta(n)$ 时间；第 13～19 行消耗 $O(n)$ 时间；第 22～41 行是一个二重循环。其中，外层循环的循环体最多执行 n-1 轮，第 25～29 行的内层循环中，在 T 中寻找距离结点 u 最近的结点 t，最多消耗 $O(n)$ 时间；第 33～40 行更新与结点 t 相邻接的结点到结点 u 的距离，最多消耗 $O(n)$ 时间；这两个内循环最多需要执行 n-1 轮。因此，第 22 行至第 41 行总共需要消耗 $O(n^2)$ 时间，因此，单源点最短路径贪心算法的时间复杂度为 $O(n^2)$。同理可以得出如下结论：单源点最短路径贪心算法的空间复杂度为 $O(n)$。

3.4 贪心算法求解最小成本生成树问题

在现实生活中，图的最小成本生成树问题有着广泛的应用。例如，如果用图的结点表示城市，结点与结点之间相连接的边表示城市之间的道路或者通信线路，用边的权值表示道路的长度或者通信线路的使用成本，那么最小成本生成树问题就可以表示为城市之间的最短的道路问题或者求解费用最少的通信线路问题。

3.4.1 最小成本生成树问题

假设图 G=(V,E) 是一个无向连通图。如果图 G 的生成子图 T=(V,E') 是一棵树，那么称该生成子图 T 是图 G 的一棵生成树(spanning tree)。

例 3.4 图 3.3 显示了由 4 个结点构成的完全图及它的 4 棵生成树。

图 3.3 一个无向图和它的 4 棵生成树

应用生成树可以得到关于一个复杂网络的一组独立的回路方程。第一步就是要得到这个复杂网络的一棵生成树。假设集合 S 是那些不在生成树中的复杂网络的边的集合，从集合 S 中取出一条边添加到该生成树上就产生了一个环；从集合 S 中取出不同的边就可以产生不同的环。如果将克希霍夫(Kirchoff)第二定律作用到任何一个环上，都可以得到一个回路方程。用这样的方法所得到的环应该是独立的，即这些环中没有一个可以用这些剩下的环的线性组合来获得。这是由于每一个环都包含了一条从集合 S 中取出来的边，并且这条边不包含在任何其余的环中，因此，这样所得的这组回路方程也是独立的。可以证明，通过一次取出集合 S 中的一条边放进所产生的生成树中而得到的这些环组成一个环基，因此，这个图中的所有其余的环都可以使用这个基中的这些环的线性组合构造出来。

生成树在其余的方面也有广泛的应用。一种重要的应用是由于生成树的性质所产生的，这一性质是，生成树是图 G 的一个最小子图 T，它使得 V(T)=V(G)，并且图 T 连通并且具有最少的边数。任何一个具有 n 个结点的连通图都必须至少有 n-1 条边，并且所有具有 n-1 条边的含有 n 个结点的连通图都是树。如果图 G 中的结点表示城市，边表示连接两个城市的可能的交通线，那么连接这 n 个城市所需要的交通线的最少数目为 n-1 条。图 G 的全部生成树表示所有可行的选择。

但是，在实际情况中，这些边都有分配给它们的权值，这些权值可以代表建造的成本、交通线的长度、网络中任意两个站点之间的通信时间等。假设给出这样一个带权图(设定所有的权值都为正数)，人们就会希望在结构上选择一组交通线，使得通过它们可以将所有的城市连接在一起并且具有最小的总成本或者具有最小的总长度。不难看出，在这两种情况下所选择的连线都必须构成一棵树。使人们感兴趣的就是设法求解出图 G 中具有最小成本的生成树。图 3.4 显示了一个无向图及它的最小成本生成树中的一棵生成树。

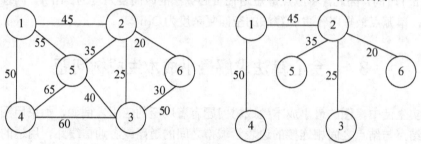

图 3.4　一个无向图和它的最小成本生成树中的一棵生成树

获得最小成本生成树的贪心算法应该是一条边一条边地依次构造这棵树，并且根据某种贪心策略来选择将要计入的下一条边。不难发现，最简单的贪心策略就是选择使得迄今为止所计入的那些边的成本之和具有最小增量的那条边。可以以下方法用来解释这一贪心策略：使得迄今为止所选择的边的集合 S 构成一棵树，并且将需要计入到集合 S 中的下一条边(u,v) (u,v) 是一条不在集合 S 中并且使得 S∪{(u,v)} 也是一棵树的最小成本的边。这种选择准则产生一棵最小成本生成树所对应的算法称为普里姆(Prim)算法。

3.4.2　普里姆算法的实现过程

设图 G=(V,E,W)，为了简便起见，不妨设结点集为 V={0,1,…,n-1}；并且假设与结点 i 和结点 j 相关联的边为 $e_{i,j}$，并且边 $e_{i,j}$ 的权值用 c[i][j] 表示，使用集合 T 来表示最小成本生成树的边集。Prim 算法维护两个结点集合 S 和集合 N，起初，令集合 T 为空集，集合 S={0}，并且集合 N=V-S；接着，执行贪心策略，即选取 i∈S，j∈N，并且 c[i][j]最小：并且使得集合 S=S∪{j}，集合 N=N-{j}，集合 T=T∪{e$_{i,j}$}。重复以上的步骤，直到集合 N 为空集或者找到了 n-1 条边为止。此时，集合 T 中的边集，就是所要求取的图 G 中的最小成本生成树。因此，我们可以将 Prim 算法具体描述成以下的步骤：

(1) T 为空集，S={0}，N=V-S。

(2) 如果集合 N 为空集，Prim 算法结束；否则，转步骤(3)。

(3) 寻找使得 i∈S，j∈N，并且 c[i][j]最小的 i 与 j。

(4) S= S∪{j}，N=N-{j}，T=T∪{e$_{ij}$}；转步骤(2)。

同理，在有向带权图 G=(V,E)中，结点使用数字编号，假设结点集合为 V={0,1,…,n-1}；采用邻接矩阵 c[i][j]来表示图 G=(V,E)中的结点 i 与结点 j 之间的邻接关系及边 e$_{i,j}$的权值：如果结点 i 与结点 j 之间不相邻接，那么就将 c[i][j]设置为 MAX_FLOAT_NUM；用布尔数组 s 来表示集合 S 中的结点，如果 s[i]为 TRUE，则表示结点 i 在集合 S 中，否则，说明结点 i 不在集合 S 中。

为了能够有效地寻找使得 i∈S，j∈N，并且 c[i][j]最小的 i 与 j，我们可以考虑以下的事实：如果边 e$_{i,j}$是这样的一条边，使得结点 i∈S，而且结点 j∈N，那么我们可以将结点 j 称为边界点。边界点是由集合 N 转移到集合 S 的候选结点。如果结点 j 是一个边界点，那么说明在集合 S 中至少有一个结点 i 与结点 j 相邻接。为了叙述方便起见，可以将集合 S 中与结点 j 相邻接并且使得权值 c[i][j]最小的结点 i，简称为结点 j 的近邻。使用数组 neig[j]来存放结点 j 的近邻；使用数组 w[j]来存放结点 j 及与其近邻相关联的边的权值。将这两个数组称为近邻信息表。因此，可以构造以下的数据结构：

```
float    c[n][n];            /*图的邻接矩阵*/
BOOL     s[n];               /*集合 S*/
EDGE     T[n];               /*最小成本生成树的边集*/
int      neig[n];            /*结点 j 的近邻*/
float    w[n];               /*结点 j 与近邻相关联的边的权值*/
```

为了简明起见，假设二维数组可以通过参数传递，并且可以在函数中直接引用。因此，普里姆算法可以按照以下方式描述。

算法 3.4 求解最小成本生成树的 Prim 算法

输入：无向连通带权图的邻接矩阵 c[][]，结点个数 n

输出：图的最小成本生成树 T[]，T 中边的数目 k

```
1. #define MAX_FLOAT_NUM  3.14e38      /*最大的浮点数*/
2. void prim(float c[][],int n, EDGE T[],int &k)
3. {
4.     int  i,j,u;
5.     BOOL *s=new BOOL[n];
6.     int *neig=new int[n];
7.     float min,*w=new float[n];
8.     s[0]=TRUE;                        /*集合 S={0}*/
9.     for(i=1;i<n;i++) {                /*初始化集合 N 中每个结点的初始状态*/
```

```
10.          w[i]=c[0][i];                    /*结点 i 与近邻的关联边的权值*/
11.          neig[i]=0;                       /*结点 i 的近邻*/
12.          s[i]=FALSE;                      /*集合 N={1, 2···, n-1}*/
13.        }
14.     k=0;                                  /*最小成本生成树的边集 T 为空集*/
15.     for(i=1;i<n;i++) {
16.        u=0;
17.        min= MAX_FLOAT_NUM;
18.        for(j=1;j<n;j++)                   /*在集合 N 中检索与集合 S 最接近的结点 u*/
19.        if(!s[j]&&w[j]<min) {
20.           u=j;
21.           min=w[j];
22.           }
23.        if(u==0)                           /*如果图不是连通图，则退出循环*/
24.           break;
25.        T[k].u=neig[u];                    /*记录最小成本生成树的边*/
26.        T[k].v=u;
27.        T[k++].key=w[u];
28.        s[u]=TRUE;                         /*集合 S=S∪{u}*/
29.        for(j=1;j<n;j++) {                 /*更新集合 N 中结点的近邻信息*/
30.          if (!s[j]&&c[u][j]<w[j]) {
31.             w[j]=c[u][j];
32.             neig[j]=u;
33.          }
34.        }
35.     }
36.     delete s;
37.     delete w;
38.     delete neig;
39.    }
```

为了叙述的方便起见，算法 5.4 所处理的结点集合为 V={0,1,…,n-1}。如果使用布尔数组 s 来表示结点集合，那么数组的相应元素表示相应编号的结点。如果数组元素为 TRUE，则表示相对应的结点在集合 S 中，否则，相对应的结点就在集合 N 中。Prim 算法的第 8～14 行是初始化部分：第 8 行设置集合 S 的初始元素 S={0}；第 9～13 行设置集合 N 中所有结点的近邻信息，并且初始化近邻信息表；将集合 N 中所有结点 i 的近邻都置为结点 0；与近邻相关联的边的权值都设置为 c[0][i]。因此，在以后的处理中，只要检索近邻的信息，就可以找到使得 i∈S，j∈N，并且 c[i][j]最小的 i 与 j。第 14 行设置最小成本生成树边集的初始存放位置。第 15～35 行是普里姆算法的第二部分，也是核心部分。这是一个循环，循环体总共执行 n-1 次。每一次产生一条最小成本生成树的边，并且将集合 N 中的一个结点并入集合 S。其中，第 16 行与第 17 行为在集合 N 中检索与集合 S 最接近的结点作预备；第 18～22 行进行检索，此时，只要能够检索近邻信息表，从集合 N 中找到使权值 w[j]最小的 j 即可。第 23 行进一步判断是否可以找到这样的结点 j。如果找不到，这时的集合 N 中所有的 w[j]，其值均为 MAX_FLOAT_NUM，说明集合 N 中的所有结点与集合 S 中的结点不连通，于是，普里姆算法过程结束；如果找到了，则说明它与它的近邻所关联的边就是最小成本生成树中的一条边，第 25～27 行将这条边的信息记录在最小成本生成树的边集 T 中。第 28 行将此结点并入集合 S 中；第 29～34 行更新集合 N 中结点的近邻信息，转到循环的初始部分，继续下一轮的循环。

3.4.3 普里姆算法的分析

下面，我们对于普里姆算法的时间复杂度进行简要的评估：算法 3.4 的第 8～14 行的功能是初始化近邻信息表和结点集合，需要消耗 $\Theta(n)$ 时间；第 15～35 行的循环体总共执行 n-1 轮；第 16 行、第 17 行及第 23～28 行，每一轮循环需要消耗 $\Theta(1)$ 时间，总共执行 n-1 次，需要消耗的总时间是 $\Theta(n)$；第 18～21 行的功能是在集合 N 中检索与集合 S 最接近的结点，用一个内部循环来完成，循环体总共需要执行 n-1 轮循环。因此，总共需要消耗 $\Theta(n^2)$ 时间；第 29～34 行更新近邻信息表，也使用一个内部循环来完成，循环体总共需要执行 n-1 轮循环，因此，总共需要花费 $\Theta(n^2)$ 时间。由此可以得出结论，Prim 算法的时间复杂度是 $\Theta(n^2)$。同时，从这个算法中可以看到，用于工作单元的空间复杂度为 $\Theta(n)$。

普里姆算法的正确性通过以下的定理给出：

定理 3.2 在无向带权图中寻找最小成本生成树的普里姆算法是正确的。

证明： 假设由普里姆算法所产生的最小成本生成树的边集为 T，无向带权图 G 的最小成本生成树的边集是 T^*，以下，我们使用数学归纳法证明 $T=T^*$。

(1) 初始时，由于 T 为空集，因此，结论成立。

(2) 不妨假设普母姆算法在第 14 行以前将边 e=(i,j)加入到 T 之前，结论成立，$\bar{G}=(S, T)$是图 G 的最小成本生成树的子树。根据普里姆算法，选择将边 e=(i,j)加入到 T 时，满足 i∈S，j∈N，并且使得 c[i][j]最小的 i 与 j 作为与边 e 相关联的结点。并且不妨设 S'=S∪{j}，T'=T∪{e}，G'=(S'，T')。此时，有以下结论。

① G'是树。因为边 e 仅仅只跟集合 S 中的一个结点关联，添加边 e 以后不会使 G'形成回路，并且 G'仍然是联通图。

② G'是图 G 的最小成本生成树的子树。因为，如果边 e∈T^*，那么这个结论成立；如果边 e∉T^*，那么与边 e 相关联的结点必定是 T^*中的两个不相邻接的结点，根据生成树的性质，T^*∪{e}将包含一个回路。边 e 是这个回路中的一条边，并且 e=(i,j)，i∈S，j∈N，则回路中一定存在另一条边 e'=(x,y)，且 x∈S，y∈N。根据普里姆算法的选择，边 e 的权值小于或者等于边 e'的权值。如果令 $T^{**}=T^*$∪{e}-{e'}，那么就说明 T^{**}的权值一定小于或者等于 T^*的权值。如果 T^{**}的权值小于 T^*的权值，那么就与 T^*是最小成本生成树的边集相矛盾，因此，边 e∈T^*；如果 T^{**}的权值等于 T^*的权值，那么此时使用新的 T^*来标记 T^{**}。

综上所述，$T=T^*$，因此，普里姆算法所产生的生成树是图 G 的最小成本生成树。证毕。

3.4.4 克鲁斯卡尔算法的思想方法

克鲁斯卡尔(Kruskal)算法一般称为避环法。它的思想方法如下：初始时，将图的全部结点都作为孤立结点，每一个结点都形成一棵只含有根结点的树，由这些树形成一个森林 T；然后，将所有的边按照权值的非降顺序排序，形成边集的一个非降序列；接着从边集中取出权值最小的一条边，如果将这条边添加进森林 T 中，不会使得原森林 T 形成回路，就将其加入此森林中(或者是将森林中的某两棵树连接成为一棵树)；否则，就放弃它，在这两种情况下，都将其从边集中删去；然后重复这一过程，直至将 n-1 条边都进入到森林以后，算法的整个执行过程结束。此时，这个森林中所有的树就被连接成一棵树 T，它就是所要求取的图的最小成本生成树。

在将边 e 添加到森林 T 中时，如果与边 e 相关联的结点 u 与结点 v 分别在两棵树上，则随着边 e 的进入，将可以使得这两棵树合并成为一棵树；如果与边 e 相关联的结点 u 和结点 v 都出现在同一棵树上，那么新加入的边 e 将会把这两个结点连接起来，使原来的树形成回路。为了详细地描述克鲁斯卡尔算法的完整实现过程，首先我们来介绍两个操作：find 操作及 union 操作。

3.4.5 集合的树表示和不相交集合的合并——树结构应用实例

在许多应用中，通常首先将 n 个元素划分成为若干个集合，然后，将某两个集合合并成为一个集合，或者寻找包含某个特定元素的集合。例如，对于集合 S={1,2,3,…,8}定义下面的等价关系：R={(x,y)|x∈S∩y∈S∩(x-y)%3=0}，求集合 S 关于关系 R 的等价类，其中，"%"表示求模运算。这时，可以将集合 S 中的每一个元素都看成是一个集合，再判断不同集合中某两个元素之间是否存在等价关系，如果存在等价关系，则将这两个元素所在的集合归并成为一个集合。因此，以上关于寻找集合 S 关于关系 R 的等价类，就可以类似这样地进行：

(1) 初始化：{1}{2}{3}{4}{5}{6}{7}{8}。

(2) 1R4，有：{1,4}{2}{3}{5}{6}{7}{8}。

(3) 4R7，有：{1,4,7}{2}{3}{5}{6}{8}。

(4) 2R5，有：{1,4,7}{2,5}{3}{6}{8}。

(5) 5R8，有：{1,4,7}{2,5,8}{3,6}。

(6) 3R6，有：{1,4,7}{2,5,8}{3,6}。

在以上的集合操作中，就涉及这样的两个操作：首先将元素 x 和元素 y 所在的集合找出来，然后再将这两个集合归并成为一个集合。通常，我们将前面的一个操作称为 find 操作，将后面一个操作称为 union 操作。

为了有效地实现这两个操作，需要一个既简单又能够达到这一目的的数据结构。如果将每一个集合表示成一棵树，树中的每一个结点表示集合中的一个元素，集合中的元素 x 的数据就存放在相应的树结点中。非根结点的每一个结点，都有一个指针指向它的父结点，通常将这个指针称为父指针；根结点的父指针为空。这样一来，由一棵一棵的树所表示的集合，就形成了一个森林。因此，我们可以使用下面的数据结构来表示集合中的元素。

```
Struct Tree_node {
    struct Tree_node *p;      /*指向父结点的指针*/
    Type x;                   /*存放在结点中的元素*/
};
```

集合可以根据集合中的元素来命名，这个元素就称为该集合的代表元素。集合中的所有元素都有资格成为集合的代表元素。要将元素 x 所代表的集合与元素 y 所代表的集合归并起来，只需要分别找出元素 x 和元素 y 所在集合的根结点，使得元素 y 的根结点的父指针指向元素 x 的根结点即可。

由此，可以把离散集合中的 find 操作和 union 操作的含义进行如下定义。

find(Type x)：寻找元素 x 所在的集合的根结点；

union(Type x，Type y)：把元素 x 和元素 y 所在的集合归并成为一个集合。

但是，上面所叙述的 union 操作有一个明显的缺点，就是树的高度可能变得很大，以致 find 操作可能需要 $\Omega(n)$ 的时间。在极端情况下，树可能会变成退化树，图 3.5(a)表示了这种情况。此时，树就转化成为一个线性表。

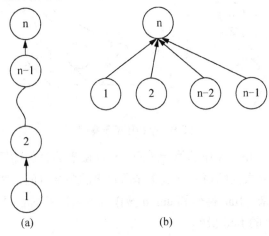

图 3.5　n 个集合归并的两种情况

为了避免在 union 操作中，使树变为退化树，我们可以在树中的每一个结点，存放一个非负的整数，称为结点的秩。结点的秩等于以该结点作为子树的根时，该子树的高度。不妨设 x 和 y 是当前森林中两棵不同树的根结点，rank(x) 和 rank(y) 分别为这两个结点的秩。当执行 union(x,y)操作时，比较 rank(x) 和 rank(y)，如果 rank(x)>rank(y)，就把 x 作为 y 的父亲，并使 rank(y)加 1。图 3.5(b)表示采用这个方法对 n 个集合进行归并时的情况。增加了结点的秩以后，元素的数据结构就可以修改成为下面的数据结构。

```
struct Tree_node {
    struct Tree_node *p;        /*指向父结点的指针*/
    int rank;                   /*结点的秩*/
    Type x;                     /*存放在结点中的元素*/
};
typedef struct Tree_node NODE;
```

当所处理的元素经常随机产生，也经常随机删除时，可以采用上面这样的数据结构。有时，元素的个数固定，也可以采用数组的形式来组织这些数据。例如：

```
struct Tree_node {
    struct Tree_node *p;                /*指向父结点的指针*/
```

```
        int rank;                        /*结点的秩*/
        Type x;                          /*存放在结点中的元素*/
    };
    typedef struct Tree_node node[n];
```

此时，父结点的指针，就应用该结点在当前数组中的下标表示。

为了进一步提高 find 操作的性能，可以采用路径压缩方法。在使用 find 操作时，当找到根结点 y 以后，再沿着这条路径，改变路径上所有结点的父指针，使其直接指向这个根结点 y，如图 3.6 所示。

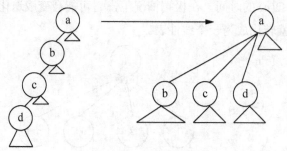

图 3.6　路径压缩示意图

尽管路径压缩增加了 find 操作的执行时间，然而随着路径的缩短，在以后执行 find 操作的过程中，时间也将会大大缩短，一次操作所付出的多余时间，将为以后的多次操作节省更多的时间。这样一来，find 操作和 union 操作就可以按照下面的方式进行描述。

算法 3.5　离散集合的 find 操作

输入：指向结点 x 的指针 xp

输出：指向结点 x 所在集合的根结点的指针 yp

```
1. NODE *find(NODE *xp)
2. {
3.    NODE *wp;
4.    NODE *yp=xp;
5.    NODE *zp=xp;
6.    while(yp->p!=NULL)               /*寻找 xp 所在集合的根结点*/
7.      yp= yp->p;
8.    while(zp->p!=NULL)  {            /*路径压缩*/
9.      wp= zp->p;
10.     zp->p= yp;
11.     zp=wp;
12.   }
13.   return  yp;
14. }
```

在路径压缩以后，根结点的秩有可能会大于该树的实际高度，这时我们可以把它作为该结点高度的上界来使用。union 操作可以按照以下的方式进行描述。

算法 3.6 离散集合的 union 操作

输入：分别指向结点 x 和结点 y 的指针 xp 和 yp

输出：结点 x 和结点 y 所在集合的并集，指向该并集根结点的指针

```
1.  NODE *union (NODE *xp, NODE *yp)
2.  {
3.      NODE *up;
4.      NODE *vp;
5.      up=find(xp);
6.      vp=find(yp);
7.      if(up->rank<= vp ->rank) {
8.        up->p=vp;
9.        if(up->rank== vp ->rank)
10. vp ->rank++;
11. up=vp;
12.     }
13.     else
14.       vp ->p=up;
15. return up;
16. }
```

3.4.6 克鲁斯卡尔算法的实现过程

对于克鲁斯卡尔算法的实现过程我们完全可以使用以上所述的 find(u)操作、find(v)操作及 union(u,v)操作。其中，前两个操作主要寻找结点 u 和结点 v 所在树的根结点，如果 find(u)操作和 find(v)操作表明结点 u 和结点 v 的根结点不相同，那么继续执行的 union(u,v)操作将会把边 e 加入到 T 中，并使得结点 u 和结点 v 所在的两棵树归并成为一棵树；如果 find(u)操作和 find(v)操作表明结点 u 和结点 v 的根结点相同，实际上就表示结点 u 和结点 v 在同一棵树上，此时就不执行 union(u,v)操作，并丢弃边 e。

这样，对于无向连通带权图 G=(V,E,W)，求该图的最小成本生成树的克鲁斯卡尔算法的一般步骤，可以描述如下：

(1) 按照权值的非降顺序排序边集 E 中的各个边。

(2) 令最小成本生成树的边集为 T，并将 T 初始化为空集。

(3) 将每一个结点都初始化为树的根结点。

(4) 令 e=(u,v)是边集 E 中权值最小的边，并将当前 E 赋值为 E-{e}。

(5) 如果 find(u)≠find(v)，那么就执行 union(u,v)操作，并将当前的集合 T 赋值为 T∪{e}；

(6) 如果|T|<n-1，则转第 4 步；否则，克鲁斯卡尔算法执行过程结束。

下面，我们来具体描述克鲁斯卡尔算法的实现。假定无向带权图 G=(V,E,W)有 n 个结点，m 条边。为了说明问题简单起见，结点用数字编号。定义下面的数据结构：

```
typedef struct{              /*边的数据结构*/
   float   key;              /*边的权值*/
   int u;                    /*与边关联的结点编号*/
   int v;                    /*与边关联的结点编号*/
```

```
   } EDGE;
   struct node{                          /*结点的数据结构*/
      struct node *p;                    /*指向父结点*/
      int rank;                          /*结点的秩*/
      int u;                             /*结点编号*/
   };
   typedef struct node NODE;
   EDGE E[m+1],T[n];
   NODE v[n];
```

其中，用数组 E 来存放边集，以便用来构成一个最小堆；用数组 V 来存放结点集合，以便于进行 find 操作和 union 操作，方便地判断所加入的边是否可以形成回路；用数组 T 来存放所产生的最小成本生成树的边。对于 find 操作和 union 操作及堆的操做应做出一些必要的修改，使之适应以上的数据结构，因此，克鲁斯卡尔算法可以按照算法 3.7 的方式进行描述：

算法 3.6 克鲁斯卡尔算法

输入：存放 n 个结点的数组 V[]，存放 m 条边的数组 E[]

输出：存放最小成本生成树的边集的数组 T[]

```
1.   void kruskal(NODE V[],EDGE E[],EDGE T[],int n,int m)
2.   {
3.      int i,j,k;
4.      EDGE e;
5.      NODE *u;
6.      NODE *v;
7.      make_heap(E,m);                  /*用边集构成最小堆*/
8.      for(i=0;i<n;i++) {               /*每个结点都作为树的根结点，构成森林*/
9.        V[i].rank=0;
10.       V[i].p=NULL;
11.     }
12.     i=0;
13.     j=0;
14.     while((i<n-1)&&(m>0)) {
15.       e=delete_min(E,&m);            /*从最小堆中取下权值最小的边*/
16.       u=find(&V[e,u]);              /*检索与边相邻接的结点所在树的根结点*/
17.       v=find(&V[e,v]);
18.       if(u!=v) {                     /*两个根结点不在同一棵树上*/
19.         union(u,v);                  /*连接它们*/
20.         T[j++]=e;                    /*将边加入最小成本生成树*/
21.         i++;
22.       }
23.     }
24.   }
```

第 7 行将数组 E 按照边的权值构成一个最小堆。第 8～10 行把每一个结点都作为树的根结点，构成森林。第 14～23 行执行一个循环，从最小堆中取下权值最小的边 e，并使边数 m 减 1；用 find 操作取得与边相邻接的两个结点所在树的根结点，如果这两个根结点不是同一棵树的根结点，就使用 union 操作，将这两棵树归并成为一棵树，将边 e 加入最小成本生成树 T 中，将这个循环一直执行下去，直到产生 n-1 条边的最小成本生成树或者 m 条边已经全部处理结束。

3.4.7 克鲁斯卡尔算法的分析

算法的第 7 行采用 m 条边构成最小堆，需要花费的时间复杂度为 $O(m\log m)$；第 8～10 行初始化 n 个根结点，需要花费的时间复杂度为 $O(n)$；第 14～23 行的循环最多执行 n-1 次，在循环体中，第 15 行从最小堆中删去权值最小的边，每执行一次循环体需要的时间开销为 $O(\log m)$，总共需要的时间复杂度为 $O(n\log m)$；在循环体中的 find 操作至多需要执行 2m 次，因此，克鲁斯卡尔算法的执行时间由第 7 行决定，其花费的时间复杂度为 $O(m\log m)$。如果所处理的图是一个完全图，那么，边数与结点数的关系为 m=n*(n-1)/2，这时，用结点个数来衡量，所花费的时间复杂度为 $O(n^2\log n)$；如果所处理的图是一个平面图，那么边数与结点数的关系为 m=O(n)，此时，所需要花费的时间复杂度为 $O(n\log n)$。此外，算法用来存放最小成本生成树的边集所需要的空间复杂度(空间开销)为 $\Theta(n)$，其余工作所需要的空间开销为 $\Theta(1)$。

下面，我们来证明算法的正确性，用定理 3.3。

定理 3.3 克鲁斯卡尔算法正确地得到无向带权图的最小成本生成树。

证明： 假设图 G 是无向连通图，T^* 是图 G 的最小成本生成树的边集；集合 T 是按照克鲁斯卡尔算法所产生的生成树边集，因此，图 G 中的结点既是 T^* 中的结点，同时也是 T 中的结点。如果图 G 的结点数为 n，那么 $|T^*|=|T|=n-1$。下面，我们使用数学归纳法证明 $T=T^*$。

(1) 假设 e_1 是图 G 中的权值最小的边，按照克鲁斯卡尔算法，有该边 $e_1\in T$。此时，如果 $e_1\notin T^*$，但是由于 T^* 是图 G 的最小成本生成树，因此，与边 e_1 相关联的结点一定是 T^* 中的两个不相邻的结点，根据生成树的性质，我们可以得出结论：如果将边 e_1 加入 T^*，就会使得 T^* 构成唯一的一条回路。不妨设这条回路是 $e_1,e_{i1},\cdots,e_{ik}$，并且边 e_1 是这条回路中权值最小的边。令边集 $T^{**}=T\cup\{e_1\}-\{e_{ij}\}$，并且边 e_{ij} 是回路 $e_1,e_{i1},\cdots,e_{ik}$ 中除了边 e_1 以外的任意一条边，则边集 T^{**} 仍然是图 G 的生成树，并且边集 T^{**} 的权值小于或者等于 T^* 的权值。如果边集 T^{**} 的权值小于 T^* 的权值，那么就与 T^* 是图 G 的最小成本生成树的边集相矛盾，因此，有边 $e_1\in T^*$；如果边集 T^{**} 的权值等于 T^* 的权值，那么就说明边集 T^{**} 也是图 G 的最小成本生成树的边集，并且边 $e_1\in T^{**}$。此时，我们可以使用新的边集 T^* 来标记边集 T^{**}。在这两种情况下，都有边 $e_1\in T^*$。

(2) 如果边 e_2 是图 G 中的权值第二小的边，同理可证边 $e_2\in T$，并且边 $e_2\in T^*$。

(3) 假设 $e_1,e_2,\cdots,e_k$ 是图 G 中前面 k 条权值最小的边，并且它们都既是边集 T 的元素，又是边集 T^* 中的元素，不妨设 e_{k+1} 是图 G 中第 k+1 条权值最小的边，并且边 $e_{k+1}\in T$，但是边 $e_{k+1}\notin T^*$；同时，与边 e_{k+1} 相关联的结点也是边集 T^* 中的两个不相邻接的结点，如果将边 e_{k+1} 加入到边集 T^* 中去，则将使得 T^* 构成唯一的一条回路。不妨设这条回路就是

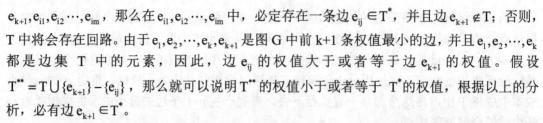

$e_{k+1}, e_{i1}, e_{i2} \cdots, e_{im}$，那么在 $e_{i1}, e_{i2} \cdots, e_{im}$ 中，必定存在一条边 $e_{ij} \in T^*$，并且边 $e_{k+1} \notin T$；否则，T 中将会存在回路。由于 $e_1, e_2, \cdots, e_k, e_{k+1}$ 是图 G 中前 k+1 条权值最小的边，并且 $e_1, e_2, \cdots, e_k$ 都是边集 T 中的元素，因此，边 e_{ij} 的权值大于或者等于边 e_{k+1} 的权值。假设 $T^{**} = T \cup \{e_{k+1}\} - \{e_{ij}\}$，那么就可以说明 T^{**} 的权值小于或者等于 T^* 的权值，根据以上的分析，必有边 $e_{k+1} \in T^*$。

(4) 假设 $e_1, e_2, \cdots, e_k$ 是图 G 中前面 k 条权值最小的边，并且它们都既是边集 T 中的元素，又是边集 T^* 中的元素，不妨设边 e_{k+1} 为图 G 中第 k+1 条权值最小的边，并且 $e_{k+1} \notin T$，但是，$e_{k+1} \in T^*$。由于 $e_1, e_2, \cdots, e_k$ 都是边集 T 的元素，但是边 e_{k+1} 不是边集 T 的元素，按照克鲁斯卡尔算法，必有 $e_1, e_2, \cdots, e_k, e_{k+1}$ 形成回路，又由于 $e_1, e_2, \cdots, e_k$ 也是边集 T^* 的元素，如果 e_{k+1} 也是边集 T^* 的元素，将会使得 T* 存在回路。因此，只有 $e_{k+1} \notin T^*$。

综合(1)、(2)、(3)、(4)，可以得到 T=T*。因此，采用 Kruskal 算法可以正确地得到无向带权图的最小成本生成树。证毕。

使用贪心算法还可以用来构造一棵最优二叉树(哈夫曼树)，这部分的内容就不详细展开叙述了，有兴趣的读者可以自行设计贪心算法实现之，并对其进行算法分析。

本 章 小 结

本章首先介绍了贪心算法的一些基本概念及使用贪心算法求解问题的特征；然后介绍了贪心算法的设计思想、基本设计原则和设计思路，其中至关重要的一个环节就是寻找贪心策略，并对此策略进行算法描述和程序实现，并且需要使用数学归纳法证明所使用的贪心策略设计的贪心算法用于求解该问题所得到的解一定是这个问题的最优解——这是至关重要的一环，因为如果没有这个证明，按照贪心算法对于此最优化问题求出的解仅仅只是贪心解，而不一定是最优解；最后介绍了贪心算法用于求解背包问题、求解单源点最短路径问题，以及求解最小成本生成树问题这些最优化问题的基本思路和求解方法，并针对以上每个最优化问题的贪心算法给予了求得问题最优解的严格证明或说明。

贪心算法只能对于一些比较简单的最优化问题得出最优解，对于比较复杂的最优化问题往往使用贪心算法不能得出最优解。因此，我们必须寻找新的解决这类最优化问题的算法。

课后阅读材料

单源点最短路径贪心算法求解单源点最短路径问题的程序实现

编写程序时，通常使用二维数组 Edge 来表示图 3.2 中的信息。如果从顶点 v_i 到顶点 v_j 有一条长度为 x 的边，那么 Edge[i][j]=x；如果从顶点 v_i 到顶点 v_j 没有边相连接，那么 Edge[i][j]=∞，∞ 可以用一个非常大的数来表示，如 INT_MAX；特别地，令 Edge[i][i]=0。这样一来，图 3.2 可以表示为

Edge[7][7]={0, 20, 50, 30, ∞, ∞, ∞,
　　　　　　∞, 0,25, ∞, ∞, 70, ∞,

$\infty, \infty, 0, 40, 25, 50, \infty,$

$\infty, \infty, \infty, 0, 55, \infty, \infty,$

$\infty, \infty, \infty, \infty, 0, 10, 70,$

$\infty, \infty, \infty, \infty, \infty, 0, 50,$

$\infty, \infty, \infty, \infty, \infty, \infty, 0\};$

我们使用一维数组 Path 来表示从起点出发，到各个顶点的最短路径。如果最短路径上的顶点 v_i 的前一点为 v_j，那么 Path[i]= j。最优化原理可以保证这样的表示方法是正确的。

单源点最短路径贪心算法的参考程序如下：

```
1.  #include<iostream>               /*预编译命令*/
2.  #include<limits>                 /*定义了 INT_MAX*/
3.  using namespace std;
4.  const int SIZE=7;                /*图 3.2 中的顶点总数*/
5.  int Dijkstra(int Edge[SIZE][SIZE],int nStart,int nDest,int Path[SIZE])
6.  {
7.     int MinDis[SIZE];             /*起点到各个顶点的最短路径长度*/
8.     bool InS2[SIZE];              /*标志各个顶点是否在 S2 中*/
9.     int i;
10.    for(i=0;i<SIZE;i++)
11.        InS2[i]=true;
12.    InS2[nStart]=false;           /*初始状态只有 nStart 在 S1 中,其余在 S2 中*/
13.    for(i=0;i<SIZE;i++)
14.    {
15.      MinDis[i]=Edge[nStart][i];  /*初始各点的最短距离*/
16.      if(Edge[nStart][i]< INT_MAX)
17.         Path[i]=nStart;
18.       else
19.         Path[i]=-1;              /*表示前一个顶点不存在*/
20.    }
21.    while(InS2[nDest])            /*当 nDest 还在 S2 内则计算*/
22.    {
23.      int nMinLen=INT_MAX;        /*最短路径长度的最小值*/
24.      int nPoint=-1;              /*拥有最小值的点*/
25.      for(i=0;i<SIZE;i++)         /*查找 S2 中最短路径长度最小值的点*/
26.        if((InS2[i])&&(MinDis[i]<nMinLen))
27.        {
28.            nMinLen=MinDis[i];
29.            nPoint=i;
30.        }
31.      if(nMinLen==INT_MAX)        /*S2 中的点不能从起点走到*/
32.        break;
33.      InS2[nPoint]=false;         /*该顶点从 S2 移入到 S1*/
34.      for(i=0;i<SIZE;i++)
```

```
35.          if((InS2[i])&&(Edge[nPoint][i]< INT_MAX))/*对于在 S2 中的点与该点
有边相连接*/
36.          {
37.            int nNewLen=nMinLen+Edge[nPoint][i];
38.            if(nNewLen<MinDis[i])                /*如果原路径长*/
39.            {
40.                Path[i]=nPoint;                  /*更新路径*/
41.                MinDis[i]=nNewLen;               /*更新路径的长度*/
42.            }
43.          }
44.       }
45.    return MinDis[nDest];
46.  }
47.  void OutputPath(int Path[SIZE],int nDest)
48.  {
49.    if(Path[nDest]==-1)
50.        cout<<"没有从起点到 v"<< nDest<<"的路径"<<endl;
51.    else if(Path[nDest]==nDest)                  /*是起点*/
52.        cout<<'v'<< nDest;
53.    else
54.    {
55.        OutputPath(Path, Path[nDest]);           /*输出前面的路径*/
56.        cout<<"-->v"<< nDest;                    /*输出这一段边*/
57.    }
58.  }
59.  int main()                                     /*主函数*/
60.  {
61.    int Edge[SIZE][SIZE];                        /*图信息*/
62.    int i;
63.    int j;
64.    for(i=0;i<SIZE;i++)
65.    {
66.        for(j=0;j<SIZE;j++)
67.          Edge[i][j]=INT_MAX;
68.        Edge[i][i]=0;
69.    }
70.    Edge[0][1]=20;
71.    Edge[0][2]=50;
72.    Edge[0][3]=30;
73.    Edge[1][2]=25;
74.    Edge[2][3]=40;
75.    Edge[2][4]=25;
76.    Edge[2][5]=50;
```

```
77.    Edge[3][4]=55;
78.    Edge[4][5]=10;
79.    Edge[4][6]=70;
80.    Edge[5][6]=50;
81.    int Path[SIZE];                    /*记录最短路径信息*/
82.    int nPathLength=Dijkstra(Edge,0,6,Path);
83.    if(nPathLength==INT_MAX)           /*计算从起点 v0 到 v6 的最短路径长度*/
84.     cout<<"从起点 v0 到 v6 没有路径可达"<<endl;
85.    else
86.    {
87.      cout<<"从起点 v0 到 v6 的最短路径为:"<<endl;
88.      OutputPath(Path,6);              /*输出从起点 v0 到 v6 的最短路径*/
89.      cout<< endl;
90.      cout<<"最短路径长度为:"<< nPathLength<<endl;/*输出最短路径长度*/
91.    }
92.    return 0;
93.  }
```

程序中函数 Dijkstra 有多个参数，在函数之前说明该函数的功能、返回值及其每个参数的意义，是非常好的编程习惯，有助于以后阅读程序。

下面，我们通过一个实际应用问题来进一步认识和体会求解单源点最短路径问题的Dijkstra 算法。

【任务】(最短时间问题)这一天小明起晚了，为了更快地去上班，请帮他计算出一条最近的路线。小明开车去工作，只有到了十字路口遇到红灯时他才会停。那么他需要多久才能到达公司呢？假如他的速度是 1，并且当小明出发时所有路口的灯都是红色。并且交通灯的红灯和绿灯持续的时间等长，而且只有红和绿两种颜色。小明家门口和公司门口没有交通灯。

输入

第一行 N(0<N<100)表示有 N 组测试数据。每一个测试数据的第一行为整数M(0<M<100)，接下来 M 行，每行包括像"a b 20 10"这样的数据。它表示小明可以从 a 到 b，a 与 b 之间的距离是 20，并且 b 处交通灯(红灯或绿灯)时长为 10。每个测试样例的最后一行为小明家和公司的名字，所有名字均为小写字母。

输出

在一行中输出小明使用的最短时间。

输入样例	输出样例
1	40
4	
t a 20 10	
t b 10 9	
b a 10 11	

a c 20 0

t c

解题思路

这个问题是一个实际应用问题，仔细分析不难发现，该问题其实就是单源点最短路径问题的一个变形。原先的一条边现在由两部分组成，如图 3.7 所示。

| 这条路的长度 | 过红绿灯的时间 |

图 3.7　一条边的两部分

明白了这一点就可以按照单源点最短路径进行计算了。由于该任务中保证每组测试数据都有结果，因此不必考虑没有结果的情况。

到达红绿灯地点时判断此时是红灯或绿灯即可分情况计算出到达目的地的时间。判断到达十字路口时为绿灯的语句为 "Treach/Tred/green%2==1||Tred/green==0；" 判断到达十字路口时为红灯的语句为 "Treach/Tred/green%2==0"。

从而可以使用单源点最短路径贪心算法解答这个问题，录入单个字符时为了减少 getchar() 接收时还得处理回车和空格这种输入垃圾，可以使用一个字符串来接收一个字符，这样处理起来比较简单。下面，我们给出这个问题的参考程序。

```
1.   #include<stdio.h>
2.   #include<stdlib.h>
3.   #define INF 0x7FFFFFFF              /*定义最大值*/
4.   typedef struct
5.   {
6.      int val;
7.      int time;
8.   }node;                             /*定义图结点*/
9.   node g[26][26];                    /*定义图*/
10.  void init()                        /*初始化图*/
11.  {
12.     int i;
13.      int j;
14.      for(i=0;i<26;i++)
15.         for(j=0;j<26;j++)
16.             g[i][j].val=INF;
17.  }
18.  int work(int sr,int des)
19.  {
20.     int i;
21.     int j;
22.     int k;
23.     int next;
24.     int tag[26];
```

```
25.        int w[26];
26.        for(i=0;i<26;i++)                    /*初始化标记数组和权值数组*/
27.        {
28.            tag[i]=0;
29.            w[i]=INF;
30.        }
31.        tag[sr]=1;                           /*初始化起始点*/
32.        w[sr]=0;
33.        for(i=sr;i!=-1;)
34.        {
35.            tag[i]=1;
36.            next=-1;
37.            if(i==des)                        /*结束条件*/
38.             return w[i];
39.            for(j=0;j<26;j++)
40.            {
41.                if(!tag[j]&&g[i][j].val!=INF)     /*可以到达的结点*/
42.                {
43.                                        if(g[i][j].time==0||((w[i]+
g[i][j].val)/g[i][j].time) %2==1)   /*到达时是绿灯*/
44.                    {
45.                        if(w[i]+ g[i][j].val<w[j])     /*如果比原值小,则更新*/
46.                        {
47.                            w[j]=w[i]+ g[i][j].val;
48.                        }
49.                    }
50.                    else                              /*到达时是红灯*/
51.                    {
52.                            if(g[i][j].time-(w[i]+ g[i][j].val)%
g[i][j].time+w[i]+ g[i][j].val<w[j])
53.                                    /*如果比原值小,则更新*/
54.                        {
55.                            w[j]= g[i][j].time-(w[i]+ g[i][j].val)%
g[i][j].time+w[i]+ g[i][j].val;
56.                        }
57.                    }
58.                }
59.                if(!tag[j]&&(next==-1||w[j]<w[next]))/*在这一轮中将权值
60.                                    最小点作为下一个可扩展的结点*/
61.                {
62.                    next=j;
63.                }
64.            }
```

```
65.            i=next;
66.        }
67.    }
68.    int main()
69.    {
70.        int tc;
71.        int n;
72.        int i;
73.        int j;
74.        int k;
75.        int x;
76.        int y;
77.        int gx;
78.        int gy;
79.        char sr[5];
80.        char des[5];
81.        while(scanf("%d",&tc)!=EOF)
82.        {
83.            while(tc--)
84.            {
85.                scanf("%d",&n);
86.                init();                        /*每次录入前，需要初始化图*/
87.                for(i=0;i<n;i++)
88.                {
89.                    scanf("%s%s%d%d",sr,des,&x,&y);/*使用字符串接收单个字符*/
90.                    gx=sr[0]-a;                /*字符对应起点*/
91.                    gy=des[0]-a;               /*字符对应终点*/
92.                    g[gx][gy].val=x;
93.                    g[gx][gy].time=y;
94.                }
95.                scanf("%s%s",sr,des);
96.                printf("%d\n",work(sr[0]-'a',des[0]-'a'));
97.            }
98.        }
99.    return 0;
100.   }
```

习题与思考

1. 求以下情况背包问题的最优解

$n = 7, M = 15, (p_1, p_2, \cdots, p_7) = (10,5,15,7,6,18,3), (w_1, w_2, \cdots, w_7) = (2,3,5,7,1,4,1)$。

(1) 将以上数据情况的背包问题记为 I。并设 FG(I) 是物品按照 p_i 的非增次序输入时由贪心算法 3.2 所生成的解，FO(I) 是一个最优解。试问 FO(I)/FG(I) 是多少？

(2) 当物品按照 w_i 的非降次序输入时，重复(1)的讨论。

2. 【0/1 背包问题的讨论】如果将本章讨论的背包问题修改如下：

极大化 $\sum_{i=1}^{n} p_i x_i$

约束条件 $\sum_{i=1}^{n} w_i x_i \leqslant M$

$$x_i = 0或1, \quad i = 1,2,\cdots,n$$

这种背包问题称为 0/1 背包问题。它要求物品或者整件装入背包或者整件不装入。求解该问题的一种贪心策略是：按照 p_i / w_i 的非增次序依次考虑这些物品，只要正被考虑的物品能够装得进背包就将其装入背包。试证明这种贪心策略不一定能得到最优解。

3. 【活动安排问题】设有 n 个活动的集合 E={1,2,…,n}，其中每个活动都要求使用同一资源，例如，演讲会场等，而在同一时间内只有一个活动能够使用这个资源。每个活动 i 都有一个要求使用这一资源的起始时刻 s_i 和一个结束时刻 f_i，并且设定 $s_i < f_i$。如果选择了活动 i，那么它在半开区间 $[s_i,f_i)$ 内占用资源。如果区间 $[s_i,f_i)$ 与区间 $[s_j,f_j)$ 不相交，则称活动 i 与活动 j 是相容的。也就是说，当 $s_i \geqslant f_j$ 或者 $s_j \geqslant f_i$ 时，活动 i 与活动 j 是相容的。活动安排问题就是要在所给的活动集合中选出最大的相容活动子集合。试设计一算法实现之。

4. 【区间覆盖问题】在一个数轴上有若干个区间(区间端点均为整数)，每个区间的长度均为 1，现用整数集 M 表示区间，且 M 中的数仅表示各区间的右端点,假设 M 中有 m 个元素，现有 n 条线段(m>n)，试设计一算法求出用这些线段将所有区间覆盖后的最短距离之和 d。例：M={1,3,4,8,11,14}，n=3。

5. 【带有限期作业排序问题】假定在一台具有单处理器的计算机上处理 n 个作业，这些作业组成了一个作业集合 J，每一个作业均可以在单位时间内(不妨设为 1)完成；又假定每一个作业 i 都有一个截止期限 d_i(d_i 是大于 0 的整数)，当且仅当作业 i 在它的截止期限以前(包括在截止期限上)完成时，方可以获得 p_i(p_i >0)的效益。试设计一算法构造上面的集合 J 的作业子集，使得这个作业子集中的所有作业都可以在它们的截止期限以前(包括在截止期限上)完成，并且使得当这个作业子集中的所有作业全部执行完毕时，具有最大的效益值。

6. 【删数字游戏】试设计一算法，满足以下要求：输入一个高精度的正整数 M，去掉其中任意 S 个数字后使得剩下的数最小。例如，M=50267539，去掉 4 个数字，剩下的数最小为(239)，(如果某位数字是 0，且比 0 更高位上没有非零数字，则去掉当前的数字 0)。

7. 【雷达安装问题】假定海岸线是无限长的直线，陆地在海岸线的一侧，海在海岸线的另外一侧，海上有若干个岛屿，每一个岛屿用海这一侧的一个点表示。现在如果要在海岸线上安放若干个雷达，以便于对岛屿进行侦查，每个雷达观测范围是一个圆，并且每个雷达的观测距离都是 dist(即圆的半径为 dist)。现使用笛卡儿坐标系，给定海中每个岛屿的位置，以及雷达观测的范围(距离)，试设计一算法求解出最小的雷达数目，使其能够覆盖海上的全部岛屿。

第 4 章

动态规划算法

学习目标

(1) 理解动态规划算法的基本思想；

(2) 掌握多段图的最小成本路径求解方法；

(3) 掌握动态规划算法求解旅行商问题及其关于计算时间复杂度的分析；

(4) 掌握动态规划算法求解资源分配问题及其关于计算时间复杂度的分析；

(5) 掌握动态规划算法求解 0/1 背包问题及其关于计算时间复杂度的分析；

(6) 掌握动态规划算法求解最长公共子序列问题及其关于计算时间复杂度的分析。

知识结构图

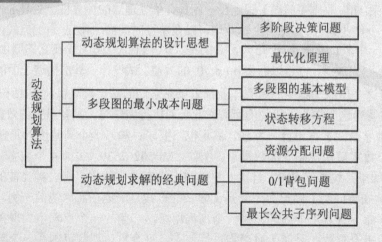

重点和难点

本章的重点在于理解多阶段决策问题的基本概念；理解最优化原理的基本思想；理解可以使用动态规划问题求解的多阶段决策问题的标准模型——多段图的最小成本路径问题的求解过程；掌握动态规划算法的基本概念及实现机制；掌握动态规划算法设计的基本思想；理解动态规划算法的基本设计原理；掌握怎样使用动态规划算法来解决旅行商问题、

资源分配问题 0/1 背包问题及其最长公共子序列问题等各类多阶段决策优化问题；掌握怎样分析使用动态规划算法求解的多阶段决策优化问题的时间复杂度与空间复杂度；难点是如何将实际优化问题转化成多阶段决策优化问题，并且怎样写出相邻两个阶段之间的状态转移方程。

学习指南

本章最重要的概念是多阶段决策问题和动态规划算法的基本概念；本书中讲授的每一个算法都是用于解决某一类问题的，本章中所讲授的动态规划算法也是如此。这就表明，在我们设计算法解决一个实际问题之前，必须首先分析这个实际问题具有哪些特征，然后依据这些特征选择相应的算法进行求解，往往会获得事半功倍的效果。此外，针对每个可以使用动态规划算法求解的问题。应首先熟练掌握对于最优化问题的分类情况，即能够使用动态规划算法求解的最优化问题是多阶段决策优化问题。然后证明这一问题的求解过程满足最优化原理，接着将这一问题转化为单阶段决策优化问题，即写出相邻两个阶段之间的状态转移方程，最后，根据这个状态转移方程设计动态规划算法求解该问题。值得一提的是，一旦最优化问题可以使用动态规划算法求解，则求出的解一定是这个问题的最优解，这是动态规划算法与第 3 章讲到的贪心算法的最大区别，之所以如此，是因为满足最优性原理。最优解的获得是由于根据状态转移方程得到了最优决策序列，换句话说，有了最优决策序列，就必然会有与之相对应的最优解。

第 3 章叙述的最优化问题在求解最优解的过程中，使用的是贪心算法，贪心算法主要是将求解的问题划分为若干步，每一步按照一定的贪心策略进行选择，在面对一些比较简单的最优化问题时，按照这种算法可以获得最优解，但是，对于约束条件比较多或者约束条件比较复杂的最优化问题，使用贪心算法求解往往不能获得最优解，而仅仅只能得到贪心解。例如，对于 0/1 背包问题、货郎担问题(或旅行商问题)等最优化问题的求解，不能使用贪心算法，即找不到一种贪心策略，使得根据这种贪心策略设计的贪心算法能够得到这个问题的最优解。这样，就不得不寻找求解最优化问题的新的算法，本章，我们将讨论针对另一种最优化问题的求解的新算法——动态规划算法。

4.1　动态规划算法的设计思想

在现实生活中，存在这样的一类问题，它们的活动过程不仅可以分成若干个阶段，而且在任意一个阶段(不妨设为第 i 个阶段)以后的行为(选择方案)都仅仅依赖于第 i 个阶段的过程状态，而与第 i 个阶段之前的过程如何达到这种状态的方式没有关系，这样的过程就构成了一个所谓的多阶段决策过程。

例如，经过了 23 年的奋斗，王平同学终于获得了北京大学的经济学博士学位，为他的学业生涯画上了一个圆满的句号，而他这些年的求学经历其实就是一个多阶段决策过程。我们可以站在王平同学的立场上设想一下这个过程是怎样发生的，假设王平 6 岁上小学，他在学前阶段替自己进行了整个学业的总体规划(一般情况下，他当时还没有这个能力，不过我们可以大胆假设一下），如果他要在 30 岁以前完成人生中的学业梦想——成为北京大学经济学博士，必须要分为以下 6 个阶段：第 1 阶段，进入学习氛围比较好的武昌实验小学打好基础(6 年)；第 2 阶段，进入师资力量比较强大的华中师范大学附属第一中学(初中部)学习(3 年)；第 3 阶段，进入湖北地区高考状元学校——黄冈高中学习，准备考入北京大学数学系(3 年)；第 4 阶段，在北京大学数学系学习，获得理学学士学位(4 年)，第 5 阶段，在北京大学师从张维迎教授攻读学位，并获得经济学硕士学位(3 年)；第 6 阶段，在北京大学继续师从张教授攻读学位，并最终获得经济学博士学位(4 年)。按照这样的一个规划，王平同学终于可以在 29 岁时如愿以偿完成自己的学业梦想。而这个过程的最终完成是要分成以上 6 个阶段的，每个阶段必须要进行正确的选择，也就是所谓的决策。因此，王平同学的整个学业生涯就是一个多阶段决策过程。

如果一个最优化问题可以使用多阶段决策过程进行模拟，那么这个问题就是一个多阶段决策问题。在多阶段决策过程的任何一个阶段，都有可能存在多种可供选择的决策方案，我们必须且只能从这些方案中选择一种决策。一旦每一个阶段的决策方案选定以后，就形成了解决这个多阶段决策问题的一个决策序列。如果决策序列不相同，那么所导致的问题的结果也不相同。动态规划算法的最终目标就是要在全部容许选择的决策序列中选取一个能够获得该多阶段决策问题最优解的决策序列，一般将这个可以获得多阶段决策问题最优解的决策序列称为最优决策序列。

不难发现，只要原问题的决策序列具有有限个，我们可以使用暴力破解法(或穷举法)从所有可能的决策序列中找到一个解决该问题的最优决策序列，但显然这种方法比较笨拙，尤其是对于数据规模量比较大的问题，用现代计算机实现的效率比较低。因此，在 20 世纪 50 年代，里查德·贝尔曼(Richard Bellman)等人根据这类多阶段决策问题的性质特征，提出利用所谓最优性原理(principle of optimality)解决该类问题。使用最优性原理的前提是能够将多阶段决策过程转化为有限个单阶段决策过程，即第 i+1 个阶段的最佳决策方案的选择仅仅只依赖于第 i 个阶段的决策，而与第 i 个阶段以前的决策没有任何关系。这种性质通常被称为马尔可夫（Markov）性，有时也被称为无后效性。这样可以按照递推关系式依次对于每个阶段进行决策。按照这样一个过程，不仅可以获得多阶段决策问题的最优解，而且可以使枚举量急剧下降，从而可以大大降低算法的时间复杂度，提高算法的执行效率。最优性原理指出，多阶段决策过程的最优决策序列具有下面的性质：无论过程的初始状态和初始决策是什么，其余的决策都必须相对于初始决策所产生的状态构成一个最优决策序列。如果所求解问题的最优性原理是成立的，那么就说明使用动态规划算法一定能够解决这个多阶段决策问题。

由于每一个阶段的决策仅仅与其相邻的前一个阶段所产生的状态有关，而与怎样达到这种状态的方式是无关的。因此，我们可以将每一个阶段作为一个子问题进行处理。在多阶段决策过程的任何一个阶段，都有可能出现多种决策供选取，在这些决策中，只有一种决策方案对于全局来说是最优的。为了说明这个问题，可以假设对于任意一种状态，可以进行多种决策，而任何一种决策可以产生一种新的状态。在这样一种前提下，我们可以根据最优性原理，对于初始状态 S_0，构造一个集合 $P_1 = \{p_{1,1}, p_{1,2}, \cdots, p_{1,r_1}\}$ 是可能的决策值的集合，由它们所产生的状态 $S_1 = \{S_{1,1}, S_{1,2}, \cdots, S_{1,r_1}\}$，其中，不妨设 $S_{1,k}$ 是对应于决策 $p_{1,k}$ 所产生的状态。但是，此时我们依然无法判定哪一个决策是最优的决策方案。因此，我们可以将这些决策值集合作为这一阶段的子问题的解保存起来。依次类推，在状态集合 S_1 上做出的决策值集合 P_2，产生了状态集合 S_2。最后，对于状态 $S_{n-1} = \{S_{n-1,1}, S_{n-1,2}, \cdots, S_{n-1,r_{n-1}}\}$，决策值集合 $P_n = \{p_{n,11}, p_{n,12}, \cdots, p_{n,1k_1}, p_{n,21}, p_{n,22}, \cdots, p_{n,2k_2}, \cdots, p_{n,r_{n-1}1}, p_{n,r_{n-1}2}, \cdots, p_{n,r_{n-1}k_{n-1}}\}$ 是可能的决策值集合。其中，决策值集合 $\{p_{n,t1}, p_{n,t2}, \cdots, p_{n,ti_j}\}$ 是根据状态 $S_{n-1,t}$ 所做出的可能的决策。由决策值集合 P_n 所产生的状态 $S_n = \{S_{n,11}, S_{n,12}, \cdots, S_{n,1k_1}, S_{n,21}, S_{n,22}, \cdots, S_{n,2k_2}, \cdots, S_{n,r_{n-1}1}, S_{n,r_{n-1}2}, \cdots, S_{n,r_{n-1}k_{n-1}}\}$。状态 S_n 是最终状态集合，其中只有一个状态是最优的。我们可以假设这个状态是 S_{n,k_n}，它是由决策 p_{n,k_n} 所产生的状态。因此，可以确定决策 p_{n,k_n} 是当前的最优决策方案。不妨设决策 p_{n,k_n} 是根据状态 $S_{n-1,k_{n-1}}$ 做出的，由此进行回溯，使得状态到达 $S_{n-1,k_{n-1}}$ 的决策 $p_{n-1,k_{n-1}}$ 是最优决策。这种回溯过程可以一直进行到最开始的决策 p_{1,k_1}，从而可以得到一个由一系列决策序列组成的一个集合 $\{p_{1,k_1}, p_{2,k_2}, \cdots, p_{n,k_n}\}$，并且这个最优决策序列导致了状态转移序列组成的集合 $\{S_0, S_{1,k_1}, S_{2,k_2}, \cdots, S_{n,k_n}\}$。按照最优性原理，决策序列 $p_{1,k_1}, p_{2,k_2}, \cdots, p_{n,k_n}$ 是根据初始状态 S_0 以及初始决策 p_{1,k_1} 所产生的状态而形成的一个最优决策序列。并且正是因为有了这个决策序列，实现了由初始状态 S_0 向最优状态 S_{n,k_n} 的转移。

在以上的决策过程中，有一个依赖于决策的策略或者目标，我们通常可以将这种策略或者目标称为状态转移方程(或递推关系式)。它由问题的性质和特点所确定，并且应用于多阶段决策问题的任意一个阶段的决策。因此，整个决策过程可以递归地进行，或者使用循环迭代的方式完成。这样一来，状态转移方程既可以递归地定义，又可以使用递推公式进行表达。

以上我们非形式化地叙述了动态规划的决策过程。在这个决策过程中，我们不难看出，最优决策是在最后阶段形成的，然后向前倒推，直到初始阶段；而决策的具体结果及所产生的状态转移过程却正好相反，即是由初始阶段开始进行计算的，然后依次向后递归或者迭代，直到产生最终的结果。

以上的论述，是在下面这条假定下进行的：一种状态，可以做出多种决策，并且任何一种决策都能够产生一种新的状态。可是，动态规划算法的设计方法却并非完全如此。对于不同的具体问题，可能会出现多种不同的表现形式和解决方式，但是其基本思路则大体相同或相似。下面我们通过一个具体的多阶段决策问题的标准模型进行分析和说明。

4.2 多段图的最小成本问题

任何一个可以使用动态规划算法求解的具有实际背景的多阶段决策问题从理论上来说，都可以转化为多段图的最小成本问题。因此，我们可以将这个问题看作可以使用动态规划算法求解并且具有实际背景的多阶段决策问题的理论模型。换句话说，对于任何一个多阶段决策问题，如果能够将其转化为多段图最小成本问题，就可以使用动态规划算法求得该问题的最优解。所以，我们首先对于这个多阶段决策问题的理论模型——多段图最小成本问题进行较为详细的讨论。

4.2.1 多段图的决策过程

定义 4.1 给定有向带权连通图 G=(V,E,W)，如果将结点集合 V 划分成为 k 个互不相交的子集 V_i，并且 $1 \le i \le k$，$k \ge 2$，使得边集 E 中的任何一条边(u,v)，必有 $u \in V_i$，$v \in V_{i+1}$，则称该有向带权连通图为多段图。并且令 $|V_1|=|V_k|=1$，称结点 $s \in V_1$ 为源点，结点 $t \in V_k$ 为汇点。

则多段图的最小成本问题就是求从源点 s 到汇点 t 的最小成本的通路。根据多段图的 k 个互不相交的子集 V_i，将多段图划分成为 k 段，每一段包含结点的一个子集。为了便于进行决策，通常将结点集合 V 中的全部结点都按照段的顺序进行编号。这样一来，我们首先可以对源点 s 进行编号，然后可以依次对于结点集 V_2 中的每一个结点编号。这些经过编号的结点通常被称为决策结点。根据多段图的定义，由于结点集 V_2 中的结点都互不相邻，因此，它们之间的相互顺序无关紧要。以此类推，直到所有结点编号完毕。假定带权图中的结点个数为 n，且源点 s 的编号为 1，则汇点 t 的编号应为 n。并且，对于边集 E 中的任意一条边(u,v)，一般规定结点 u 的编号小于结点 v 的编号。另外，根据定义 4.1 不难看出，v_i 中的结点与 v_{i+2} 中的结点之间没有向带权边相连接，这就意味着多段图模型具有无后效性，也就是说，这段图的最小成本问题（多阶段决策过程）可以转化为单阶段决策过程。具体决策方法如下：

决策的第一阶段，确定多段图中第 k-1 段的所有结点到达汇点 t 所需最小费用的通路。并且需要将这些信息保存下来，以便在最后形成最优决策时使用。于是，我们通常使用数组元素 cost[i] 来存放结点 i 到汇点 t 的最小费用，使用数组元素 path[i] 来存放结点 i 到汇点 t 的最小费用通路上的前方结点编号。

决策的第二阶段，确定多段图中第 k-1 段的所有结点到达汇点 t 所需最小费用的通路。此时，我们可以使用第一阶段所形成的信息来进行决策，并且把决策的结果保存在数组 cost 与数组 path 的相应元素中。如此依次进行，直到最后确定源点 s 到汇点 t 的最小费用通路。

然后，我们从源点 s 的 path 信息中，先确定它的前方结点编号 p_1；进而从结点 p_1 的 path 信息中，确定结点 p_1 的前方结点编号 p_2，依次类推，直到汇点 t。这样一来，从源点 s 到汇点 t 形成了一个最优决策序列。

对于边集 E 中的边(u,v)，采用 c_{uv} 表示边的权值。如果结点 u 和结点 v 之间不存在关联边，那么 c_{uv} 应设置成无穷大，在计算机中通常将这个数值设置成不超过机器字长的最大数。这样，我们就可以列出以下的状态转移方程：

$$\cos t[i] = \min_{i<j \le n}\{c_{ij} + \cos t[j]\} \tag{4-1}$$

$$path[i] = 使得 \{c_{ij} + \cos t[j]\} 最小的 j \quad (i<j \le n) \tag{4-2}$$

我们可以使用数组 route[n] 来存放从源点 s 出发，到达汇点 t 的最短通路上的结点编号。那么，动态规划算法求解多段图的最小成本的步骤可以按照以下方式叙述：

(1) 对于所有的 i，$0 \le i < n$，将 cost[i] 初始化为最大值；path[i] 初始化为-1；cost[n-1] 初始化为 0。

(2) 令 i=n-2。

(3) 根据式(4-1)和式(4-2)，计算 cost[i] 和 path[i]。

(4) i=i-1，如果 i $\ge$ 0，则转步骤(3)；否则，转步骤(5)。

(5) 令 i=0，route[i]=0。

(6) 如果 route[i]=n-1，那么此算法执行过程完毕；否则，转步骤(7)。

(7) i=i+1，route[i]=path[route[i-1]]；转步骤(6)。

例 4.1　求解如图 4.1 所示的 5 段图的最小成本问题。

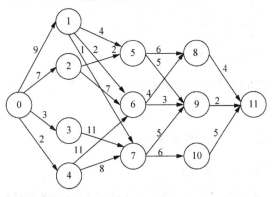

图 4.1　动态规划算法求解一个 5 段图的例子

不难看出，在图 4.1 中，结点的编号已经按照多段图的分段顺序依次进行了编号。如果我们使用动态规划算法求解该多段图的最小成本，过程应按如下执行。

$$i=10: \quad \cos t[10] = c_{10,11} + \cos t[11] = 5 + 0 = 5$$
$$\qquad\qquad path[10] = 11$$
$$i=9: \quad \cos t[9] = c_{9,11} + \cos t[11] = 2 + 0 = 2$$
$$\qquad\qquad path[9] = 11$$
$$i=8: \quad \cos t[8] = c_{8,11} + \cos t[11] = 4 + 0 = 4$$
$$\qquad\qquad path[8] = 11$$
$$i=7: \quad \cos t[7] = \min\{c_{7,9} + \cos t[9], c_{7,10} + \cos t[10]\} = \min\{5 + 2, 6 + 5\} = 7$$
$$\qquad\qquad path[7] = 9$$
$$i=6: \quad \cos t[6] = \min\{c_{6,8} + \cos t[8], c_{6,9} + \cos t[9]\} = \min\{4 + 4, 3 + 2\} = 5$$
$$\qquad\qquad path[6] = 9$$
$$i=5: \quad \cos t[5] = \min\{c_{5,8} + \cos t[8], c_{5,9} + \cos t[9]\} = \min\{6 + 4, 5 + 2\} = 7$$
$$\qquad\qquad path[5] = 9$$
$$i=4: \quad \cos t[4] = \min\{c_{4,6} + \cos t[6], c_{4,7} + \cos t[7]\} = \min\{11 + 5, 8 + 7\} = 15$$
$$\qquad\qquad path[4] = 7$$
$$i=3: \quad \cos t[3] = c_{3,7} + \cos t[7] = 11 + 7 = 18$$
$$\qquad\qquad path[3] = 7$$
$$i=2: \quad \cos t[2] = \min\{c_{2,5} + \cos t[5], c_{2,6} + \cos t[6]\} = \min\{2 + 7, 7 + 5\} = 9$$
$$\qquad\qquad path[2] = 5$$
$$i=1: \quad \cos t[1] = \min\{c_{1,5} + \cos t[5], c_{1,6} + \cos t[6], c_{1,7} + \cos t[7]\} = \min\{4 + 7, 2 + 5, 1 + 7\} = 8 \quad path[1] = 6$$
$$i=0: \quad \cos t[0] = \min\{c_{0,1} + \cos t[1], c_{0,2} + \cos t[2], c_{0,3} + \cos t[3], c_{0,4} + \cos t[4]\}$$
$$\qquad\qquad = \min\{9 + 7, 7 + 9, 3 + 18, 2 + 15\} = 16$$
$$\qquad path[0] = 1 \,or\, 2$$

```
route[0] = 0
route[1] = path[route[0]] = path[0] = 1or2
route[2] = path[route[1]] = path[1] = 6
route[2] = path[route[1]] = path[2] = 5
route[3] = path[route[2]] = path[6] = 9
route[3] = path[route[2]] = path[5] = 9
route[4] = path[route[3]] = path[9] = 11
```

根据以上的过程，我们不难得出具有最小成本的路径为 0,1,6,9,11 或者 0,2,5,9,11；需要的最小成本为 16。

4.2.2 多段图模型动态规划算法的具体实现

定义图的邻接表的数据结构如下：

```
struct NODE{                          /*邻接表结点的数据结构*/
    int v_num;                        /*邻接结点的编号*/
    Type len;                         /*邻接结点与该结点的费用*/
    struct NODE *next;                /*下一个邻接结点*/
```

我们可以使用以下的数据结构来存放相关信息：

```
struct NODE node[n]; /*多段图邻接表头结点*/
Type cost[n];            /*在任何一个阶段的决策中，各个结点到汇点的最小成本*/
int route[n];            /*由源点至汇点的具有最小成本的路径上的结点编号*/
int path[n]; /*在阶段决策中,各个结点到汇点的具有最小成本的路径上的前方结点编号*/
```

这样一来，求解多段图的最小成本问题的动态规划算法可以按照以下的方式进行描述：

算法 4.1　多段图的最小成本问题的动态规划算法

输入：多段图邻接表头结点 node[ ]，结点个数 n

输出：最小成本，具有最小成本的路径上的顶点编号顺序 route[ ]

```
1.  template <class Type>
2.  #define MAX_TYPE max_value_of_Type
3.  #define ZERO_TYPE zero_value_of_Type
4.  Type fgraph(struct NODE node[],int route[],int n)
5.  {
6.    int i;
7.    struct NODE *pnode;
8.    int *path=new int[n];
9.    Type min_cost,*cost=new Type[n];
10.   for(i=0;i<n;i++) {
11.     cost[i]= MAX_TYPE;
12.     path[i]=-1;
13.     route[i]=0;
14.   }
15.   cost[n-1]= ZERO_TYPE;
```

```
16.     for(i=n-2;i>=0;i--) {
17.       pnode=node[i]->next;
18.       while(pnode!=NULL) {
19.         if(pnode->len+cost[pnode->v_num]<cost[i]) {
20.           cost[i]=pnode->len+cost[pnode->v_num];
21.           path[i]=pnode->v_num;
22.         }
23.         pnode=pnode->next;
24.       }
25.     }
26.     i=0;
27.     while((route[i]!=n-1)&&(path[i]!=-1)) {
28.       i++;
29.       route[i]=path[route[i-1]];
30.     }
31.     min_cost=cost[0];
32.     delete path;
33.     delete cost;
34.     return min_cost;
35. }
```

这个动态规划算法主要由 3 个部分组成。第一部分是初始化，由第 10～15 行组成，即对于所有的 $i(0 \leq i < n)$，将 cost[i]初始化为最大值，将 path[i]初始化为-1，且将 cost[n-1]初始化为 0；第二部分主要执行分段决策，根据式(4-1)，分别计算每一个结点到汇点的最小成本，并且确定每一个结点到汇点的具有最小成本的路径上的前方结点。这一部分主要通过算法 4.1 的第 16～25 行完成。由于结点是按照多段图的互不相交子集顺序预先编号，并且编号大的结点首先计算，并且进行局部的最优决策。这样一来，就可以确保在对每一个结点进行计算和决策时，其到汇点路径上的所有前方结点都已经计算和决策完毕，因此，我们可以直接使用其前方结点提供的信息。第三部分由第 26～30 行组成，其主要工作就是进行全局的最优决策。首先，从源点开始，依次递推地确定其前方结点，直到汇点为止。或者，直到其前方结点的编号为-1 时结束，如果出现这种情况，说明该图不连通。

该算法的时间复杂度按照以下方法进行估计。首先考察第一部分耗费的时间：第一部分即第 10～15 行的初始化部分，其时间耗费由 for 循环决定，该循环的循环体一共需要执行 n 次，因此需要的时间耗费为 $\Theta(n)$。接着讨论第二部分的耗费时间：不难看出，第 16～25 行的局部决策部分，是由一个嵌套的循环语句组成，外部的 for 循环的循环体总共需要执行 n-1 次；此外，内部的 while 循环对于所有结点的出边进行计算，并且在所有循环中，每一条出边仅仅只需计算 1 次。因此，在这一部分，除了每一个结点处理一次外，每一条边也仅需处理一次。不妨假设原多段图有 m 条边，那么易知这部分所需要的时间耗费为 $\Theta(n+m)$。最后讨论第三部分所需花费的时间：第 26～30 行形成了最优决策序列，由 while 循环组成，如果该多段图分成 k 段，那么该循环体需要执行 k 次，因此需要花费的时间为 $\Theta(k)$。综合以上 3 个部分的分析，不难得出以下结论：该动态规划算法 4.1 的时间复杂度

为 $\Theta(n+m)$ 。

从算法 4.1 的第 6～9 行可以看出，该算法所需要的空间开销为 $\Theta(n)$ 。

4.2.3 多段图模型的求解实例

下面，我们来看一个运用多段图模型求解的一个实际例子——旅行商问题(或货郎担问题)。旅行商问题(traveling salesperson problem，TSP)属于既易于描述同时又难以求解的著名难题之一，至今世界上还有相当多的学者在研究对于该问题的求解方法。这个问题的基本描述是：某个售货员要到若干个村庄售货，各个村庄之间的路程是已知的，为了提高售货效率，售货员决定从自己所在商店出发，到各个村庄售货一次且仅一次货后返回商店，问他应该选择一条怎样的路线才能使所走的总路程最短？该问题可以形式化地描述如下：假设图 G=(V,E) 是一个具有边成本为 c_{ij} 的有向带权图，其中，边成本定义如下，即对于任何 i、j，有 $c_{ij}>0$；如果边 $(i,j) \notin$ 边集 E，则令边成本为 c_{ij} 为无穷大。不妨设|V|=n，并且假定 n>1。则图 G 的一条周游路线即是包含结点集 V 中的各个结点的有向环；并且该周游路线的成本就是该路线上所有边的成本总和。旅行商问题就是求取具有最小成本的周游路线问题。

有很多实际问题可以归结为旅行商问题。例如，邮路问题就是一个旅行商问题。假定有一辆邮车要到 n 个不同的地点去收集邮件，这种情况可以采用 n+1 个结点的有向图进行表示。其中一个结点表示该邮车出发并要返回的那个邮局，其余的 n 个结点表示需要收集邮件的 n 个地点。从地点 i 到地点 j 的距离可以通过边 (i,j) 上所赋予的成本进行表示。邮车所行经的路线即是一条周游路线，我们的问题是要求出具有最短距离的周游路线。

第二个例子是在一条装配线上使用一个机械手去紧固待装配部件上的螺母问题。该机械手从其初始位置(该位置在第一个需要紧固的螺母的上方)开始，依次移动到其余的每一个螺母，最后返回到初始位置。机械手移动的路线就是以各个螺母为结点的一个有向带权图中的一条周游路线。而一条具有最小成本的周游路线将可以使得该机械手完成其工作所花费的时间最短。注意：在这个例子中只有机械手移动的时间总量是可以变化的。

第三个例子是产品的生产安排问题。假设要求在同一组机器上生产 n 种不同的产品，其生产过程是周期性进行的，即在每一个生产周期内，这 n 种不同的产品都要被生产出来。要生产这些产品有两种开销：一种是生产第 i 种产品时所需要消耗的资金(1≤i≤n)，通常称为生产成本；另一种是这些机器由生产第 i 种产品转换到生产第 j 种产品时所消耗的资金 c_{ij}，通常称为转换成本。显而易见，生产成本与生产顺序是无关的。因此，我们希望找到一种生产这些产品的顺序，从而使得生产这 n 种产品的转换成本之和为最小。由于生产是按照生产周期进行的，因此在开始下一个周期的生产时也需要消耗转换成本，此时的转换成本即为从生产最后一种产品到生产第一种产品的转换成本。于是，我们也可将这一问题转化为是一个具有 n 个结点，并且边成本为 c_{ij} 的有向带权图的旅行商问题。

旅行商问题需要从有向带权图 G 中的全部周游路线中求出具有最小成本的周游路线，而由起始点出发的周游路线总共有(n-1)! 条，即为除初始结点外的 n-1 个结点的排列数，因此旅行商问题即是一个排列问题。一般说来，如果使用暴力破解的方法求解排列问题的时间复杂度比较大，这是因为 n 个物体有 n! 种排列方案，即通过枚举(n-1)! 条周游路线，从中找出一条具有最小成本的周游路线的算法，其计算的时间复杂度为 O(n!)。为了降低时间复杂度，必须考虑使用新的设计方案来拟定更加优化的算法。动态规划算法就是待选择的设计方案之一。但是旅行商问题是否可以使用动态规划算法设计求解呢？下面我们就来详细讨论这一问题。

我们的主要思路是首先讨论该问题能否转化成为一个多段图模型；然后讨论怎样将该问题转化成为一个多段图模型。

为了叙述方便起见，接下来我们将通过一个简单的例子进行说明。

例 4.2　一个有向带权图 G 如图 4.2 所示，求由起始点(结点 1)开始经过其余的每个结点一次且仅一次回到原来的起始点(结点 1)所需耗费的最小成本以及具有最小成本的路径。

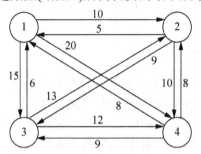

图 4.2　有向带权图 G_1

我们可以根据题意，将以上的有向带权图转化为如图 4.3 所示的类多段图。

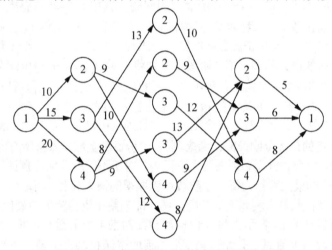

图 4.3　动态规划算法求解旅行商问题的例图

根据图 4.3，我们可以将该问题转化为求多段图成本的最短路径问题，这样，就可以将此问题完全使用动态规划算法进行求解了，类似于例 4.1，我们可以求得最小成本为 35，具有最小成本的路径是 1，2，4，3，1。

通过上面的例子，我们不难发现使用动态规划算法对于多阶段决策问题这类最优化问题的求解过程中，不仅可以获得最优化问题的最优解，而且求解的效率较之暴力破解法(即穷举法)要高，这主要是由于将求最优解的过程分成了多个阶段，每一个阶段都得到了在前一个阶段基础上的阶段最优解，这样一来，在以后阶段的求解过程中就不会再考虑前一个阶段的那些次优解的情况了，即越是到后面的阶段，所需要考虑的可能情况就越少，求最优解的效率就明显提高了。

4.3　资源分配问题

资源分配问题也是具有实际背景的应用问题。它主要是考虑怎样将有限的资源分配给若干个工程的问题。例如，在分布式操作系统中，通常会遇到并行计算的问题，在这个问题的解决过程中，通常会不可避免地遇到一个问题，即怎样将有限个处理器分配给多个不同的进程使用，才能使得计算效率达到最高？这个问题从本质上讲，就是一个资源分配问题。即假设资源总数为 r，工程个数为 n，由于分给各项工程投入的资源不同，因此所获得的利润也不同。现在要求将总数为 r 的资源，分配给这 n 个工程，求可以获得最大利润的分配方案。

4.3.1　资源分配方案的决策过程

为了更加方便地说明这个问题的求解方案，我们可以将这个资源分配问题进行进一步简化为以下的叙述：即将资源 r 划分为 m 个相等的部分，每份资源为 r/m，且 m 为正整数。假设利润函数为 $G_i(x), i = 1, 2, \cdots, n; x = 0, 1, 2, \cdots, m$，表示将 x 份资源分配给第 i 个工程所获得的利润，这样一来，如果我们将 m 份资源给所有的工程，那么，所得到的利润总额为 $G(m) = \sum_{i=1}^{n} G_i(x_i)$，并且有关系式 $\sum_{i=1}^{n} x_i = m$。因此，该资源分配问题可以转化为将 m 份资源分配给 n 个工程，使得利润总额 G(m) 最大的问题，其中 x_i 为非负整数。

首先，我们不妨将各个工程按照顺序进行编号，然后，按照下面的方法来划分阶段：第一阶段，分别将 $x = 0, 1, 2, \cdots, m$ 份资源分配给第一个工程，并且确定第一个工程在各种不同份额的资源下，可以获得的最大利润；第二阶段，分别将 $x = 0, 1, 2, \cdots, m$ 份资源分配给第一个工程和第二个工程这两个工程，并确定在各种不同份额的资源下，这两个工程可以获得的最大利润，以及在该利润下第二个工程所获得的最优分配份额；以此类推，在第 n 个阶段，分别将 $x = 0, 1, 2, \cdots, m$ 份资源分配给所有的 n 个工程，并且确定可以获得的最大利润，以及在该利润下第 n 个工程所获得的最优分配份额。考虑到将 m 份资源全部投入给所有的 n 个工程不一定可以获得最大利润，因此，首先必须在各个阶段内，对于不同的分配份额计算能够获得的最大利润，然后，取其中的最大者作为每一个阶段可以取得的最大利润。再取每一个阶段的最大利润中的最大者，以及在此最大利润下的分配方案，即为整个资源分配的最优决策。

因此，我们可以令 $f_i(x)$ 表示当将 x 份资源分配给前 i 个工程时，可以获得的最大利润，$d_i(x)$ 表示使 $f_i(x)$ 取最大值时，分配给第 i 个工程的资源份额。于是，在第一阶段，即在只将 x 份资源分配给第一个工程的情况下，有

$$\begin{cases} f_1(x) = G_1(x) \\ \qquad\qquad\qquad\qquad x = 0, 1, 2, \cdots, m \\ d_1(x) = x \end{cases} \tag{4-3}$$

在第二阶段，即只将 x 份资源分配给前面的两个工程的情况下，有

$$\begin{cases} f_2(x) = \max_{0 \leqslant z \leqslant x} \{G_2(z) + f_1(x - z)\} \\ \qquad\qquad\qquad\qquad\qquad x = 0, 1, 2, \cdots, m, z = 0, 1, 2, \cdots, x \\ d_2(x) = 使 f_2(x) 取得最大值时的 z \end{cases}$$

一般说来，在第 i 个阶段，即将 x 份资源分配给前面的 i 个工程的情况下，有

$$
\begin{cases}
f_i(x) = \max_{0 \leqslant z \leqslant x} \{G_i(z) + f_{i-1}(x-z)\} & \\
\qquad\qquad\qquad\qquad x = 0,1,2,\cdots,m, z = 0,1,2,\cdots,x \\
d_i(x) = \text{使} f_i(x) \text{取得最大值时的} z
\end{cases} \tag{4-4}
$$

假设第 i 个阶段的最大利润为 g_i，则有下式(4-5)：

$$
g_i = \max\{f_i(1), f_i(2), \cdots, f_i(m)\} \tag{4-5}
$$

不妨设 q_i 是使得 g_i 达到最大值时，分配给前面 i 个工程的资源份数，则有下式：

$$
q_i = \text{使得} f_i(x) \text{达到最大值时的} x \tag{4-6}
$$

在每一个阶段，将所得到的所有局部决策值 $f_i(x), d_i(x), g_i$ 以及 q_i 保存起来。最后，在第 n 个阶段结束以后，令全局的最大利润为 optg，则：

$$
\text{optg} = \max\{g_1, g_2, \cdots, g_n\} \tag{4-7}
$$

即在全局最大利润的情况下，设所分配工程项目的最大编号(即所分配工程项目的最大数目)为 k，则有下式：

$$
k = \text{使得} g_i \text{取最大值时的} i \tag{4-8}
$$

分配给前面的 k 个工程的最优份额为

$$
\text{optx} = \text{与最大的} g_i \text{相对应的} q_i \tag{4-9}
$$

分配给第 k 个工程的最优份额为

$$
\text{optq}_k = d_k(\text{optx})
$$

分配给其余的 k-1 个工程的剩余的最优份额为

$$
\text{optx} = \text{optx} - d_k(\text{optx})
$$

由此回溯，得到分配给前面各个工程的最优份额的递推关系式：

$$
\begin{cases}
\text{optq}_i = d_i(\text{optx}) \\
\\
\text{optx} = \text{optx} - \text{optq}_i
\end{cases} \tag{4-10}
$$

其中，$i = k, k-1, \cdots, 1$。由以上的决策过程，可以将求解资源分配问题划分为下面的 4 个步骤：

(1) 按照式(4-3)和式(4-4)，对于各个阶段 i，各个不同份额 x 的资源，计算 $f_i(x)$ 及 $d_i(x)$。

(2) 按照式(4-5)和式(4-6)，计算各个阶段的最大利润 g_i，以及获得该最大利润的分配份额 q_i。

(3) 按照式(4-7)、式(4-8)及式(4-9)，计算全局的最大利润值 optg、总的最优分配份额 optx，以及编号最大的工程项目 k。

(4) 按照式(4-10)递推计算出各个工程的最优分配份额。

下面，我们举一个简单的例子加以说明。

例 4.3 有 8 个份额的资源，分配给 3 个工程，其利润函数见表 4-1。求资源的最优分配方案。

表 4-1　资源工程分配表

x	0	1	2	3	4	5	6	7	8
$G_1(x)$	0	4	26	40	45	50	51	52	53

$G_2(x)$	0	5	15	40	60	70	73	74	75
$G_3(x)$	0	5	15	40	80	90	95	98	100

解：

(1) 求出每一个阶段的不同分配份额时的最大利润，以及每个工程在该利润下的分配份额。首先，在第一阶段，仅仅将资源的分配给第一个工程，根据式(4-3)，可以得出结论，见表4-2。

表4-2　第一阶段利润分配份额表

x	0	1	2	3	4	5	6	7	8
$f_1(x)$	0	4	26	40	45	50	51	52	53
$d_1(x)$	0	1	2	3	4	5	6	7	8

其次，将资源的份额分配给前面的两个工程，即当 x=0 时，显然有

$$f_2(0) = 0, d_2(0) = 0$$

当 x=1 时，根据式(4-4)可以得出

$$f_2(1) = \max[G_2(0) + f_1(1), G_2(1) + f_1(0)] = \max(4,5) = 5$$
$$d_2(1) = 1$$

当 x=2 时，根据式(4-4)可以得出

$$f_2(2) = \max[G_2(0) + f_1(2), G_2(1) + f_1(1), G_2(2) + f_1(0)] = \max(26,9,15) = 26$$
$$d_2(2) = 0$$

我们可以按此方法依次计算当 $x = 3,4,\cdots,8$ 时第二阶段的利润 $f_2(x)$ 及分配份额 $d_2(x)$ 的值，见表4-3。

表4-3　第二阶段利润分配份额表

x	0	1	2	3	4	5	6	7	8
$f_2(x)$	0	5	26	40	60	70	86	100	110
$d_2(x)$	0	1	0	0	4	5	4	4	5

同理，可以计算出第三阶段的利润 $f_3(x)$ 及分配份额 $d_3(x)$ 的值，见表4-4。

表4-4　第三阶段利润分配份额表

x	0	1	2	3	4	5	6	7	8
$f_3(x)$	0	5	26	40	80	90	106	120	140
$d_3(x)$	0	1	0	0	4	5	4	4	4

(2) 按照式(4-5)和式(4-6)，求出每个阶段的最大利润及在该利润下的分配份额，有

$$g_1 = 53 \qquad g_2 = 110 \qquad g_3 = 140$$
$$q_1 = 8 \qquad q_2 = 8 \qquad q_3 = 8$$

(3) 按照式(4-7)、式(4-8)及式(4-9)，计算全局的最大利润值 optg、最大的工程数目及总的最优分配份额如下：

$$optg = 140 \qquad optx = 8 \qquad x = 3$$

(4) 按照式(4-10)递推计算出各个工程的最优分配份额如下：

$$optq_3 = d_3(optx) = d_3(8) = 4$$
$$optq_2 = d_2(optx) = d_2(4) = 4 \qquad optx := optx - optxq_3 = 8 - 4 = 4$$
$$optq_1 = d_1(optx) = d_1(0) = 0 \qquad optx := optx - optxq_2 = 4 - 4 = 0$$

综合上面的 4 个步骤，不难得出下面的结论，最终的最优决策结果为：不分配给第一个工程任何资源；分配给第二个工程和第三个工程各有 4 个份额的资源，可以获得最大的利润为 140。

4.3.2 动态规划算法求解资源分配问题的实现

首先定义动态规划算法所需要的数据结构，以下的数据用于算法的输入：

```
int    m;                  /*可以分配的资源份额*/
int    n;                  /*工程项目个数*/
Type   G[n][m+1];          /*每项工程分配不同的份额资源时可以得到的利润表*/
```

以下的数据用于算法的输出：

```
Type   optg;               /*最优分配时所得到的总利润*/
int    optq[n];            /*最优分配时各项工程所得到的份额*/
```

以下的数据用于算法的工作单元：

```
Type   f[n][m+1];          /*前 i 项工程分配不同份额时可以获得的最大利润*/
int    d[n][m+1];          /*使 f[i][x]最大时,第 i 项工程分配的份额*/
Type   g[n];               /*资源只分配给前 i 项工程时,可以获得的最大利润*/
int    q[n];               /*资源只分配给前 i 项工程时,第 i 项工程可获得的最优分配份额*/
int    optx;               /*最优分配时的资源最优分配份额*/
int    k;                  /*最优分配时的工程项目的最大编号*/
```

于是，资源分配问题的动态规划算法可以按照以下方式描述为算法 6.2：

算法 4.2　资源分配问题的动态规划算法

输入：工程项目的总数 n，可以分配的资源份额 m，每项工程分配不同份额资源时可以得到的利润表 G[ ][ ]

输出：最优分配时所能够获得的总利润 optg，最优分配时每项工程所能够获得的份额 optq[ ]

```
1.  template <class Type>
2.  Type alloc_res(int n,int m, Type G[],int optq[])
3.  {
4.      int optx;
5.      int k;
6.      int i;
7.      int j;
8.      int s;
```

```
9.      int *q=new int[n];                         /*分配工作单元*/
10.     int (*d)[m+1]=new int[n][m+1];
11.     Type (*f)[m+1]=new Type[n][m+1];
12.     Type *g=new Type[n];
13.     for(j=0;j<=m;j++) {                         /*第一个工程的份额利润表*/
14.        f[0][j]=G[0][j];
15.        d[0][j]=j;
16.      }
17.     for(i=0;i<=m;i++) {                         /*前i个工程的份额利润表*/
18.        f[i] [0]= G[i][0]+ f[i-1][0];
19.        d[i][0]=0;
20.        for(j=1;j<=m;j++) {
21.           f[i][j]=f[i][0];
22.           d[i][j]=0;
23.           for(s=0;s<=j;s++) {
24.              if(f[i][j]< G[i][s]+ f[i-1][j-s]) {
25.                 f[i][j]= G[i][s]+ f[i-1][j-s];
26.                 d[i][j]=s;
27.              }
28.           }
29.        }
30.     }
31.     for(i=0;i<n;i++) {                          /*前i个工程的最大利润与最优分配份额*/
32.        g[i]=f[i][0];
33.        q[i]=0;
34.        for(j=1;j<=m;j++) {
35.           if(g[i]<f[i][j]) {
36.              g[i]=f[i][j];
37.              q[i]=j;
38.           }
39.        }
40.     }
41.  optg=g[0];
42.  optx=q[0];
43.  k=0;
44.  for(i=1;i<n;i++) {                             /*全局的最大利润及其最优分配份额*/
45.     if(optg<g[i]) {                             /*最大数目的工程项目及其编号*/
46.       optg=g[i];
47.       optx=q[i];
48.       k=i;
49.     }
50.  }
51. if(k<n-1)                                       /*最大编号之后的工程项目不分配份额*/
```

```
52.    for(i=k+1;i<n;i++)
53.      optq[i]=0;
54.    for(i=k;i>=0;i--) {              /*给最大编号之前的工程项目分配份额*/
55.      optq[i]=d[i][optx];
56.      optx-=optq[i];
57.    }
58.    delete q;                        /*释放工作单元*/
59.    delete d;
60.    delete f;
61.    delete g;
62.    return optg;                     /*返回最大利润*/
63. }
```

这个算法按照以上的 4 个步骤划分为 4 个部分进行工作。第一部分包含第 13～30 行的代码，计算各个阶段在各种不同份额下的最大利润。其中，第 13～16 行执行式(4-3)，即可得到第一阶段的份额利润表；第 17～30 行执行式(4-4)，即可得到以后各个阶段的份额利润表；第二部分包含第 31～40 行的代码，按照式(4-5)和式(4-6)，依次计算各个阶段的最大利润 g_i，以及该阶段的最优分配份额 q_i；第三部分包含第 41～50 行的代码，计算全局的最大利润 optg、最优的资源分配份额 optx，以及在最优分配下的最大工程项目的数目，即在最优分配下的最后一个工程的编号；第四部分包含从第 51～57 行的代码，其中，第 51～53 行进行下面的判断：如果在最优分配下的最后一个工程的编号小于 n-1，那么该工程以后的工程项目不分配份额；第 54～57 行按照递推关系式(4-10)进行计算，即从最优分配下的最后一个工程开始，依次计算该工程以及在它之前的每个工程的最优分配份额。

下面我们对于算法 4.2 进行时间复杂度与空间复杂度的分析。第 13～16 行执行一个循环，所需时间复杂度为 $\Theta(m)$；第 17～30 行执行一个三重循环，其中，外部的 for 循环的循环体执行 n-1 次循环，并且外部循环每执行一轮，就会使得中间的 for 循环的循环体执行 m 次，同理，中间的循环体每执行一轮，就会使得内部的 for 循环的循环体的执行次数由 2 次递增到 m+1 次，这样一来，这个三重循环总共需要花费的时间为(n-1)*m*(m+1)/2，即时间复杂度为 $\Theta(n*m^2)$；同理，第 31～40 行需要耗费的时间复杂度为 $\Theta(n*m)$；第 41～50 行需要耗费的时间复杂度为 $\Theta(n)$；第 51～57 行需要耗费的时间复杂度亦为 $\Theta(n)$；综上所述，算法 4.2 的时间复杂度为 $\Theta(n*m^2)$。从第 4～12 行不难看出，算法 4.2 所需的空间开销即空间复杂度为 $\Theta(n*m)$。

4.4　0/1 背包问题

给定一个承重量为 M 的背包及 n 个质量为 w_i、效益值为 p_i 的物品，并且 $i=1,2,\cdots,n$，要求将物体装入背包，使得背包内的物品总效益值最大，我们通常将这类问题称为背包问题。在第 3 章讨论了物品可以分割的背包问题，在本节中，我们重点讨论物体不可分割的问题，通常，我们将物品不可分割的背包问题称为 0/1 背包问题。

4.4.1　0/1 背包问题的求解过程

在 0/1 背包问题中，物品或者被装入背包，或者不被装入背包，只能在这两种选择中选择其中的一种。因此，我们可以进行以下假设：令 x_i 表示第 i 个物品装入背包的情况，其中，x_i 有两种取值，即要么 $x_i = 0$，要么 $x_i = 1$。当 $x_i = 0$ 时，表示当前的第 i 个物品没有被装入背包；而当 $x_i = 1$ 时，表示当前的第 i 个物品被装入了背包。根据问题的要求，有以下的优化目标函数和约束条件：

$$optp = \max \sum_{i=1}^{n} p_i x_i \qquad\qquad s.t. \sum_{i=1}^{n} w_i x_i \leqslant M$$

因此，0/1 背包问题归结为寻找一个满足以上的约束条件的方程，并且使得目标函数达到最大值的解向量 $X = (x_1, x_2, \cdots, x_n)$。

事实上，这个问题也依然可以使用动态规划的多阶段决策方法，来依次确定将哪一个物品装入背包的最优决策序列。假定背包的承重范围是 $0 \sim M$。我们可以按照类似于资源分配那样的方式进行设计，即令 $optp_i(j)$ 表示在前 i 个物品中，能够装入承重为 j 的背包中的物品的最大效益值。显而易见，此时在前 i 个物品中，有一些物品可以装入当前的背包，但是有一些物品不能装入当前的背包。于是，我们可以得到相应的状态转移方程如下：

$$optp_i(j) = \begin{cases} optp_{i-1}(j) & (j < w_i) \\ \max\{optp_{i-1}(j), optp_{i-1}(j - w_i) + p_i\} & (j > w_i) \end{cases} \qquad (4\text{-}11)$$

$$optp_i(0) = optp_0(j) = 0 \qquad (4\text{-}12)$$

式(4-11)表明：将前面的 i 个物品装入承重为 0 的背包，或者将 0 个物品装入承重为 j 的背包，所获得的效益值都为 0；式(4-12)中的第一个式子表明：如果第 i 个物品的质量大于当前的背包的承重，那么就说明装入前面的 i 个物品所获得的最大效益值，与装入前面 i-1 个物品所获得的最大效益值相同(此时，第 i 个物品并没有装入当前的背包中)；式(4-12)中的第二个式子中的 $optp_{i-1}(j - w_i) + p_i$ 则表明：当第 i 个物品的质量小于背包的承重时，如果将第 i 个物品装入承重为 j 的背包，那么背包中物品的总效益值，就应该等于将前面的 i-1 个物品装入承重为 $j - w_i$ 的背包所获得的价值加上第 i 个物品的效益值 p_i。如果第 i 个物品没有装入当前的背包，那么当前的背包中物品的总效益值就等于将前面的 i-1 个物品装入承重为 j 的背包所获得的效益值。显而易见，这两种装包的方法，在背包中所获得的效益值不一定相同。因此，取这二者中的最大者，作为将前面的 i 个物品装入承重为 j 的背包所获取的阶段最优效益值。

我们可以按照下面的方式来划分阶段：在第一个阶段，仅仅装入一个物品，确定在各种不同的承重的背包下，能够获得的最大效益值；在第二个阶段，装入前面的两个物品，按照式(4-10)确定在各种不同承重的背包下，能够获得的最大效益值；依次类推，直到第 n 个阶段。最后，$optp_n(m)$ 即是在承重为 m 的背包下，装入 n 个物品时，能够获得的最大效益值。

为了确定装入背包的具体物品，我们可以从 $optp_n(m)$ 的值向前倒推。也就是说，如果 $optp_n(m)$ 的值大于 $optp_{n-1}(m)$，那么就表明第 n 个物品被装入背包，则前面的 n-1 个物品被装入在承重为 $m - w_n$ 的背包中；如果 $optp_n(m)$ 的值小于或者等于 $optp_{n-1}(m)$ 的值，那么就表明第 n 个物品未被装入背包，则前面的 n-1 个物品被装入在承重为 m 的背包中。依次类推，直到确定第一个物品是否被装入背包为止。因此，我们可以得到相应的递推关系式如下：

如果 $optp_i(j) = optp_{i-1}(j)$，则有 $x_i = 0$ (4-13)

如果 $optp_i(j) > optp_{i-1}(j)$，则有 $x_i = 1, j := j - w_i$ (4-14)

根据上面的关系式，我们就可以从 $optp_n(m)$ 的值依次向前倒推，即可确定装入背包的具体物品。

例 4.4 有 5 个物品，其质量分别为 2、2、6、5、4，价值分别为 6、3、5、4、6，背包的承重为 10，求装入背包的物品及其总效益值。

解：我们可以使用一个 (n+1)*(m+1) 的二维表，来存放将前面的 i 个物品装入承重为 j 的背包时，能够获得的最大效益值。首先根据式(4-11)，将这个二维表的第 0 行第 0 列的交叉点初始化为 0，然后，按照式(4-12)，依次逐行地对于 $optp_i(j)$ 进行计算，其计算结果如图 4.4 所示。

	0	1	2	3	4	5	6	7	8	9	10
0	0	0	0	0	0	0	0	0	0	0	0
1	0	0	6	6	6	6	6	6	6	6	6
2	0	0	6	6	9	9	9	9	9	9	9
3	0	0	6	6	9	9	9	11	11	14
4	0	0	6	6	9	9	9	10	11	13	14
5	0	0	6	6	9	9	12	12	15	15	15

图 4.4 5 个物品的 0/1 背包问题

从图 4.4 中，不难看出，装入背包的物品的最大价值为 15，装入背包的物品组成的解向量 X={1,1,0,0,1}，即装入背包的物品为质量为 2，价值为 6；质量为 2，价值为 3；以及质量为 4，价值为 6 的物品。

4.4.2 0/1 背包问题的动态规划算法

首先，定义动态规划算法所需要的数据结构。下面的数据用于算法的输入和输出：

```
int    w[n];              /*n 个物品的重量*/
Type   p[n];              /*n 个物品的效益值*/
int    m;                 /*背包的承重*/
BOOL   x[n];              /*装入背包的物品,元素为 TRUE 时,相应的物品被装入*/
Type   v;                 /*装入背包中物品的最大效益值*/
```

下面的数据用于动态规划算法的工作单元：

```
Type   optp[n+1][m+1]     /*i 个物品装入承重为 j 的背包中的最大效益值*/
```

我们使用动态规划算法求解 0/1 背包问题的算法可以描述成算法 4.3。

算法 4.3 0/1 背包问题的动态规划算法

输入：物品的质量 w[ ] 以及物品的价值 p[ ]，物品的数量 n，背包的承重 m

输出：装入背包的物品使用的解向量 x[ ]，装入背包中物品的最大总效益值 v

```
1.  template <class Type>
```

```
2.  Type knapsack_dynamic(int w[],Type p[],int n,int m,BOOL x[])
3.  {
4.      int  i;
5.      int  j;
6.      int  k;
7.      Type v,(*optp)[m+1]=new Type[n+1][m+1];        /*分配工作单元*/
8.      for(i=0;i<=n;i++) {                             /*初始化第 0 列*/
9.        optp[i][0]=0;                                 /*解向量初始化为 FALSE*/
10.       x[i]=FALSE;
11.         }
12.     for(i=0;i<=m;i++)                               /*初始化第 0 行*/
13.       optp[0][i]=0;
14.     for(i=1;i<=n;i++) {                             /*计算 optp[i][j]*/
15.      for(j=1;j<=m;j++) {
16.      optp[i][j]=optp[i-1][j];
17.      if((j>=w[i])&&(optp[i-1][j-w[i]]+p[i])>optp[i-1][j]
18.        optp[i][j]=optp[i-1][j-w[i]]+p[i];
19.          }
20.      }
21.     j=m;                                            /*递推装入背包的物品*/
22.     for(i=n;i>0;i--) {
23.        if(optp[i][j]>optp[i-1][j]) {
24.          x[i]=TRUE;
25.          j-=w[i];
26.        }
27.     }
28. v=optp[n][m];
29. delete optp;                                        /*系统回收工作空间*/
30. return v;                                           /*返回背包中物品的最大效益值*/
31. }
```

算法 4.3 的第 8~13 行执行的主要功能是将二维表 $optp_i(j)$ 中的第 0 行和第 0 列初始化为 0，将向量 X 的所有元素都初始化为 FALSE；第 14~20 行主要根据式(4-12)计算二维表 $optp_i(j)$ 中的各个元素值；第 21~27 行主要是从 $optp_n(m)$ 的值开始，依次向前递推，并且依次求出装入当前的背包中的物品。

第 8~11 行、第 12~13 行需要花费的时间开销是 $\Theta(m)$；第 14~20 行需要花费的时间开销是 $\Theta(n*m)$；第 21~27 行需要花费的时间开销是 $\Theta(n)$。综合以上的分析，可知算法 4.3 的间复杂度是 $\Theta(n*m)$。而从第 4~7 行我们不难发现，算法 4.3 所需要消耗的空间开销是 $O(n*m)$。

4.5 最长公共子序列问题

首先简要介绍一下最长公共子序列问题提出的背景。不妨假设有一个字符序列 $A=a_1a_2\cdots a_n$ 是字母表 Σ 上的一个字符序列。如果存在 Σ 上的另外一个字符序列 $S=c_1c_2\cdots c_j$，使得对于任意一个 $k(k=1,2,\cdots,j)$，都有 $c_k=a_{ik}$（其中，ik 可以取 $1,2,\cdots,n$ 中的任意一个自然数），表示字符序列 A 的一个下标递增序列，那么就将字符序列 S 称为是字符序列 A 的子序列。例如，$\Sigma=\{a,b,c\}$，并且 Σ 上的字符序列 A=abcbacac，那么 ccc 就是字符序列 A 上的一个长度为 3 的子序列，并且该子序列中的字符对应于字符序列 A 的下标是 3,6,8；而 bcaca 是字符序列 A 上的一个长度为 5 的子序列，并且该子序列中的字符对应于字符序列 A 的下标是 2,3,5,6,7。根据这个例子，一般说来，字符序列的子序列通常应有多个。

如果我们给定字母表 $\Sigma=\{a,b,c\}$ 上的两个字符序列 A=abcbacac，B=acbaabca。那么易知子序列 acb 是这两个字符序列的长度为 3 的公共子序列；acba 则是这两个字符序列的长度为 4 的公共子序列；并且 acbaac 是这两个字符序列长度为 6 的最长公共子序列。一般来说，所谓最长公共子序列的问题可以描述如下：即给定两个字符序列 $A=a_1a_2\cdots a_n$ 与 $B=b_1b_2\cdots b_m$，能否找出这两个字符序列的一个公共子序列，使得它是字符序列 A 和字符序列 B 的最长公共子序列。

4.5.1 最长公共子序列的搜索过程

不妨令字符序列 $A=a_1a_2\cdots a_n$，字符序列 $B=b_1b_2\cdots b_m$。并且记 $A_k=a_1a_2\cdots a_k$ 为字符序列 A 中最前面连续 k 个字符的子序列，同时记 $B_k=b_1b_2\cdots b_k$ 为字符序列 B 中最前面的连续 k 个字符的子序列。不难发现，字符序列 A 与字符序列 B 的最长公共子序列应该具有下面的性质：

(1) 如果 $a_n=b_m$，并且字符序列 $S_k=c_1c_2...c_k$ 是字符序列 A 和字符序列 B 的长度为 k 的最长公共子序列，那么就必有 $a_n=b_m=c_k$，并且字符序列 $S_{k-1}=c_1c_2\cdots c_{k-1}$ 是字符序列 A_{n-1} 和字符序列 B_{m-1} 的长度为 k-1 的最长公共子序列。

(2) 如果 $a_n\neq b_m$ 并且 $a_n\neq c_k$，那么序列 $S_k=c_1c_2\cdots c_k$ 就是字符序列 A_{n-1} 与字符序列 B 的长度为 k 的最长公共子序列；

(3) 如果 $a_n\neq b_m$ 并且 $b_m\neq c_k$，那么序列 $S_k=c_1c_2...c_k$ 就是字符序列 A 与字符序列的 B_{m-1} 长度为 k 的最长公共子序列。

如果记 $L_{n,m}$ 为字符序列 A_n 和字符序列 B_m 的最长公共子序列的长度，那么 $L_{i,j}$ 为字符序列 A_i 和字符序列 B_j 的最长公共子序列的长度。按照以上所述的最长公共子序列的性质，立即可以得出下面的两式：

$$L_{0,0}=L_{i,0}=L_{0,j}=0 \qquad i=1,2,\cdots,n, j=1,2,\cdots,m \tag{4-15}$$

$$L_{i,j}=\begin{cases} L_{i-1,j-1}+1 & a_i=b_j, i>0, j>0 \\ \max\{L_{i,j-1},L_{i-1,j}\} & a_i\neq b_j, i>0, j>0 \end{cases} \tag{4-16}$$

因此，将对最长公共子序列的搜索过程，分成 n 个阶段。在第一个阶段，根据式(4-15)

和式(4-16)，计算序列 A_1 和序列 B_j 的最长公共子序列的长度 $L_{1,j}, (j=1,2,\cdots,m)$；在第二个阶段，根据第一个阶段计算出的最长公共子序列的长度 $L_{1,j}, (j=1,2,\cdots,m)$ 及其式(4-16)，计算序列 A_2 和序列 B_j 的最长公共子序列的长度 $L_{2,j}, (j=1,2,\cdots,m)$；以此类推，计算到最后一个阶段，即在第 n 个阶段，根据第 n-1 个阶段计算出的最长公共子序列的长度 $L_{n-1,j}, (j=1,2,\cdots,m)$ 及式(4-16)，计算序列 A_n 和序列 B_j 的最长公共子序列的长度 $L_{n,j}, (j=1,2,\cdots,m)$。这样一来，在第 n 个阶段计算出的 $L_{n,m}$ 就是序列 A_n 和序列 B_m 的最长公共子序列的长度。

为了获得序列 A_n 和序列 B_m 的最长公共子序列，我们不妨设置一个二维的状态字数组 $s_{i,j}$，在以上的每一个阶段计算序列 A_i 和序列 B_j 的最长公共子序列的长度 $L_{i,j}$ 的过程中，依据公共子序列的以上 3 条性质，依次将搜索状态逐一登记在状态字 $s_{i,j}$ 中，具体表示如下：

$$s_{i,j}=1 \qquad 当 a_i = b_j 时 \qquad\qquad (4\text{-}17)$$
$$s_{i,j}=2 \qquad 当 a_i \neq b_j，并且 L_{i-1,j} \geq L_{i,j-1} 时 \qquad\qquad (4\text{-}18)$$
$$s_{i,j}=3 \qquad 当 a_i \neq b_j，并且 L_{i-1,j} < L_{i,j-1} 时 \qquad\qquad (4\text{-}19)$$

又另设 $L_{n,m}=k$，并且 $S_k = c_1c_2\cdots c_k$ 是序列 A_n 和字符序列 B_m 的长度为 k 的最长公共子序列，则最长公共子序列的搜索过程应从状态字 $s_{n,m}$ 开始。按照以下的方法展开搜索过程：

(1) 如果 $s_{n,m}=1$，则说明 $a_n = b_m$。按照最长公共子序列的性质(1)，即可得出 $c_k = a_n$ 是子序列的最后一个字符，并且前一个字符 c_{k-1} 是字符序列 A_{n-1} 和字符序列 B_{m-1} 的长度为 k-1 的最长公共子序列的最后一个字符，且下一个搜索方向为 $s_{n-1,m-1}$。

(2) 如果 $s_{n,m}=2$，则说明 $a_n \neq b_m$，且 $L_{n-1,m} \geq L_{n,m-1}$。按照最长公共子序列的性质(2)，即可得出 $a_n \neq c_k$，并且序列 $S_k = c_1c_2...c_k$ 就是字符序列 A_{n-1} 与字符序列 B_m 的长度为 k 的最长公共子序列；且下一个搜索方向为 $s_{n-1,m}$。

(3) 如果 $s_{n,m}=3$，则说明 $a_n \neq b_m$，且 $L_{n-1,m} < L_{n,m-1}$。按照最长公共子序列的性质(3)，即可得出 $b_m \neq c_k$，并且序列 $S_k = c_1c_2...c_k$ 就是字符序列 A_n 与字符序列 B_{m-1} 的长度为 k 的最长公共子序列；且下一个搜索方向为 $s_{n,m-1}$。

因此，我们可以得到下面一组递推关系式：
当 $s_{i,j}=1$ 时，有

$$c_k = a_i, i := i-1, j := j-1, k := k-1 \qquad\qquad (4\text{-}20)$$

当 $s_{i,j}=2$ 时，有

$$i := i-1 \qquad\qquad (4\text{-}21)$$

当 $s_{i,j}=3$ 时，有

$$j := j-1 \qquad\qquad (4\text{-}22)$$

从 i=n，j=m 开始进行搜索，直到当 i=0 时或当 j=0 时结束搜索过程，这样，我们就可以得到字符序列 A_n 和字符序列 B_m 的最长公共子序列。下面，我们通过一个例子来具体分析上面的整个求解过程。

例 4.5 求字符序列 A=abacbabccb 与字符序列 B=acbcabcabcab 的最长公共子序列。

解：为了叙述方便起见，我们可以使用两个(n+1)*(m+1)的二维表来分别存放在搜索过程中所得到的字符子序列的长度 $L_{i,j}$ 及状态字 $s_{i,j}$。首先，我们将 $L_{i,j}$ 这个二维表中的第 0 行与第 0 列初始化为 0；然后，按照式(4-16)、式(4-17)、式(4-18)及式(4-19)，逐行计算 $L_{i,j}$ 及状态字 $s_{i,j}$。其中，$L_{i,j}$ 的计算结果如图 4.5 所示，根据图 4.5，不难看出，字符序列 A 和字符序列 B 的最长公共子序列的长度为 8。

如图 4.6 所示为使用状态字 $s_{i,j}$ 搜索公共子序列的过程。也就是从状态字 $s_{n,m}$ 开始，按照式(4-20)、式(4-21)及式(4-22)进行搜索，斜线所在的行 i(或者列 j)，表示字符序列 A 中的第 i 个字符(或者字符序列 B 中的第 j 个字符)是字符序列 A 和字符序列 B 的公共子序列中的字符。因此，公共子序列应为 $a_1a_2a_3a_4a_6a_7a_8a_{10}$ = abacabcb。

	0	1	2	3	4	5	6	7	8	9	10	11	12
0	0	0	0	0	0	0	0	0	0	0	0	0	0
1	0	1	1	1	1	1	1	1	1	1	1	1	1
2	0	1	1	2	2	2	2	2	2	2	2	2	2
3	0	1	1	2	2	3	3	3	3	3	3	3	3
4	0	1	2	2	3	3	4	4	4	4	4	4	4
5	0	1	2	3	3	3	4	4	5	5	5	5	5
6	0	1	2	3	4	4	4	5	5	5	6	6	6
7	0	1	2	3	4	5	5	6	6	6	6	6	7
8	0	1	2	3	4	5	6	6	6	7	7	7	7
9	0	1	2	3	4	5	6	6	6	7	7	7	7
10	0	1	2	3	4	5	6	6	7	7	7	7	8

图 4.5　最长公共子序列长度的计算示意图

	0	1	2	3	4	5	6	7	8	9	10	11	12
0	0	0	0	0	0	0	0	0	0	0	0	0	0
1	0	1	3	3	3	1	3	3	1	3	3	3	3
2	0	2	2	1	3	3	1	3	3	1	3	3	1
3	0	1	2	2	2	1	3	3	3	3	1	3	3
4	0	2	1	2	1	2	2	3	3	1	3	3	
5	0	2	2	2	2	1	2	2	1	3	3	1	
6	0	1	2	1	2	1	2	2	2	2	1	3	
7	0	2	2	2	2	1	3	2	3	2	1		
8	0	2	1	2	1	2	2	1	3	2	3	2	
9	0	2	2	2	1	2	1	2	1	1	3	2	
10	0	2	2	1	2	1	2	1	2	2	1	2	2

图 4.6　最长公共子序列字符的搜索过程

4.5.2　最长公共子序列的动态规划算法实现

下面介绍怎样设计基于上述思想的动态规划算法。首先，我们定义动态规划算法所需要使用的数据结构。以下的数据结构用于该算法的输入及其输出：

```
char  A[n+1]              /*字符序列A*/
char  B[m+1]              /*字符序列B*/
char  C[n+1]              /*字符序列A与字符序列B的公共子序列*/
```

以下的数据主要用于动态规划算法的工作单元：

```
int L[n+1][m+1];          /*搜索过程中的字符子序列的长度*/
```

```
    int s[n+1][m+1];              /*搜索过程中的字符子序列的状态字*/
```

　　为了以下的说明方便起见，我们对于字符序列及它们的公共子序列，均从下标为 1 的数组元素开始存放。以下即是求解任意字符序列的最长公共子序列的动态规划算法的描述。

　　算法 4.4　最长公共子序列问题的动态规划算法

输入：字符序列 A[ ]及其字符序列 B[ ]，字符序列 A 的长度 n，字符序列 B 的长度 m
输出：字符序列 A[ ]与字符序列 B[ ]的最长公共子序列 C[ ]以及 C[ ]的长度 length

```
1.   int lcs(char A[],char B[],char C[],int  n,int  m)
2.   {
3.       int  i;                          /*分配工作空间*/
4.       int  j;
5.       int  k;
6.       int  length;
7.       int(*L)[m+1]=new int[n+1][m+1];
8.       int(*s)[m+1]=new int[n+1][m+1];
9.       for(i=0;i<=n;i++)                 /*初始化第 0 列*/
10.        L[i][0]=0;
11.      for(i=0;i<=m;i++)                 /*初始化第 0 行*/
12.        L[0][i]=0;
13.      for(i=1;i<=n;i++)                 /*计算序列长度及其状态字*/
14.        for(j=1;j<=m;j++) {
15.          if(A[i]==B[j]) {
16.             L[i][j]=L[i-1][j-1];
17.             s[i][j]=1;
18.          }
19.          else if(L[i-1][j]>=L[i][j-1]) {
20.             L[i][j]=L[i-1][j];
21.             s[i][j]=2;
22.          }
23.          else {
24.             L[i][j]=L[i][j-1];
25.             s[i][j]=3;
26.          }
27.        }
28.      }
29.    i=n;
30.    j=m;
31.    k=length=L[i][j];
32.    while((i!=0)&&(j!=0)) {             /*搜索最长公共子序列字符*/
33.      switch(s[i][j]) {
34.        case 1: C[k]=A[i];
35.              k--;
36.              j--;
```

```
37.        case 2:i--;
38.              break;
39.     case 3: j--;
40.              break;
41.        }
42.     }
43.  delete L;                              /*系统回收工作空间*/
44.  delete s;
45.  return length;                         /*返回最长公共子序列的长度值*/
46.  }
```

算法 4.4 的第 3～8 行的主要功能是系统为该动态规划算法分配工作空间；第 9～12 行主要是将序列长度 $L_{i,j}$ 的第 0 行及其第 0 列初始化为 0；第 13～28 行分 3 种情况分别计算序列长度 $L_{i,j}$ 及状态字 $s_{i,j}$；第 29～42 行从最终的状态字 $s_{n,m}$ 开始，根据状态字 $s_{i,j}$ 所记录的三种状态，依次向前递推搜索最长公共子序列中的字符。

算法 4.4 的第 9～10 行需要耗费的时间开销为 $\Theta(n)$；第 11～12 行需要耗费的时间开销为 $\Theta(m)$；而第 13～28 行需要耗费的时间开销为 $\Theta(n*m)$；并且第 29～42 行需要耗费的时间开销为 $O(n+m)$，其余的行所需的时间开销均与数据规模无关，综合以上的分析，算法 4.4 的时间复杂度为 $\Theta(n*m)$。除此以外，从第 3～8 行中，我们不难看出，该算法 4.4 的空间复杂度亦为 $\Theta(n*m)$。

本 章 小 结

本章首先介绍了动态规划算法的基本概念，以及使用动态规划算法求解问题——多阶段决策问题的基本特征；然后介绍了动态规划算法的设计思想、基本设计原则和设计思路，即首先将一个实际问题转化为多阶段决策问题，然后判定这个问题是否满足最优性原理，如果满足最优性原理，就可以使用动态规划算法进行求解，求解的方法主要是找到相邻两个阶段的状态转移方程，进而求出该问题的最优决策序列，并获得相应的最优解，并且设计相应的动态规划算法；接着重点介绍了多阶段决策问题的一个经典模型——多段图的最小成本问题的求解方法，以及这个方法的一个具体应用，即应用到旅行商问题的求解过程；最后逐一介绍了动态规划算法用于求解资源分配问题、求解 0/1 背包问题，以及求解最长公共子序列问题等多阶段决策问题的基本思路和求解方法，并对于这些实际应用问题的算法逐一进行了时间复杂度和空间复杂度的分析。

相比于第 3 章讨论的贪心算法，本章所讲的动态规划算法能够解决的最优化问题更多，同时，只要判定一个最优化问题(多阶段决策问题)满足最优性原理，那么就表明这个问题一定可以使用动态规划算法进行求解，并且可以得到此问题的最优解，即最优决策序列所对应的解。

课后阅读材料

与/或图在动态规划算法中的应用

通过下面的例子来说明怎样将与/或图和动态规划算法相结合求解多阶段决策问题。

【任务 4.1】让数组 D 存放数字串，如图 4.7 所示。

D	3	2	1	5	1	2	5
	0	1	2	3	4	5	6

图 4.7　长度为 7 的数字串

这是一个长度为 7 的数字串，现在要求在这个数字串中插入 3 个乘号，使得其乘积最大。

解题思路

为了方便起见，我们定义 $P(l,r,k)$ 为从 l 到 r 加入 k 个乘号的最大乘积值，对于图 4.7，$l=0$，$r=6$，$k=3$。

将数组 D 分为两段，从左至右依次 l，$l+1$，$\cdots$，q，$q+1$，$q+2$，$\cdots$，r。从 l 到 q 是一个数，记为 $d(l,q)$，其值为

$$d(l,q)=S_0 S_1 \cdots S_q$$

$q+1$，$q+2$，$\cdots$，r 为将包含有两个乘号的字符串，是一个子问题，因为希望其乘积为最大，故可以看成 $P(q+1,r,k-1)$。在两段之间放上一个乘号，这时可以写成式(4-23)：

$$P(l,r,k) = \max_q \{d(l,q) * P(q+1,r,k-1)\} \tag{4-23}$$

在式(4-23)中，q 的变化范围由 $P(q+1,r,k-1)$ 决定，也就是 $q+1 \sim r$ 所包含的数字个数应该大于 $k-1$(当前乘号数目)，即 $r-(q+1)+1>k-1$，所以有 $q<r-k+1$。

这样，式(4-23)可以写成如下式的形式：

$$P(l,r,k) = \max_q \{d(l,q) * P(q+1,r,k-1)\} \quad q = l,l+1,\cdots,r-k \tag{4-24}$$

用不同的 q 对式(4-24)展开得

$P(0,6,3)=\max\{d(0,0)*P(1,6,2),\ d(0,1)*P(2,6,2),\ d(0,2)*P(3,6,2),\ d(0,3)*P(4,6,2)\}$
　　　　$=\max\{3* P(1,6,2),\ 32* P(2,6,2),\ 321* P(3,6,2),\ 3215* P(4,6,2)\}$

很显然，为了求解出 $P(0,6,3)$ 的值，必须首先求解式 4-24 中的 $P(q+1,r,k-1)$。根据前面的方法，我们可以类似地得到如式(4-25)所示的公式：

$$P(q+1,r,k-1) = \max_t \{d(q+1,t) * P(t+1,r,k-2)\} \quad t = q+1,q+2,\cdots,r-k+1 \tag{4-25}$$

我们使用不同的 t 值对式(4-25)进行展开，依次得到下面的结果：

$P(1,6,2)=\max\{d(1,1)*P(2,6,1),\ d(1,2)*P(3,6,1),\ d(1,3)*P(4,6,1),\ d(1,4)*P(5,6,1)\}$
　　　　$=\max\{2* P(2,6,1),\ 21* P(3,6,1),\ 215* P(4,6,1),\ 2151* P(5,6,1)\}$

$P(2,6,2)=\max\{d(2,2)*P(3,6,1),\ d(2,3)*P(4,6,1),\ d(3,3)*P(5,6,1)\}$
　　　　$=\max\{1* P(3,6,1),\ 15* P(4,6,1),\ 151* P(5,6,1)\}$

$P(3,6,2)=\max\{d(3,3)*P(4,6,1),\ d(3,4)*P(5,6,1)\}$
　　　　$=\max\{5* P(4,6,1),\ 51* P(5,6,1)\}$

P(4,6,2)=max{d(4,4)*P(5,6,1)}

　　　　=max{1* P(5,6,1)}

剩下的问题就是求 P(2,6,1)、P(3,6,1)、P(4,6,1)和 P(5,6,1)：

P(2,6,1)=max{ d(2,2)*d(3,6)，d(2,3)*d(4,6)，d(2,4)*d(5,6)，d(2,5)*d(6,6)}

　　　　=max{ 1*5125，15*125，151*25，1512*5}

　　　　=max{ 5125，1875，3775，7560}

　　　　　=7560

P(3,6,1)=max{ d(3,3)*d(4,6)，d(3,4)*d(5,6)，d(3,5)*d(6,6)}

　　　　=max{ 5*125，51*25，512*5}

　　　　=max{ 625，1275，2560}

　　　　=2560

P(4,6,1)=max{ d(4,4)*d(5,6)，d(4,5)*d(6,6)}

　　　　=max{ 1*25，12*5}

　　　　=max{ 25，60}

　　　　=60

P(5,6,1)=max{ d(5,5)*d(6,6)}

　　　　=max{ 2*5}

　　　　=10

将这些值回代到有两个乘号的 P 值中，可以依次解得 P(1,6,2)、P(2,6,2)、P(3,6,2)和 P(4,6,2)
的值如下：

P(1,6,2)=max{2* P(2,6,1)，21* P(3,6,1)，215* P(4,6,1)，2151* P(5,6,1)}

　　　　=max{2* 7560，21* 2560，215* 60，2151* 10}

　　　　=max{15120，53760，12900，21510}

　　　　=53760

P(2,6,2)=max{1* P(3,6,1)，15* P(4,6,1)，151* P(5,6,1)}

　　　　=max{1* 2560，15* 60，151* 10}

　　　　=max{2560，900，1510}

　　　　=2560

P(3,6,2)=max{5* P(4,6,1)，51* P(5,6,1)}

　　　　=max{5*60，51*10}

　　　　=max{300，510}

　　　　=510

P(4,6,2)=max{1* P(5,6,1)}

　　　　=max{1* 10}

　　　　=10

再将这些值回代到有 3 个乘号的 P 值中，即可求得 P(0,6,3)的值：

P(0,6,3)=max{3* P(1,6,2)，32* P(2,6,2)，321* P(3,6,2)，3215* P(4,6,2)}

　　　　=max{3* 53760，32*2560，321* 510，3215* 10}

　　　　=max{161280，81920，163710，32150}

　　　　=163710

为了设计出一个比较高效的算法，我们可以将前面的分析进行整理，对式(4-24)的转移方程再进行一些深入分析，从式(4-24)不难看出，要求 P(l,r,k)的值，首先应求出 P(q+1,r,k-1)的值，这显然是一个使用递归方法求解的问题。

对于 P(l,r,k)来说，字符串的下界是 1，上界是 r，需要添加的乘号数目为 k；而对于 P(q+1,r,k-1)来说，字符串的下界为 q+1，上界为 r，乘号数目为 k-1，此时很容易计算出应从多少个子项中选一个最大的出来，即如式(4-25)。

如果将式(4-24)、式(4-25)视为递归方法求解的过程，那么递归的边界是

$$P(u,r,0)=d(u,r)=S_uS_{u+1}\cdots S_r$$

从上式容易看出，当到了递归边界 P(u,r,0)时，直接转化为不含乘号的数字串的值，这一点十分重要。既然是使用递归方法求解的问题，我们可以使用一个与/或图来描述，如图 4.8 所示。

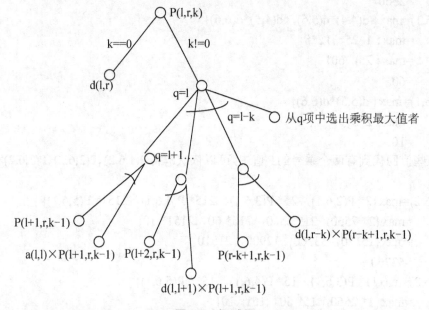

图 4.8 与/或图

接下来的问题是怎样求 d(u,r)。我们可以构建一个表，见表 4-5，表 4-5 中 d 的两个下标变量用 i、j 表示，预先将 d(u,r)算出并留作备用。

表 4-5 d(i,j)的值

i \ j	0	1	2	3	4	5	6
0	3	32	321	3215	32151	321512	3215125
1		2	21	215	2151	21512	215125
2			1	15	151	1512	15125
3				5	51	512	5125
4					1	12	125
5						2	25
6							5

表 4-5 的算法可以有许多种，现在，我们只介绍其中的一种，分两步：第一步，首先计算出上表 4-5 中 j=6 的一列的数，即 d[i][6]，i=0,1,…,6。算法首先令 d[0][6]=D，即 d[0][6]=3215125，之后再计算 d[1][6]。d[1][6]是 d[0][6]的 3215125 去掉最高位的数字 3 得到的。方法是

$$d[1][6]=d[0][6]\%1000000=3215125\%1000000=215125$$

这是由于 d[0][6]这个变量被定义为整型数，该数除以 1000000 之后的余数就是 d[1][6]。为了得到 d[i][6]，i=0,1,…,6，可以采用循环结构，程序如下：

```
d1=6;
d[0][6]=D;
for(i=1;i<=6;i++)
{
    d[i][6]=d[i-1][6]% d1;
    d1=d1/10;
}
```

有了 d[i][6]之后，d[i][5]就容易计算了：

d[i][5]=d[i][6]/10，i=0,1,…,5

有了 d[i][5]之后，d[i][4]也容易计算了：

d[i][4]=d[i][5]/10，i=0,1,…,4

同理可得 d[i][3]，d[i][2]，d[i][1]和 d[i][0]，程序如下：

```
for(i=1;i<=6;i++)
    for(i=0;i<=j;i++)
{
    d[i][j]=d[i][j+1]/10;
}
```

全部参考程序如下：

```
1.   #include<iostream>              /*预编译命令*/
2.   #include<cstring>              /*预编译命令*/
3.   using namespace std;           /*使用名字空间*/
4.   const int D=3215125;
5.   int d[7][7];
6.   int P(int l;int r;int k)        /*计算P(l,r,k)*/
7.   {
8.     if(k==0)
9.       return d[l][r];
10.    int x,ans=0;
11.    for(int q=1;q<=r-k;q++)
12.      {
13.        x=d[l][q]*P(q+1,r,k-1);
14.        if(x>ans)
15.          ans=x;
```

```
16.        }
17.        return ans;
18.    }
19.    int main()                              /*主程序*/
20.    {
21.        memset(d,0,sizeof(d));
22.        int d1;
23.        int i;
24.        int j;
25.        d1=1000000;
26.        d[0][6]=D;                           /*计算d[i][j]*/
27.        for(i=1;i<=6;i++)
28.        {
29.            d[i][6]=d[i-1][6]% d1;
30.            d1=d1/10;
31.        }
32.        for(i=1;i<=6;i++)
33.          for(i=0;i<=j;i++)
34.          {
35.                d[i][j]=d[i][j+1]/10;
36.          }
37.        cout<<P(0,6,3)<<endl;
38.        return 0;
39.    }
```

下面，我们来讨论另一个例子，这个例子是我们在第 2 章曾经讨论过的 Hanoi 塔游戏的扩展，我们可以将其命名为广义 Hanoi 塔游戏。

【任务 4.2】现在有 m 个柱子和 n 个大小不等的金盘，最初，这 n 个金盘按照由大到小的顺序依次放在第一根柱子上(这根柱子称为起始柱)，游戏的目标是将所有在 from 柱子上的 n 个金盘通过这 m 个柱子的移动，最终移动到第 m 根柱子上(这根柱子称为终止柱)，且这 n 个金盘依然跟原来在起始柱子上摆放的顺序相同(由大到小的顺序)，在移动的过程中每次只能移动一个金盘；如果有两个或两个以上的金盘出现在一根柱子上，摆放的顺序是小金盘在大金盘之上(由大到小的顺序摆放)，请求出最少移动的步数。

解题思路

为了方便起见，我们将起始柱标记为 from，终止柱标记为 to，中转柱标记为 temp[i]，i=1,2,···,m-2。

这样，我们可以将起始柱 from 上的金盘分成上下两个部分，不妨将下面的金盘数目记为 k，则上面的金盘数目为 n-k。我们可以将金盘移动的过程分为三步：第一步，将 n-k 个金盘通过 m 根柱子移动到任意一根中转柱 temp[i](i=1,2,···,m-2)上，并且设在这个过程中所需要的最少步数为 hanoi(m,n-k)；第二步，将剩下的 k 个金盘通过 m-1 根柱子从起始柱 from 移动到终止柱 to 上，之所以只能通过 m-1 根柱子移动是因为这 k 个金盘中的任何一个在移动的过程中都不能移动到前面 n-k 个金盘所占据的那根柱子，则在这个过程中所需要的最少步数为 hanoi(m-1,k)；第三步，将在中转柱 temp[i] 上的 n-k 个金盘通过 m 根柱子移动到终止柱 to 上，在这个过程中所需要的最少步数为 hanoi(m,n-k)。

将 n 个金盘通过 m 根柱子从起始柱 from 移动到终止柱 to 所需要的最少步数 $hanoi(m,n)=\min_{k}\{hanoi(m,n-k)+hanoi(m-1,k)+hanoi(m,n-k)\}$，不难看出，这个问题的解决分为若干个阶段，属于一个多阶段决策问题，对于第二步，也就是第二个阶段而言，第一个阶段的解决方式与这个阶段的解决方式没有任何关系，相关的只是第一个阶段解决之后的状态，问题的阶段划分满足无后效性的要求，问题的最优决策策略是各个阶段的最优决策策略的组合，也就是说，如果将 n 个金盘从起始柱 from 移动到终止柱 to 的步数最少，则第一步、第二步、第三步移动的步数都应是最少的，因此，该问题满足最优性原理，所以，可以使用动态规划算法进行求解。在用动态规划求解的过程中，k 值的选择是一个关键。

我们可以将最少步数 hanoi(m,n) 的表达式进行进一步简化得到下式：

$$hanoi(m,n)=\min_{k}\{2*hanoi(m,n-k)+hanoi(m-1,k)\}$$

当 m=2,n=1 时，hanoi(m,n)=1；当 m=3,n=1 时，hanoi(m,n)=1；当 m=4,n=1 时，hanoi(m,n)=1；当 m=3,n=2,k=1 时，

$$hanoi(m,n)=\min_{k}\{2*hanoi(m,n-k)+hanoi(m-1,k)\}$$

$$\begin{aligned} hanoi(3,2) &= \min\{2* hanoi(3,2-1)+ hanoi(3-1,1)\} \\ &= \min\{2* hanoi(3,1)+ hanoi(2,1)\} \\ &= \min\{2* 1+ 1\} \\ &= 3 \end{aligned}$$

当 m=3,n=3,k=1 时，$hanoi(m,n)=\min_{k}\{2*hanoi(m,n-k)+hanoi(m-1,k)\}$

$$\begin{aligned} hanoi(3,3) &= \min\{2* hanoi(3,2)+ hanoi(2,1)\} \\ &= \min\{2* 3+ 1\} \\ &= 7 \end{aligned}$$

当 m=3,n=4,k=1 时，$hanoi(m,n)=\min_{k}\{2*hanoi(m,n-k)+hanoi(m-1,k)\}$

$$\begin{aligned} hanoi(3,4) &= \min\{2* hanoi(3,3)+ hanoi(2,1)\} \\ &= \min\{2* 7+ 1\} \\ &= 15 \end{aligned}$$

当 m=3,n=5,k=1 时，$hanoi(m,n)=\min_{k}\{2*hanoi(m,n-k)+hanoi(m-1,k)\}$

$$\begin{aligned} hanoi(3,5) &= \min\{2* hanoi(3,4)+ hanoi(2,1)\} \\ &= \min\{2* 15+ 1\} \\ &= 31 \end{aligned}$$

当 m=3,n=6,k=1 时，$hanoi(m,n)=\min_{k}\{2*hanoi(m,n-k)+hanoi(m-1,k)\}$

$$\begin{aligned} hanoi(3,6) &= \min\{2* hanoi(3,5)+ hanoi(2,1)\} \\ &= \min\{2* 31+ 1\} \\ &= 63 \end{aligned}$$

当 m=4,n=2,k=1 时，$hanoi(m,n)=\min_{k} \{ 2*hanoi(m,n-k)+ hanoi(m-1,k)\}$

$$hanoi(4,2)=\min\{2* hanoi(4,1)+ hanoi(3,1)\}$$
$$=\min\{2* 1+ 1\}$$
$$=3$$

当 m=4,n=3 时，k 可以取值为 1,2, 或 3，因此，
$hanoi(m,n)=\min_{k} \{ 2*hanoi(m,n-k)+ hanoi(m-1,k)\}$

$$hanoi(4,3)=\min\{2* hanoi(4,2)+ hanoi(3,1),$$
$$2* hanoi(4,1)+ hanoi(3,2),$$
$$2* hanoi(4,0)+ hanoi(3,3)\}$$
$$=\min\{2*3+1,2*1+3,2*0+7\}$$
$$=5(当 k=2 时)$$

当 m=4,n=4 时，k 可以取值为 1,2,3,4，因此，
$hanoi(m,n)=\min_{k} \{ 2*hanoi(m,n-k)+ hanoi(m-1,k)\}$

$$hanoi(4,4)=\min\{2* hanoi(4,3)+ hanoi(3,1),$$
$$2* hanoi(4,2)+ hanoi(3,2),$$
$$2* hanoi(4,1)+ hanoi(3,3),$$
$$2* hanoi(4,0)+ hanoi(3,4)\}$$
$$=\min\{2*5+1,2*3+3,2*1+7,2*0+15\}$$
$$=9(当 k=2 或 k=3 时)$$

同理，我们可以计算得出 hanoi(4,5)=13(当 k=3 时)；hanoi(4,6)=17(当 k=3 时)；hanoi(4,7)=25(当 k=4 时)；hanoi(4,8)=33(当 k=4 时)；hanoi(4,9)=41(当 k=4 时)。
思路清楚了后，有兴趣的读者可以自己设计动态规划算法编程实现。

习题与思考

1. 使用动态规划算法，求图 4.9 中从结点 0 到结点 9 的最短路径，并计算此路径所需要花费的成本。

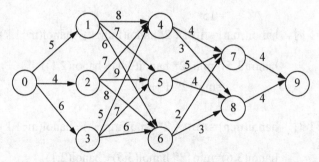

图 4.9　使用动态规划算法求从结点 0 至结点 9 的最短路径

2. 将 4 个份额的资源分配给以下的 3 个工程，给定利润表见表 4-6，试写出资源的最

优分配方案的求解过程。

表 4-6　4 份资源分配给 3 项工程的利润表

x	0	1	2	3	4
$G_1(x)$	7	11	13	17	19
$G_2(x)$	6	10	12	15	18
$G_3(x)$	5	15	20	23	24

3. 设有一字符序列 A=abccbacbaaba，另一字符序列 B=cbaabbcbabcb，求这两个字符序列的最长公共子序列及其长度的求解过程。

4. 设有 6 个物品，它们的质量分别为 5,3,7,2,3,4；它们的效益值分别为 3,6,5,4,3,4。现有一背包，其承重为 15，并且以上的这些物品均不可分割。试求能够装入该背包中物品的最大效益值，并且给出求解过程。

5. 某旅游城市在长江边开辟了若干个旅游景点。一个游船俱乐部在这些景点都设置了游船出租站，游客可以在这些游船出租站租用游船，并在下游的任何一个游船出租站归还游船，从一个游船出租站到下游的游船出租站的租金明码标价。你的任务是为游客计算从起点站到终点站之间的最少租船费用。

输入

输入文件有若干组测试数据，每组测试数据的第一行上有一个整数 $n(1 \leqslant n \leqslant 100)$，表示上游的起点站 0 到下游有 n 个游船出租站 1,2,…, n。接下来有 n 行，这 n 行中的第 1 行有 n 个整数，分别表示第 0 站到第 1,2,…,n 站间的游船租金；第 2 行有 n-1 个整数，分别表示第 1 站到第 2,3,…,n 站间的游船租金；第 n 行有 1 个整数，表示第 n-1 站到第 n 站间的游船租金。一行上两个整数之间是用空格隔开的。两组测试数据之间无空行。

输出

对输入中的每组测试数据，先在一行上输出"Case #:"，其中"#"测试数据的编号(从 1 开始编号)。再输出一行，内容是该情况下游客从起点站到终点站间的最少租船费用。

输入样例	输出样例
3	Case 1:
2 3 6	5
1 3	Case 2:
2	9
3	
4 7 9	
4 5	
6	

6. 设 A 和 B 是两个字符串。要求用最少的字符操作，将字符串 A 转换为字符串 B。这里所说的字符操作包括：

(1) 删除一个字符；

(2) 插入一个字符；

(3) 将一个字符改为另一个字符。

将字符串 A 转换为字符串 B 所用的最少字符操作数称为字符串 A 到 B 的编辑距离，记为 $\delta(A,B)$。请求出 $\delta(A,B)$。

7. 用下列方式定义一个正则括号序列：

(1) 空序列是正则序列；

(2) 如果 S 是正则序列，那么(S)和【S】都是正则序列；

(3) 如果 A 和 B 是正则序列，那么 AB 是正则序列。

例如，下面所有字符序列是正则括号序列：(), 【】, (()), (【】), ()【】, ()【()】

下面所有字符序列都不是正则括号序列：(, 【,),)(, (【)】, (【()。

给定一些由(、)、【和】构成的字符序列。要求找到最短的正则括号序列，使给定的字符序列作为子序列。

输入

有多行，每行上至多含 100 个括号(字符 '(' 、')' 、'【' 和 '】')，没有其他字符。

输出

对输入中的每行字符序列，求出一个最短的正则括号序列，使输入序列作为子序列。

输入样例　　　　　　　　　　　　　　　　　　　输出样例

(【()　　　　　　　　　　　　　　　　　　　　　(【()】)

8. n 个带颜色的方格排成一列，相同颜色的方块连成一个区域(如果两个相邻方块颜色相同，则这两个方块属于同一区域)。游戏时，你可以任选一个区域消去。设这个区域包含的方块数为 x，则将分到 x^2 分，请你采用一种方法，使最终得到的总分最多。方块消去之后，将产生空列，此时，其右边的所有方块就会向左移动，直到所有方块连在一起。试设计一算法，设计这个游戏。

第 5 章

回 溯 算 法

(1) 理解回溯算法的基本思想；
(2) 掌握递归回溯算法和非递归回溯算法的共同本质以及各自不同的特点；
(3) 理解解空间树的基本概念；
(4) 掌握回溯算法求解 0/1 背包问题及其关于计算时间复杂度的分析；
(5) 掌握回溯算法求解装箱问题及其关于计算时间复杂度的分析；
(6) 掌握回溯算法求解最大通信团体问题及其关于计算时间复杂度的分析。

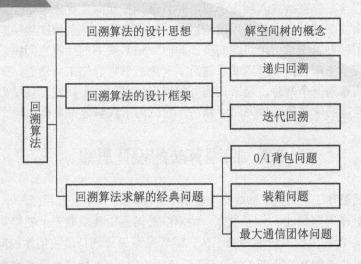

    本章的重点在于理解深度优先搜索策略的基本思想；理解空间树与回溯的基本概念；理解递归回溯算法与非递归回溯算法的共同原则及它们各自的不同特点；掌握怎样构造问题的解空间树；掌握回溯算法的基本概念及实现机制；掌握回溯算法设计的基本思想；理

解回溯算法的基本设计原理；掌握怎样使用回溯算法来解决 0/1 背包问题、装箱问题及最大通信团体问题，在解决这些问题的同时，掌握将递归回溯算法转化为非递归回溯算法的基本思路和方法；掌握怎样分析使用回溯算法求解这些搜索问题的时间复杂度与空间复杂度；难点是在用回溯算法求解实际的搜索问题的过程中如何通过剪枝策略来提高回溯算法的整体效率，降低回溯算法的时间复杂度。

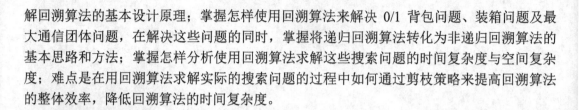

学习指南

本章最重要的概念是搜索问题和回溯算法的基本概念；本书中讲授的每一个算法都是用于解决某一类问题的，本章中所讲授的回溯算法也是如此。这就表明，在我们设计算法解决一个实际问题之前，必须首先分析这个实际问题具有哪些特征，然后依据这些特征选择相应的算法进行求解，往往会获得事半功倍的效果。此外，针对每个可以使用回溯算法求解的搜索问题，应首先构造解空间树，然后进行深度优先搜索，并在这个过程中确定剪枝原则，设计该问题的递归回溯算法，接着，尽可能地优化算法，提高搜索效率，通常将递归回溯算法转化为非递归回溯算法，最后，分析最终的回溯算法的时间复杂度和空间复杂度。

回溯算法具有通用的解题算法之称。使用回溯算法可以系统地搜索一个问题的全部解或者其中的任意一个解。回溯算法是一个既具有系统性，同时又具有跳跃性的搜索算法。它在问题的解空间树中，往往可以根据深度优先策略，由根结点出发依次搜索整棵解空间树。当回溯算法在搜索到解空间树中的任意一个结点时，应首先判断该结点是否包含原问题的解。如果包含，就直接进入到该子树，并且继续按照深度优先策略搜索问题的解；如果不包含，那么就跳过对以此结点为根结点的子树的搜索，并且依次逐层向其祖先结点回溯。当我们使用回溯算法求一个问题的全部解时，通常要回溯到解空间树的根结点，并且当根结点的所有子树都已经被搜索或者遍历了一遍之后方能结束。然而，如果当只需要使用回溯算法求问题的一个解时，通常只需要搜索到问题的一个解就可以结束。这种以深度优先系统搜索问题的解的算法称为回溯算法，它适用于求解数据规模比较大的问题。

5.1　回溯算法的设计思想

为了使用回溯算法，所要求的解必须能够表示成一个有序 n 元组 $(x_1, x_2, \cdots, x_n)$ 的形式，其中 x_i 是取自某个有限集 S_i。一般说来，待求解的问题需要求取一个使得某一个规范函数 $P(x_1, x_2, \cdots, x_n)$ 取得极大值或者取得极小值，或者是满足此规范函数条件的向量。有时，还需要找出满足规范函数 P 的全部向量。例如，将数组 A[n] 中的整数进行排序就是一个可以使用有序 n 元组表示其解的问题，其中 x_i 是数组 A[n] 中的第 i 小元素的下标。规范函数 P 是不等式 $A(x_i) \leqslant A(x_{i+1})$，其中，$i = 1, 2, \cdots, n-1$。在这里，集合 S_i 是一个包含自然数 $1, 2, \cdots, n$ 的有限集。虽然，排序问题通常是一个不需要使用回溯算法求解的问题，但是它是可用有序 n 元组列出其解的常见问题的一个实例。在本章中，我们将研究一批一般认为是最好的可以使用回溯算法求解的问题。

不妨假定有限集S_i的基数为m_i，于是就应有$m = m_1 m_2 \cdots m_n$个有序 n 元组可能满足规范函数 P。所谓暴力破解法即是构造出这 m 个有序 n 元组并且逐一测试它们是否满足规范函数 P，从而找到该问题的全部最优解。然而，回溯算法的基本思想是，不断地使用修改过的规范函数(有时称为限界函数)$P_i(x_1, x_2, \cdots, x_n)$去测试正在构造中的有序 n 元组的部分向量$(x_1, x_2, \cdots, x_i)$，判定其是否可能导致最优解。如果判定向量$(x_1, x_2, \cdots, x_i)$不可能导致获得最优解，那么就将可能要测试的$m_{i+1} m_{i+2} \cdots m_n$个向量一概忽略。这样一来，不难发现，回溯算法的测试次数比暴力破解法的测试次数要少得多。即相比较而言，回溯算法的效率要更高一些。

使用回溯算法求解的许多问题都要求全部的解满足一组综合的约束条件。这些约束条件可以分成两种类型：显式约束和隐式约束。显式约束条件即是限定每一个 x 只能从一个给定的集合上取值。满足显式约束的所有元组确定了待求解问题的状态空间(以下简称解空间)。

在使用回溯算法求解问题时，应该首先明确定义问题的解空间。而问题的解空间应该至少包含问题的一个解或者一个可能的最优解。例如，对于具有 n 种可选择物品的 0/1 背包问题，其解空间即是由长度为 n 的 0-1 向量组成。该解空间包含了对于变量的所有可能的 0-1 赋值情况。当 n=3 时，其解空间是{(0,0,0), (0,0,1), (0,1,0), (0,1,1), (1,0,0), (1,0,1), (1,1,0), (1,1,1)}。在定义好了问题的解空间之后，还应该将解空间很好地组织起来，使得可以使用回溯算法方便地搜索到整个解空间。我们通常将解空间组织成树或者图的结构。

例如，对于 n=3 时的 0/1 背包问题，可以利用一棵完全二叉树表示其解空间，如图 5.1 所示。

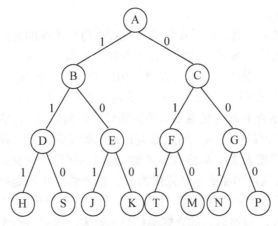

图 5.1 0/1 背包问题的解空间树

在图 5.1 所示的解空间树中，第 i 层到第 i+1 层边上的标号给出了变量的值。即从这棵完全二叉树的树根到叶子结点的任意一条路径均表示解空间中的一个元素。例如，从根结点到叶子结点 K 的路径相应于解空间中的元素(1,0,0)。

当我们确定了解空间的组织结构以后，回溯算法便可以从起始结点(根结点)出发，以深度优先方式搜索整个解空间。于是，这个起始结点既成为活结点，同时又成为当前的扩展结点。在当前的扩展结点处，搜索过程就向着纵深方向移动到一个新的结点，而这个新的结点就成为当前的一个新的活结点，并且成为当前的扩展结点。如果在当前的扩展结点处不能再向纵深方向移动，那么当前的这个扩展结点就成为死结点。此时，就不能继续纵深下去，应立即往回移动(这就是回溯)到最近的一个活结点处，并且使得这个活结点成为当前的扩展结点。回溯算法就是以这种方式递归地在解空间中进行不断地搜索活动，直到找出所需要的解或者解空间中已经不再有活结点时为止。

例如，关于当 n=3 时的 0/1 背包问题，考虑到以下的具体实例：$(w_1, w_2, w_3) = (16, 15, 15)$，$(p_1, p_2, p_3) = (45, 25, 25)$，背包的承重 M=30。按照图 5.1，即从该图所示的完全二叉树的根结点开始搜索整个解空间。初始时，根结点是唯一的活结点，也是当前的扩展结点。在这个扩展结点处，可以沿着纵深方向移动到结点 B 或者结点 C。不妨假设选择首先移动到结点 B，此时，结点 A 与结点 B 都是活结点，并且结点 B 成为当前的扩展结点。由于此时选择了第一个物品，即质量为 $w_1=16$ 的物品，因此，在结点 B 处的剩余背包承重为 r =14，获取的效益值为 45。从结点 B 处开始，可以移动到结点 D 或者结点 E。又由于移动到结点 D 时，至少需要 $w_2=15$ 的背包承重，然而现在，背包仅仅只能提供的承重为 r =14，因此，移动到结点 D 导致不可行解；由于搜索到结点 E 时不需要背包的承重，因此是可行的，这样，就可以选择移动到结点 E 处。此时，结点 E 就成为一个新的可扩展结点。当前，结点 A、结点 B 及结点 E 是活结点。在结点 E 处，r =14，获取的效益值为 45。由结点 E 处开始，可以向纵深方向移动到结点 J 或者结点 K。按照以上类似的分析，不难看出，当移动到结点 J 时导致不可行解，而当移动到结点 K 时是可行的，于是移向结点 K，于是，结点 K 就成为一个新的扩展结点。由于结点 K 是叶子结点，这样就表明我们得到了 0/1 背包问题的一个可行解。与这个可行解相对应的效益值为 45。且解向量 X_i 的取值由根结点到叶子结点 K 的路径唯一确定，即 x =(1,0,0)。又因为在结点 K 处已经不可能再向纵深进行扩展了，所以结点 K 成为死结点。

再返回到结点 E 处，此时，由于在结点 E 处没有可以扩展的结点，因此结点 E 成为死结点。接下来又返回到结点 B 处，此时，由于在结点 B 处也没有可以扩展的结点，因此，结点 B 也成为死结点。再返回到根结点 A 处，因此根结点 A 再次成为当前的可扩展结点。根结点 A 继续扩展，从而可以纵深到结点 C。此时，背包承重 r =30，所获取的效益值为 0。从结点 C 可以移动到结点 F 或者结点 G。不妨假设移动到结点 F，它就成为一个新的可扩展结点。这样一来，当前的结点 A、结点 C 与结点 F 就是活结点。在结点 F 处，剩余背包承重 r =15，获取的效益值为 25。从结点 F 开始，继续向纵深方向移动到结点 T 处，这时，剩余背包承重 r =0，背包内物品的总效益值为 50。由于结点 T 既是叶子结点，又是迄今为止可以找到的获取效益值最高的可行解，因此，记录下这个可行解。由于结点 T 不可扩展，我们又返回到结点 F 处。按照这样的方式继续纵深搜索，可以搜遍整个解空间。搜索过程结束之后所能找到的最优解即是 0/1 背包问题的最优解。

下面，再举一个使用回溯算法求解旅行商问题的例子。在第 4 章，我们曾经讨论过利用动态规划算法求解旅行商问题。旅行商问题的基本描述如下：某售货员要到若干个城市去推销商品，已知各个城市之间的路程(或者旅行费用)。他要选择一条从驻地出发，经过各个城市一遍且仅一遍，最后返回到驻地的路线，使得总的路程(或者总的旅行费用)最小。

问题一经提出时，许多人都以为这个问题比较简单。后来，人们经过进一步深入分析才逐步认识到，这个问题仅仅只是叙述比较简单，易于为人们所理解。而其计算复杂性却是问题的输入规模的指数函数，属于相当难以求解的问题之一。事实上，旅行商属于 NP 完全问题(NPC)。这个问题可以使用图论的语言进行形式化的描述。假设图 G=(V, E)是一个带权图。该图中每条边的成本(权值)均为正数。带权图 G 中的一条周游路线是包括结点集 V 中的每一个结点在内的一条哈密顿回路(哈密顿环)。周游路线的费用就是这条路线上所有边的成本之和,旅行商问题即是要在此带权图 G 中寻找一条成本最小的周游路线。

图 5.2 是一个具有 4 个结点的无向带权图。结点序列 1,2,4,3,1;结点序列 1,3,2,4,1;以及结点序列 1,4,3,2,1 分别是该带权图中的 3 条不同的周游路线。

旅行商问题的解空间可以组织成一棵树,由树的根结点至该树的任意一个叶子结点的路径定义了带权图 G 的一条周游路线。图 5.3 表示当 n=4 时的解空间树的示例。其中,从根结点 A 开始到叶子结点 S 结束的路径上边的标号组成了一条周游路线 1,2,3,4,1;而从根结点 A 开始到叶子结点 V 结束的路径上边的标号组成了另一条周游路线 1,3,4,2,1。带权图 G 中的任意一条周游路线都恰好对应于解空间树中的一条从根结点开始到叶子结点结束的路径。因此,不难证明,解空间树中的叶子结点的数目为(n-1)!。

对于图 5.3 中的无向带权图 G,使用回溯算法寻找具有最小成本的周游路线时,通常可以从解空间树的根结点 A 出发,依次搜索到结点 B、结点 C、结点 F 及结点 S。在叶子结点 S 处记录找到的周游路线 1,2,3,4,1,并求出该周游路线的成本为 59;再由叶子结点 S 返回到最近的活结点 F 处。由于结点 F 已经再没有可以扩展的结点,回溯算法又返回到活结点 C 处。因此,结点 C 成为了新的可扩展结点,从这个可扩展结点 C 开始,根据算法,纵深移动到结点 G 后又纵深移动到叶子结点 M,从而可以得到另一条周游路线 1,2,4,3,1,并且求出该周游路线的成本为 66。不难看出,这个成本反而比前一条周游路线的成本更大。因此,舍弃此结点。回溯算法又再一次返回到结点 G、结点 C,由于返回到结点 C 时,再没有可扩展的结点了,因此,结点 C 成为死结点,继续回溯到结点 B。从结点 B 开始,按照算法,继续向纵深方向依次搜索至结点 D、结点 H 及叶子结点 N。在叶子结点 N 处,相应的周游路线为 1,3,2,4,1,并求出该周游路线的成本为 25。它是目前能够找到的最佳的一条周游路线(当前的具有最小成本的周游路线)。再从叶子结点 N 开始,按照回溯算法,依次返回至结点 H 与活结点 D,然后再从活结点 D 开始,依次继续向纵深方向依次搜索到叶子结点 V。按照这样的方式,算法继续搜遍整个解空间,这样,我们最终可以得到具有最小成本的周游路线 1,3,2,4,1。

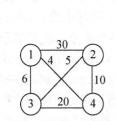

图 5.2 四结点带权图

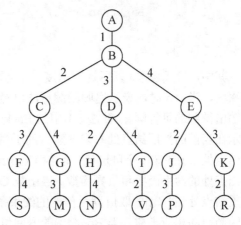

图 5.3 旅行商问题的解空间树

值得一提的是,为了提高回溯算法的搜索效率,在用此算法搜索解空间树时,我们通常采用两种策略避免无效搜索。其一是用约束函数在可扩展结点处剪除不满足约束条件的子树；其二是使用限界函数来剪除得不到最优解的子树。这两类函数统称为剪枝函数。例如，当我们在求解 0/1 背包问题时，通常在使用回溯算法的同时采用剪枝函数剪除导致不可行解的子树。在使用回溯算法求解旅行商问题时，如果从根结点到当前的扩展结点处的部分周游路线的成本已经超过了当前找到的周游路线成本，那么就可以判定以此结点为根结点的子树中不包含最优解，因此，可以将该子树剪除。

综上所述，采用回溯算法求解问题时通常包含以下的 3 个步骤：

(1) 针对所给出的问题，确定此问题的解空间。

(2) 确定容易进行纵深搜索的解空间结构。

(3) 以深度优先方式搜索解空间，并且在搜索的过程中利用剪枝函数避免无效搜索。

5.2　回溯算法的设计框架

使用回溯算法对于问题的解空间进行深度优先搜索时，通常有两种搜索算法，分别称为递归回溯与迭代回溯。现分别加以介绍。

使用递归函数对于解空间进行深度优先搜索的回溯算法通常称为递归回溯。具体可以按照算法 5.1 进行描述：

算法 5.1　递归回溯算法的一般描述

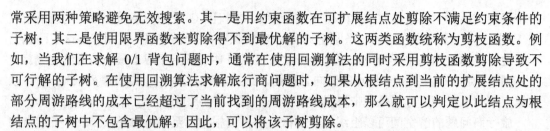

```
1.   void Backtrack(int t)
2.   {
3.   if(t>n)
4.   Output(x);
5.   else
6.     for(int i=f(n,t);i<=g(n,t);i++) {
7.       x[t]=h(i);
8.       if(Constraint(t)&&Bound(t))
9.         Backtract(t+1);
10.  }
11. }
```

其中，形式参数 t 表示递归深度，即当前扩展结点在解空间树中的深度。n 用来控制递归深度，当 t>n 时，表示递归回溯算法已经搜索到了叶子结点。此时，由 Output(x)记录或者输出得到的可行解 x。算法 5.1 中的 Backtrack 函数中的 for 循环中的 f(n,t)及其 g(n,t)分别表示在当前的扩展结点处并未搜索过的子树的起始编号及终止编号。h(i)则表示在当前的扩展结点处 x[t]的第 i 个可选值。函数 Constraint(t)及其函数 Bound(t)则分别表示在当前的扩展结点处的约束函数和限界函数。当函数 Constraint(t)的返回值为 true 时，表明在当前的可扩展结点处 x[1：t]的取值满足问题的约束条件，否则就表明不满足问题的约束条件，可以剪除当前的相应子树。当 Bound(t)的返回值为 true 时，则表明在当前的扩展结点处 x[1：t]的取值并未使得目标函数越界，还需要由 Backtrack(t+1)对其相应的子树进行进一步地搜索。否则，即表明当前的扩展结点处 x[1：t]的取值使得目标函数越界，可以剪除相应的子树。当递归回溯算法执行了 for 循环之后，就表明已经搜遍了当前扩展结点的全部未搜索过的子树。当 Backtrack(t)执行完毕后，返回 t-1 层继续执行，即对于还没有经过测试的 x[t-1] 的值继续搜索。当 t=1 时，如果已经测试完 x[1]的所有可选值，则表明外层调用过程已经全部执行完毕。显而易见，这样的搜索过程是按照深度优先方式进行的。调用一次函数 Backtrack(1)就可以完成整个回溯搜索过程。

使用非递归方式对于解空间进行深度优先搜索的回溯算法通常称为迭代回溯。具体可以按照算法 5.2 进行描述：

算法 5.2 迭代回溯算法的一般描述

```
1.   void IterativeBacktrack(void)
2.   {
3.    int t=1;
4.    while(t>0) {
5.    if(f(n,t)<=g(n,t))
6.     for(int i=f(n,t);i<=g(n,t);i++) {
7.      x[t]=h[i];
8.      if(Constraint(t)&&Bound(t)) {
9.       if(Solution(t))
10.       Output(x);
11.      else t++;
12.       }
13.     else t--;
14.    }
15.   }
16.  }
```

在以上的迭代回溯算法 5.2 中，我们利用函数 Solution(t)来判断在当前的扩展结点处是否已经得到问题的可行解。当它的返回值为 true 时，表明在当前的扩展结点处就是问题的可行解，此时，由输出函数 Output(x)记录或者输出获得的可行解；而当它的返回值为 false 时，即表明在当前扩展结点处只是该问题的部分解，还需要进一步向纵深方向继续进行搜索。迭代回溯算法 5.2 中的 f(n,t)及其 g(n,t)分别表示在当前的扩展结点处并未搜索过的子树的起始编号及终止编号。h(i)则表示在当前的扩展结点处 x[t]的第 i 个可选值。函数 Constraint(t)及其函数 Bound(t)则分别表示在当前的扩展结点处的约束函数和限界函数。当函数 Constraint(t)的返回值为 true 时，表明在当前的可扩展结点处 x[1：t]的取值满足问题的约束条件，否则就表明不满足问题的约束条件，可以剪除当前的相应子树。当 Bound(t)的返回值为 true 时，则表明在当前的扩展结点处 x[1：t]的取值并未使得目标函数越界，还需要对其相应的子树进行进一步搜索，而当 Bound(t)的返回值为 false 时，则表明当前的扩展结点处的取值已经使得目标函数越界，可以剪除相应的子树，算法 5.2 中的 while 循环执行结束以后，就完成了整个迭代回溯算法搜索过程。

使用回溯算法解题的一个显著特点就是在搜索过程中动态产生问题的解空间。即在任何时刻，回溯算法仅仅需要保存由根结点至当前扩展结点的路径。如果解空间树中由根结点至叶子结点的最长路径的长度为 h(n)，那么回溯算法所需要的计算空间开销通常为

$O(h(n))$，然而显式地存储整个解空间则需要的内存空间开销为 $O(2^{h(n)})$ 或者 $O((h(n)!))$。

图 5.1 与图 5.3 所示的两棵解空间树是使用回溯算法求解问题时经常遇到的两类典型的解空间树。当所需求解的问题是从 n 个元素的集合 S 中找出满足某种性质的子集时，相应的解空间树称为子集树。例如，n 个物品的 0/1 背包问题所相应的解空间树就是一棵子集树，并且这种类型的子集树通常都有 2^n 个叶子结点，而其结点的总数目为 $2^{n+1}-1$。遍历子集树的任意一种算法均需要 $\Omega(2^n)$ 的计算时间。

而当所需要求解的问题是确定 n 个元素满足某种性质的排列时，通常将其相应的解空间树称为排列树。在一棵排列树中，通常具有 n! 个叶子结点。因此，遍历整棵排列树需要 $\Omega(n!)$ 的计算时间。图 5.3 所示的旅行商问题的解空间树就是一棵排序树。

使用回溯算法搜索子集树的一般算法可以按照算法 5.3 的方式进行描述：

算法 5.3 回溯算法搜索子集树的一般描述

```
1.  void Backtrack(int t)
2.  {
3.   if(t>n)
4.    Output(x);
5.   else
6.    for(int i=0;i<=n;i++) {
7.     x[t]=i;
8.      if(Constraint(t)&&Bound(t))
9.        Backtract(t+1);
10.   }
11.  }
```

使用回溯算法搜索排列树的一般算法可以按照算法 5.4 的方式进行描述：

算法 5.4 回溯算法搜索排列树的一般描述

```
1.  void Backtrack(int t)
2.  {
3.   if(t>n)
4.    Output(x);
5.   else
6.    for(int i=t;i<=n;i++) {
7.     swap(x[i],x[t]);
8.      if(Constraint(t)&&Bound(t))
9.      swap(x[t],x[i]);
10.   }
11.  }
```

在调用 Backtrack(1)执行回溯搜索以前，应首先将变量数组 x 初始化为单位排列 $(1,2,\cdots,n)$。

5.3 0/1 背包问题

在第 4 章，我们曾经讨论过使用动态规划算法求解 0/1 背包问题。在本章中，我们使用回溯算法求解该问题。

5.3.1 回溯算法求解 0/1 背包问题的求解过程

在 0/1 背包问题中，假定有 n 个物品($m_0, m_1, \cdots, m_{n-1}$)，其质量为($w_0, w_1, \cdots, w_{n-1}$)，效益值为($p_0, p_1, \cdots, p_{n-1}$)。并且背包的承重为 M。$x_i$ 表示物品 m_i 被装入背包时的情况，其中，$i = 0, 1, \cdots, n-1$。当 $x_i = 0$ 时，表示物品 m_i 没有被装入背包；当 $x_i = 1$ 时，表示物品 m_i 被装入背包。则根据问题的要求，应有以下的约束方程和目标函数：

$$\sum_{i=0}^{n-1} w_i x_i \leqslant M \tag{5-1}$$

$$optp = \max \sum_{i=0}^{n-1} p_i x_i \tag{5-2}$$

不妨假设以上的 0/1 背包问题的解向量为 $X = (x_0, x_1, \cdots, x_{n-1})$，则它必须满足以上的约束方程，并且使其目标函数达到最大。当使用回溯算法搜索这个解向量时，解空间树是一棵高度为 n 的完全二叉树，如图 5.1 所示。其结点总数为 $2^{n+1} - 1$ 个。由根结点至叶子结点的所有路径，描述了 0/1 背包问题的解的所有可能情况。可以假定：第 i 层的左子树描述了物品 m_i 被装入背包时的情况，右子树描述物品 m_i 未被装入背包的情况。

0/1 背包问题是一个求取可装入的最大效益值的最优解问题，在解空间树的搜索过程中，一方面可以使用约束方程(5-1)来控制不需要访问的结点；另一方面还可以使用目标函数(5-2)的界，来进一步控制不需要访问的结点数目。在初始化时，可以将目标函数的上界初始化为 0，并且将物品按照效益值与质量的比值的非增顺序排序，然后按照这个顺序进行纵深搜索；在搜索过程中，应尽量沿着左子树的方向前进，当不能沿着左子树继续前进时，就得到原问题的一个部分解，这时将搜索转移至右子树。此时，估计由这个部分解所能产生的最大效益值，并且把这个效益值与当前的上界进行比较，如果大于当前的上界，就继续由右子树向下进行纵深搜索，进一步优化这个部分解，直到找出一个有效解；最后，把这个解保存起来，并且利用当前的有效解的值不断取代新的目标函数的上界，然后不断向上回溯，寻找其余的可行解；如果由部分解所估计的最大值小于当前的上界，就可以舍弃当前正在搜索的部分解，直接向上回溯。

假定当前的部分解是 $\{x_0, x_1, \cdots, x_{k-1}\}$，同时满足下面的不等式：

$$\sum_{i=0}^{k-1} w_i x_i \leqslant M \quad 并且 \quad \sum_{i=0}^{k-1} w_i x_i + w_k \leqslant M \tag{5-3}$$

式(5-3)表明：在装入物品 m_k 以前，背包尚有剩余承重，当继续装入物品 m_k 之后，将超过背包的承重。由此，将会求得部分解 $\{x_0, x_1, \cdots, x_k\}$，其中，$x_k = 0$。依据这个部分解继续向纵深方向搜索，便可以得到式(5-4)：

$$\sum_{i=0}^{k} w_i x_i + \sum_{i=k+1}^{k+j-1} w_i \leqslant M \quad 并且 \quad \sum_{i=0}^{k} w_i x_i + \sum_{i=k+1}^{k+j-1} w_i + w_{k+j} > M \tag{5-4}$$

从式子(5-4)中，不难发现，如果不装入物品 m_k，即当 $x_k=0$ 时，继续装入物品 $m_k, m_{k+1}, \cdots, m_{k+j-1}$，背包尚有剩余的承重，但是倘若继续装入物品 m_{k+j}，则将会超过背包的承重。其中，$j=1,2,\cdots,n-k+1$。当 $j=1$ 时，表示继续装入物品 m_{k+1}，仍然将超过背包的承重。又由于物品是按照效益值与质量之比值的非增次序排列的，因此显然由这部分解继续沿着纵深方向搜索，其所能够找到的可能解的最大值不会超过

$$\sum_{i=0}^{k} p_i x_i + \sum_{i=k+1}^{k+j-1} p_i x_i + (M - \sum_{i=0}^{k-1} w_i x_i - \sum_{i=k+1}^{k+j-1} w_i x_i) * \frac{p_{k+j}}{w_{k+j}} \tag{5-5}$$

因此，我们可以利用式(5-4)及其式(5-5)来估计从当前的部分解 $\{x_0, x_1, \cdots, x_k\}$ 开始，继续沿着纵深方向搜索时，可能获得的最大效益值。如果所得到的估计值小于当前的目标函数的上界(它是所有已经获得的有效解中的最大值)，就放弃继续向纵深搜索的过程，转而进行向上回溯的过程。而向上回溯有两种情况：如果当前的结点是左子树的分支结点，就转而搜索相应的右子树的分支结点；如果当前的结点是右子树的分支结点，就沿着右子树的分支结点向上回溯，直到左子树的分支结点为止，然后再转而搜索相应的右子树的分支结点。

这样一来，如果用 w_cur 和 p_cur 分别表示当前正在搜索的部分解中装入背包的物品的总质量和总效益值；用 p_est 表示当前正在搜索的部分解可能达到的最大效益值的估计值；用 p_total 表示当前搜索到的所有有效解中的最大效益值，它也是当前目标函数的上界；用 y_k 以及 x_k 分别表示0/1 背包问题的部分解的第 k 个分量及它的复制，并且，下标 k 也表示当前对于解空间树的纵深搜索深度，那么，使用回溯算法求解 0/1 背包问题的详细步骤，可以按照以下方式进行描述。

(1) 将物品按照效益值与质量值的比值的非增次序进行排序。

(2) 将变量 w_cur、p_cur 及其 p_total 赋初值为 0，将部分解初始化为空，将解空间树的搜索深度赋初值为 0。

(3) 按照式(5-4)和式(5-5)估计从当前的部分解可以获得的最大效益值 p_est。

(4) 如果 p_est>p_total，则转步骤(5)，否则转步骤(8)。

(5) 从物品 m_k 开始，将物品依次装入背包，直到没有物品可被装入或者装不下物品 m_i 时为止，并且生成了部分解 $x_k, x_{k+1}, \cdots, x_i (k \leqslant i < n)$。

(6) 如果 $i \geqslant n$，就得到一个新的有效解，将所有的 y_i 复制到 x_i，并且 p_total=p_cur，则 p_total 是目标函数的新的上界；令 k=n，转步骤(3)，以便回溯搜索其余的可行解；

(7) 否则，得到一个部分解，并且令 k=i+1，舍弃物品 m_i，并从物品 m_{i+1} 继续装入背包，转步骤(3)。

(8) 当 $i \geqslant 0$，并且 $y_i=0$ 时，执行 i=i-1 直到条件不成立时为止，也就是说沿着右子树的分支结点方向依次向前回溯，直至到达左子树的分支结点处。

(9) 如果 i<0，则表明回溯算法执行完毕，否则，转步骤(10)。

(10) 令 $y_i=0$，w_cur= w_cur-w_i，p_cur= p_cur-p_i，k=i+1，转步骤(3)；由左子树的分支结点转移到相应的右子树的分支结点，继续沿纵深方向搜索其它的部分解或者可行解。

下面，我们通过一个例子对前面的回溯算法的描述进行更加详细的阐释。

设有承重为 M=50 的背包，有 5 件物品，且物品的质量分别为 5,15,25,27,30，这些物

品的效益值分别为 12,30,44,46,50，求能够使得装入背包的物品的总效益值获得最大的装包方式。

图 5.4 所示是按照上面的算法求解步骤所生成的解空间树，其具体过程如下。

(1) 开始时，目标函数的上界 p_total 初始化为 0，计算由根结点开始搜索可以获得的最大效益值 p_est=94.5，大于 p_total，因此，生成结点 1,2,3,4，并同时得到部分解(1,1,1,0)。

(2) 由于结点 4 是右子树的分支结点，因此，估计从结点 4 继续沿着纵深方向搜索可以获得的最大效益值 p_est=94.3，仍然大于 p_total，因此，继续沿着纵深方向搜索并且生成结点 5，并且获得最大效益值为 86 的有效解(1,1,1,0,0)，将这个有效解保存在解向量 X 中，并且将 p_total 中的值更新为 86。

(3) 由叶子结点 5 开始继续搜索，在估算可能取得的最大效益值时，p_est 被设置为 86，不大于 p_total 的值，因此，沿着右子树的分支方向向前回溯，直到左子树的分支结点 3，并且生成了相应的右子树的分支结点 6，得到部分解(1,1,0)。

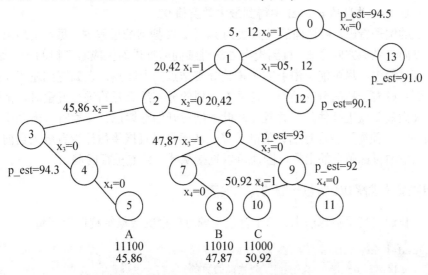

图 5.4　回溯法求解 0/1 背包问题的示例

(4) 由于结点 6 是右子树的分支结点，因此，计算从结点 6 开始继续向纵深方向搜索可以获得的最大效益值 p_est=93，大于当前的 p_total 中的值(86)，因此生成结点 7 和结点 8，并且得到当前最大效益值为 87 的有效解(1,1,0,1,0)，利用它来更新解向量 X 中的内容，则当前的 p_total 中的值被更新为 87。

(5) 从叶子结点 8 开始继续搜索，在计算可能取得的最大效益值时，变量 p_est 被置为 87，不大于 p_total 中的值，因此沿着右子树的分支结点 8 方向向上回溯，到达左子树的分支结点 7，并同时生成对应的右子树的分支结点 9，进而求得部分解(1,1,0,0)。

(6) 由于结点 9 是右子树的分支结点，因此，计算从结点 9 开始向纵深方向搜索可以取得的最大效益值 p_est=92，大于当前的 p_total 中的值(87)，因此生成结点 10，并且获得最大效益值为 92 的可行解(1,1,0,0,1)，可以使用它来更新解向量 X 中的内容，即 p_total 中的值被更新为 92。

(7) 从结点 10 继续沿着纵深方向搜索，在计算可能获得的最大效益值时，变量 p_est

被置为 92，由于该值并不大于当前的 p_total 中的值(92)，因此进行回溯过程，又由于结点 10 是左子树的叶子结点，因此生成对应的右子树的叶子结点 11，得到的可行解为(1,1,1,0,0)。

(8) 从叶子结点 11 开始继续搜索，在计算可能获得的最大效益值时，变量 p_est 被设置为 42，不大于当前 p_total 中的值(92)，因此沿着右子树的分支结点方向向上回溯，到达左子树的分支结点 2，并且生成了相应的右子树的分支结点 12，得到部分解(1,0)。

(9) 由于结点 12 是右子树的分支结点，因此计算从结点 12 开始搜索可以取得的最大效益值 p_est=90.1，并与当前 p_total 中的值(92)进行比较，由于不大于当前 p_total 中的值，因此向上回溯到左子树的分支结点 1，并同时生成对应的右子树的分支结点 13，从而获得部分解(0)。

(10) 由于结点 13 是右子树的分支结点，因此计算应从结点 13 开始搜索可以获得的最大效益值 p_est=91.0，并与当前 p_total 中的值(92)进行比较，由于不大于当前 p_total 中的值，因此向上回溯到根结点 0，此回溯算法结束。最终，由保存在向量 X 中的内容，得到最优解(1,1,0,0,1)，并且从 p_total 中得到最大效益值 92。

从以上的例子看出，被访问的结点数为 14 个。在搜索的过程中，尽可能地沿着左子树的分支结点向着纵深方向搜索，直到没有办法继续向前推进而生成右子树的分支结点为止；在整个回溯过程中，尽可能地沿着右子树的分支结点向上回溯，直到遇到左子树的分支结点并且转而生成右子树的分支结点；在从右子树的分支结点开始进行搜索时，都需要对可能取得的最大效益值进行估计；并且在从叶子结点开始继续进行搜索时，借助于将搜索深度 k 设置为 n，使得不会进行估计值的计算，从而可以直接将估计设置成为当前值，因此不会大于当前的目标函数的上界，因而可以直接从叶子结点进行回溯。

5.3.2 回溯算法求解 0/1 背包问题的算法实现

首先，我们定义回溯算法求解 0/1 背包问题时使用的数据结构以及变量：

```
typedef struct {
    float  w;            /*物品的质量*/
    float  p;            /*物品的效益值*/
    float  v;            /*物品的效益值与质量值的比值*/
} OBJECT;
OBJECT  ob[n];
float    M;              /*背包的承重*/
int     x[n];            /*可能的解向量*/
int     y[n];            /*当前搜索的解向量*/
float   p_est;           /*当前搜索方向装入背包物品的估计最大效益值*/
float   p_total;         /*装入背包的物品的最大效益值的上界*/
float   w_cur;           /*当前装入背包的物品的总质量*/
float   p_cur;           /*当前装入背包的物品的总效益值*/
```

因此，求解 0/1 背包问题的回溯算法可以按照下面的方式进行描述。

算法 5.5 0/1 背包问题的回溯算法

输入：背包承重 M，物品的总数目 n，存放物品的效益值及其质量的结构体数组 ob[ ]

输出：0/1 背包问题的最优解 x[ ]

```
1.   float knapsack_back(OBJECT ob[],float M,int n,BOOL x[])
2.   {
3.      int  i;
4.      int  k;
5.      float w_cur;
6.      float p_total;
7.      float p_cur;
8.      float w_est;
9.      float p_est;
10.     BOOL *y=new BOOL[n];
11.     for(i=0;i<=n;i++) {           /*计算物品的效益与质量的比值*/
12.       ob[i].v=ob[i].p/ob[i].w;
13.       y[i]=FALSE;                 /*对当前的解向量进行初始化处理*/
14.     }
15.     merge_sort(ob,n);            /*物品按照效益与质量的比值的非增顺序排序*/
16.     w_cur=0;                     /*当前背包中物品的效益质量比值的初始化*/
17.     p_cur=0;
18.     p_total=0;
19.     k=0;                         /*已经搜索到的可行解的总效益值的初始化*/
20.     while(k>=0) {
21.       w_est=w_cur;
22.       p_est=p_cur;
23.       for(i=k;i<n;i++) {         /*沿着当前的分支可能获得的最大效益值*/
24.         w_est+=ob[i].w;
25.         if(w_est<M)
26.           p_est+=ob[i].p;
27.         else {
28.           p_est+=((M-w_est+ob[i].w)/ob[i].w)*ob[i].p;
29.           break;
30.         }
31.       }
32.     if(p_est>p_total)           /*如果估计值大于上界*/
33.       for(i=k;i<n;i++) {
34.         if(w_cur+ob[i].w<=M) { /*可以装入第 i 个物品*/
35.           w_cur+=ob[i].w;
36.           p_cur+=ob[i].p;
37.           y[i]=TRUE;
38.         }
39.         else {
40.            y[i]=FALSE;          /*不能装入第 i 个物品*/
41.            break;
42.         }
```

```
43.          }
44.     if(i>=n) {                    /*所有物品已经全部装入背包*/
45.        if(p_cur>p_total) {
46.            p_total=p_cur;         /*更新当前的上限值*/
47.            k=n;
48.          for(i=0;i<n;i++)         /*保存可能的解*/
49.            x[i]=y[i];
50.        }
51.      }
52.      else k=i+1;                  /*继续装入其余的物品*/
53.    }
54.    else {                        /*估计的效益值小于当前的上限*/
55.       while((i>=0)&&(!y[i]))      /*沿着右子树的分支结点方向向上回溯*/
56.        i-=1;                      /*一直向上回溯到左子树的分支结点*/
57.       if(i<0)                     /*如果一直向上回溯到根结点，则算法结束*/
58.         break;
59.       else {
60.           w_cur-=ob[i].w;         /*修改当前值*/
61.           p_cur-=ob[i].p;
62.           y[i]=FALSE;             /*搜索右分支子树*/
63.           k=i+1;
64.         }
65.       }
66.    }
67.    delete  y;
68.    return  p_total;
69. }
```

算法 5.5 的第 11～19 行是初始化部分，首先计算物品的效益值与质量值的比值，然后按照效益值与质量值的比值的分增顺序依次对物品进行排序。回溯算法的主要工作是由第 13 行开始的 while 循环组成的。主要分为 3 个部分：第一部分是由第 21～31 行组成的，主要功能是计算沿着当前的分支结点向着纵深方向搜索时可能取得的最大效益值；第二部分是由第 32～51 行组成的，主要功能是当估计值大于当前的目标函数的上界时，向纵深方向搜索；第三部分是由第 52～66 行组成的，主要功能是当估计值小于或者等于当前的目标函数的上界时，向上回溯。当开始进行搜索时，首先将变量 w_cur 的值与变量 p_cur 的值初始化为 0，在整个搜索过程中，动态地保存这两个变量值，也就是说，当沿着左子树的分支结点向着纵深方向搜索时，这两个变量分别增加相应物品的质量和效益值；当沿着左子树的分支结点没有办法再向纵深方向搜索，而生成了右子树的分支结点时，这两个变量的值保持不变；当沿着右子树的分支结点向上进行回溯时，这两个变量的值保持不变；而当向上回溯到达左子树的分支结点时，结束前面的回溯过程，转而生成相应的右子树的分支结点时，这两个变量就应该分别减去相应的左子树的分支结点的物品质量值和效益值；每逢搜索过程转移到右子树的分支结点时，就应对于继续沿着纵深方向搜索可能获得的最大效益值进行估计；而当搜索到叶子结点时，表明已经得到了一个可行解，此时变量 k 被设置为 n，而 y[n]被初始化为 FALSE，因此不论此叶子结点是左子树的分支结点，还是右子树的分支结点，都可以顺利向上进行回溯，继续搜索其余的可行解。

显而易见，回溯算法 5.5 所使用的计算空间为 $\Theta(n)$。算法的第 11～14 行耗费的时间开销为 $\Theta(n)$；第 15 行对物品进行归并排序，需要耗费的时间复杂度为 $\Theta(n*\log n)$；在最坏的情况下，解空间树有 $2^{n+1}-1$ 个结点，其中，有 $O(2^n)$ 个左孩子结点，需要耗费 $O(2^n)$ 的时间；并且有 $O(2^n)$ 个右孩子结点，而每一个右孩子结点都需要估计继续搜索可能获取的目标函数的最大效益值，每次估计时间需要花费 $O(n)$ 时间，因此右孩子结点需要耗费 $O(n*2^n)$ 的时间，并且这也是算法 5.5 在最坏的情况下所耗费的时间。

5.4 装 箱 问 题

下面我们介绍一个关于 0/1 背包问题的实际应用——装箱问题。

5.4.1 装箱问题实现

有一批共 n 个集装箱要装上两艘载重量分别为 c_1 和 c_2 的轮船，其中集装箱 i 的质量为 w_i，并且 $\sum_{i=1}^{n} w_i \leqslant c_1 + c_2$。

装箱问题要求确定，是否有一个合理的装箱方案可将这 n 个集装箱装上这两艘轮船。如果有，找出一种装箱方案。

例如，当 n=3，$c_1 = c_2 = 50$，并且 w =[10,40,40]时，可将集装箱 1 和集装箱 2 装上第一艘轮船，并且将集装箱 3 装上第二箱轮船；如果 w =[20,40,40]，那么无法将这 3 个集装箱都装上轮船。

当 $\sum_{i=1}^{n} w_i \leqslant c_1 + c_2$ 时，装箱问题等价于子集和问题。当 $c_1 = c_2$ 且 $\sum_{i=1}^{n} w_i \leqslant 2c_1$ 时，装箱问题等价于划分问题。

即使限制 $w_i, i = 1, 2, \cdots, n$ 为整数，c_1 和 c_2 也是整数。子集和问题与划分问题都是 NP 难度的。由此可知，装箱问题也是 NP 难的。

容易证明，如果一个给定的装箱问题有解，那么采用下面的策略可以得到最优装箱方案。

(1) 首先将第一艘轮船尽可能装满；

(2) 然后将剩余的集装箱装上第二艘轮船。

将第一艘轮船尽可能装满等价于选取全体集装箱的一个子集，使得该子集中集装箱质量之和最接近于 c_1。由此可知，装箱问题等价于以下特殊的 0/1 背包问题：

$$\max \sum_{i=1}^{n} w_i x_i$$

$$s.t. \sum_{i=1}^{n} w_i x_i \leqslant c_1$$

其中，$x_i \in \{0,1\}, 1 \leqslant i \leqslant n$ 我们当然可以使用上一章中讨论过的动态规划算法求解这个

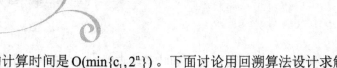

特殊的 0/1 背包问题。所需要的计算时间是 $O(\min\{c_1, 2^n\})$。下面讨论用回溯算法设计求解装箱问题的算法。在某些情况下该算法优于动态规划算法。

5.4.2 递归回溯算法设计

使用回溯算法求解装箱问题时，用子集树表示它的解空间显然是最合适的。可行性约束函数可剪除不满足约束条件 $\sum_{i=1}^{n} w_i x_i \leqslant c_1$ 的子树。在子集树的第 j+1 层的结点 Z 处，用 cw 记当前的装箱质量，即 $cw = \sum_{i=1}^{j} w_i x_i$，当 $cw > c_1$ 时，以结点 Z 为根的子树中所有结点都不满足约束条件，因此该子树中的解均为不可行解，故可以将该子树剪除。

在以下的求解装箱问题的回溯算法中，尽管算法 MaxLoading 返回不超过 c 的最大子集和，但是并没有给出达到这个最大子集和的相对应的子集，我们稍后加以完善。

算法 MaxLoading 调用递归回溯函数 Backtrack(1) 来实现递归回溯搜索，其中函数 Backtrack(i) 用来搜索子集树中的第 i 层子树。类 Loading 的数据成员，用于记录子集树中的结点信息，用以减少传给 Backtrack 的参数。cw 记录当前的结点所对应的装箱质量，bestw 记录当前的最大装箱质量。

在回溯法 Backtrack 中，当 i>n 时，算法一直搜索到叶子结点，其相应的装箱质量为 cw。如果 cw >bestw，那么就表示当前解优于当前的最优解，此时应该更新 bestw 的解。

当 i≤n 时，当前的扩展结点 Z 是子集树中的内部结点。该结点有 x[i]=1 及 x[i]=0 两个孩子结点。其左孩子结点表示 x[i]=1 时的情形，当且仅当 cw + w[i] ≤ c 时进入左子树，并且对左子树进行递归搜索。其右孩子结点表示 x[i]=0 时的情形。由于可行结点的右孩子结点总是可行的，因此进入右子树时不需要对可行性进行检查。具体算法可描述为算法 5.6 的形式。

算法 5.6

```
1.   template<class Type>
2.   class Loading{
3.     friend Type MaxLoading(Type[],Type,int);
4.     private:
5.     void Backtrack(int i);
6.     int n;                          /*集装箱的数目*/
7.     Type *w,                        /*集装箱质量数组*/
8.         c,                          /*第一艘轮船的载重量*/
9.         cw,                         /*当前的载重量*/
10.        bestw;                      /*当前的最优载重量*/
11.    };
12.   template<class Type>
13.   void Loading<Type>::Backtrack(int i)
14.   {                                /*搜索第 i 层结点*/
15.     if(i>n) {                      /*到达叶子结点*/
16.       if(cw>bestw)
17.     bestw=cw;
```

```
18.     return;
19.   }                              /*搜索子树*/
20.   if((cw+w[i])<=c) {             /*当 x[i]=1 时的情形*/
21.     cw=cw+w[i];
22.     Backtrack(i+1);
23.     cw=cw-w[i];
24.   }
25.   Backtrack(i+1);               /*当 x[i]=0 时的情形*/
26. }
27. template<class Type>
28. Type MaxLoading(Type w[],Type c,int n);{    /*返回最优载重量*/
29. Loading<Type>X;                             /*初始化 X*/
30. X.w=w;
31. X.c=c;
32. X.n=n;
33. X.bestw=0;
34. X.cw=0;                                      /*计算最优载重量*/
35. X.Backtrack(1);
36. return X.bestw;
37. }
```

根据算法 5.6，可知回溯算法 Backtrack 动态地生成装箱问题的解空间树，在每个结点处，算法需要耗费的时间开销为 $O(1)$，由于在子集树中的结点数目为 $O(2^n)$，因此回溯算法 Backtrack 所需要的计算时间(时间复杂度)为 $O(2^n)$。此外，算法 Backtrack 还需要额外的递归栈空间，其所需要的空间开销为 $O(n)$。

5.4.3 上界函数

对于前面描述的递归回溯算法 Backtrack，可以引入一个上界函数，用于剪除不包含最优解的子树，从而可以进一步地改进回溯算法在平均情况下的执行效率。不妨假设 Z 是解空间树中第 i 层上的当前可扩展结点；cw 是当前的载重量；bestw 是当前的最优载重量；r 是当前的剩余集装箱的质量，即 $r = \sum_{j=i+1}^{n} w_j$。因此，我们可以定义上界函数为 cw+r。即在以 Z 为根结点的子树中的任意一个叶子结点所对应的载重量均不大于上界函数 cw+r。这样一来，如果 cw+r≤bestw，那么就可以将以 Z 为根结点的树的右子树剪除。

在以下的改进算法中，我们引进类 Loading 的变量 r，用于计算上界函数。在引进上界函数以后，当搜索到一个叶子结点时，就不用再检查该叶子结点是否优于当前的最优解了，这是由于上界函数可以确保按照算法搜索到的每一个叶子结点都是当前所能找到的最优解。改进之后的算法可以描述为算法 5.7。

算法 5.7

```
1. template<class Type>
2. class Loading{
3.   friend Type MaxLoading(Type[],Type,int);
```

```
4.    private:
5.      void Backtrack(int i);
6.      int n;                          /*集装箱的数目*/
7.      Type *w,                        /*集装箱质量数组*/
8.          c,                          /*第一艘轮船的载重量*/
9.          cw,                         /*当前的载重量*/
10.         bestw,                      /*当前的最优载重量*/
11.         r;                          /*当前的剩余集装箱的载重量*/
12.     };
13.    template<class Type>
14.    void Loading<Type>::Backtrack(int i){/*搜索第i层结点*/
15.     if(i>n) {                       /*到达叶子结点*/
16.        bestw=cw;
17.        return;
18.      }
                                        /*搜索子树*/
19.    r=r-w[i];
20.    if((cw+w[i])<=c) {               /*当x[i]=1时的情形*/
21.      cw=cw+w[i];
22.      Backtrack(i+1);
23.      cw=cw-w[i];
24.    }
25.    if(cw+r>bestw)                   /*当x[i]=0时的情形*/
26.    Backtrack(i+1);
27.    r=r+w[i];
28.    }
29.    template<class Type>
30.    Type MaxLoading(Type w[],Type c,int n);
31.    {                               /*返回最优载重量*/
32.        Loading<Type>X;
                                        /*初始化X*/
33.    X.w=w;
34.    X.c=c;
35.    X.n=n;
36.    X.bestw=0;
37.    X.cw=0;
                                        /*初始化r*/
38.    X.r=0;
39.    for(int i=1;i<=n;i++)
40.      X.r=X.r+w[i];
                                        /*计算最优载重量*/
41.      X.Backtrack(1);
42.      return X.bestw;
43.    }
```

根据以上的算法 5.7,易知尽管改进之后的回溯算法 5.7 的计算时间复杂度仍为 $O(2^n)$,但是在平均情况下,改进之后的算法需要检查的结点数目会明显减少,从而可以提高算法的运行效率。

为了进一步地构造最优解,还必须在算法中记录与当前的最优值相对应的当前最优解。因此,应在类 Loading 中再增加两个新的私有数据成员 x 及 bestx。其中,数据成员 x 用于记录由根至当前结点的路径;另一个数据成员 bestx 则记录当前的最优解。当回溯算法搜索到达叶子结点处时,就需要对当前的 bestx 值进行修正(更新)。进一步改进之后的算法可以描述成算法 5.8。

算法 5.8

```
1.    template<class Type>
2.    class Loading{
3.    friend Type MaxLoading(Type[],Type,int);
4.    private:
5.      void Backtrack(int i);
6.      int  n,                        /*集装箱的数目*/
7.        *x,                          /*当前的解*/
8.        *bestx;                      /*当前的最优解*/
9.      Type *w,                       /*集装箱质量数组*/
10.        c,                          /*第一艘轮船的载重量*/
11.        cw,                         /*当前的载重量*/
12.        bestw,                      /*当前的最优载重量*/
13.        r;                          /*当前的剩余集装箱的载重量*/
14.     };
15.     template<class Type>
16.     void Loading<Type>::Backtrack(int i)
17.     {                              /*搜索第 i 层结点*/
18.     if(i>n) {                      /*到达叶子结点*/
19.       if(>bestw){
20.         for(j=1;j<=n;j++)
21.           bestx[j]=x[j];
22.           bestw=cw;
23.         }
24.      return;
25.     }                             /*搜索子树*/
26.    r=r-w[i];
27.    if((cw+w[i])<=c) {              /*对左子树进行搜索*/
28.    x[i]=1;
29.    cw=cw+w[i];
30.    Backtrack(i+1);
31.    cw=cw-w[i];
32.    }
33.    if(cw+r>bestw) {               /*对右子树进行搜索*/
```

```
34.     x[i]=0;
35.     Backtrack(i+1);
36.     }
37.   r=r+w[i];
38.  }
39.  template<class Type>
40.  Type MaxLoading(Type w[],Type c,int n,int bestx[]);
41.  {                         /*返回最优载重量*/
42.  Loading<Type>X;           /*初始化 X*/
43.  X.x=new int[n+1];
44.  X.w=w;
45.  X.c=c;
46.  X.n=n;
47.  X.bestx=bestx;
48.  X.bestw=0;
49.  X.cw=0;                   /*初始化 r*/
50.  X.r=0;
51.  for(int i=1;i<=n;i++)
52.    X.r=X.r+w[i];           /*计算最优载重量*/
53.    X.Backtrack(1);
54.    delete []X.x;
55.    return X.bestw;
56.  }
```

由于 bestx 可能被更新 $O(2^n)$ 次，因此，改进之后的算法 5.8 的计算时间复杂度应为 $O(n*2^n)$。以下的两种方法可以使得改进之后的算法的计算时间复杂度降为 $O(2^n)$。

(1) 首先执行仅仅计算最优值的算法，并且计算出最优的装载量 W。由于该算法不需要记录最优解，因此所需要的计算时间应为 $O(2^n)$。然后再执行改进之后的回溯算法 Backtrack，并且在该算法中将 bestw 的值设置为 W，并且在第一次到达的叶子结点处(也就是第一次满足 i>n 的条件时)终止算法，并由此返回的 bestw 值即为最优解。

(2) 而另一种方法则是在算法中动态地更新 bestx 值。具体来说，在第 i 层的当前结点处，当前的最优解是由 x[j]、$1\leq j<i$ 以及 bestx[j]、$i\leq j\leq n$ 构成的。每当算法回溯一层，就将当前的 x[i] 保存到 bestx[i]中去。这样，在每个结点处更新 bestx 值需要的计算时间仅为 $O(1)$，从而可以导致在整个算法中更新 bestx 值所需要的计算时间为 $O(2^n)$。

5.4.4 迭代回溯算法设计

数组 x 记录了解空间树中由根结点至当前的扩展结点的路径，由于这些信息已经包含了回溯法在回溯时所需要的全部信息，因此，利用数组 x 所包含的信息，可以将以上的回溯算法设计成为非递归的形式。由此，我们可以进一步省去递归栈所占用的空间开销 $O(n)$。求解装箱问题的非递归迭代回溯算法 MaxLoading 可以描述成为算法 5.9：

算法 5.9

```
1.  template<class Type>
2.  Type MaxLoading(Type[],Type c,int n,int bestx[])
3.  {                                  /*迭代回溯算法*/
                                       /*返回最优载重量及其对应解*/
                                       /*初始化根结点*/
4.  int  i=1;                          /*当前所在搜索层*/
5.  int  *x=new int[n+1];
6.  Type  bestw=0,                     /*当前的最优载重量*/
7.        cw=0,                        /*当前的载重量*/
8.        r=0;                         /*当前的剩余集装箱的载重量*/
9.    for(int j=1;j<=n;j++)
10.       r=r+w[j];                    /*搜索子树*/
11.   while(TRUE) {
12.       while(i<=n&&cw+w[i]<=c) {    /*进入左子树进行搜索*/
13.        r=r-w[i];
14.        cw=cw+w[i];
15.        x[i]=1;
16.        i++;
17.        }
18.   if(i>n) {                        /*搜索到达叶子结点*/
19.       for(int j=1;j<=n;j++)
20.       bestx[j]=x[j];
21.       bestw=cw;
22.      }
23.    else {                          /*进入右子树进行搜索*/
24. r=r-w[i];
25. x[i]=0;
26. i++;
27. }
28. while(cw+r<=bestw) {               /*剪枝回溯过程*/
29. i--;
30. while(i>0&&!x[i]) {                /*沿着右子树返回*/
31.       r=r+w[i];
32.       i--;
33.      }
34.    if(i==0) {
35.    delete []x;
36.    return bestw;
37.    }                              /*进入右子树*/
38. x[i]=0;
39. cw=cw-w[i];
40. i++;
```

```
41.   }
42.   }
43. }
```

根据算法 5.9，可知非递归迭代回溯算法所需要的计算时间复杂度仍为 $O(2^n)$。

5.5 最大通信团体问题

通信团体问题可以抽象化为最大团体问题，因此，下面我们首先来讨论最大团体问题的解决方案，进而将这样一种求解思路转换成为求解通信团体问题的解决方案。

5.5.1 最大团体问题的描述及求解思路

给定简单无向图 $G=(V，E)$。如果存在一个简单无向图 $U=(V_u, E_u)$，且结点集 V_u 是结点集 V 的子集，并且对于任意的结点 u 与结点 v，$u, v \in U$，有 $(u, v) \in E$，即无向图 U 的边集 E_u 是无向图 G 的边集 E 的子集，并且该无向图 U 中的任意两个结点都有边相连接的完全图，那么就称图 U 是图 G 的完全子图。图 G 的完全子图 U 是图 G 的一个团体当且仅当图 U 不包含在图 G 的更大的完全子图中。图 G 的最大团体指的是图 G 中所包含的结点数目最多的团体。

根据完全子图的定义，在图 5.5 的无向图 G 中，由结点集 {1,2} 与边集 (1,2) 构成的图 U 是图 G 的大小为 2 的完全子图。然而这个完全子图并不是图 G 的一个团体，因为它被无向图 G 的更大的完全子图(由结点集 {1,2,5} 组成的完全图)所包含。并且由结点集 {1,2,5} 组成的完全图是无向图 G 的最大团体，由结点集 {1,4,5} 组成的完全图及由结点集 {2,3,5} 组成的完全图也是无向图 G 的最大团体。

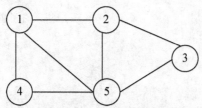

图 5.5 简单无向图 G

由于简单无向图 G 的最大团体问题可以看作无向图 G 的结点集 V 的子集选取问题，因此可以使用子集树表示问题的解空间。求解最大团体问题的回溯算法和求解装箱问题的回溯算法十分类似，即假设当前的可扩展结点 Z 位于解空间的第 i 层。在进入左子树之前，必须确认由结点 i 至已经选入的结点集中的每一个结点都需要有边相连接。在进入右子树之前，必须确认还有足够多的可以选择的结点使得原回溯算法有可能在右子树中找到更大的团体。

5.5.2 最大通信团体问题的描述及求解思路

通信问题是人们现实生活中面临的实际应用问题。下面我们介绍关于最大通信团体问题的描述及求解方法。

有一家通信公司近来要推出一项优惠活动，凡是在某个群体中相互通话的用户可以得到某种通话费折扣优惠。A、B 两个用户相互通话是指其中之一(如 A)与另一个人(如 B)打过电话，而不必要求 B 打电话给 A。

一个群体 G 要满足通讯公司的优惠政策，必须满足两个条件：

(1) G 中任何两个用户通过话。

(2) G 是团体，即如在加一个 G 外的人进去，所得新群体是不满足条件(1)的。

该通信公司还对它的用户团体中用户数最大的团体实行更优惠的政策：手机单项收费，免一年的月租费。为了搞好这项工作，这家公司委托你帮助他们进行调研和统计。他们给你的任务是计算出这家通信公司的所有用户构成的群体中最大团体的用户数，以给予最优惠的待遇。最大团体是所有团体中用户数最多的团体，这样的团体可能不止一个，但所有最大团体中用户数是一样的。

输入

输入有若干组测试数据，每组测试数据的第一行上有一个整数 n(1≤n≤50)，是通信公司的用户数。接下来的 n 行是这 n 个人的通信状况，其第 i 行是长为 n 的 0、1 序列，序列之间无空格。该行第 j 个位置的数如为 1，表示 i 与 j 通过电话；如为 0 则表示未通过话。相邻两组测试之间无空行。输入直到文件结束。

输出

对输入中的每组测试数据，输出对应的最大团体的用户数 m。对第 i 组测试数据，先在一行上输出"Case i"，接着输出 m，见样例。

输入样例	输出样例
5	Case i：3
01011	
10101	
01001	
10001	
11110	

从本问题的输入样例，我们可以得到如图 5.6 所示的简单无向图。

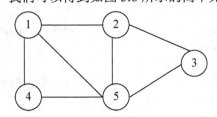

图 5.6　通信关系图 G

不难发现，从本质上讲，这个通信团体问题就是最大团体问题。为了确定最大团体的人员数，其基本思想就是从第一个人开始依次考察各个人是否在其最大团体中。

首先，标记为 1 号的人可以单独成为一个小团体。接着考察标记为 2 号的人是否可以加入到该团体中去，根据图 5.6 所示，这是显而易见的，此时，该团体有两个人，即标记

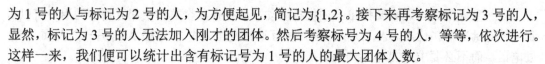

为 1 号的人与标记为 2 号的人，为方便起见，简记为{1,2}。接下来再考察标记为 3 号的人，显然，标记为 3 号的人无法加入刚才的团体。然后考察标号为 4 号的人，等等，依次进行。这样一来，我们便可以统计出含有标记号为 1 号的人的最大团体人数。

其次，假设起初时，标记为 1 号的人并没有考虑作为团体中的成员，那么我们可以将标记为 2 号的人作为第一个考察的团体中的成员。后面其余的人员则依次考察能否加入到该团体中。

当前，我们不妨假设前面的 i-1 个人已经被考察过，并且前面的 i-1 个人中已经有 cn 个人可以构成一个团体，现在我们来考察第 i 个人能否加入到这个团体中去。假设第 i 个人可以与由前面的这 cn 个人组成的团体成员相容，即他与这个团体中的所有的 cn 个人都联系过，那么就可以将他加入该团，并且这个团的规模也由 cn 变为 cn+1，否则，不考虑标记为第 i 号的人。按照这样的方式继续这个工作，直到所有人都被考察一遍。

根据上面的分析，不难发现，通信团体问题属于子集树问题，我们可以使用深度搜索方式或者广度搜索方式进行求解。以下将用非递归回溯算法(迭代回溯算法)所形成的程序加以实现。

在以下的程序中，我们用二维数组 a 表示图的邻接矩阵，一维数组 x 表示当前的解，一维数组 bestx 表示当前的最优解，bwstn 表示当前的最大团体的点数，cn 作为当前的点数。

通信团体问题参考程序

```
1.   #include<iostream>
2.   using namespace std;
3.   const int MAXN=100;
4.   int x[MAXN],bestx[MAXN],a[MAXN][MAXN],n,bestn,cn,I;
5.   void comput()                      /*迭代回溯程序*/
6.   {
7.   while(TRUE)
8.   {
9.     while(i<n)                      /*检查结点 i 与当前团体的连接情况*/
10.    {
11.      int ok=1;
12.      for(int j=0;j<i;j++)          /*欲扩展结点 i*/
13.       if((x[j]==1)&&(!a[i][j]))    /*考察结点 i 是否与前面的结点 j 相连接*/
14.       {
15.         ok=0;                      /*结点 i 与其前面的结点 j 不相连,舍弃结点 i*/
16.         break;
17.       }
18.      if(ok)                        /*进入左子树*/
19.      {
20.        x[i]=1;
21.        cn++;
22.        i++;
23.        continue;
24.      }
25.     else
26.      {
```

```
27.         if(cn+n-i>bestn)              /*进入右子树*/
28.         {
29.            x[i]=0;
30.            i++;
31.            continue;
32.         }
33.         else
34.         {
35.            i--;
36.            while(i>0&&!x[i])
37.              i--;
38.              if(i==0)
39.                return;
40.              x[i]=0;
41.              i++;
42.         }
43.       }
44.    }
45.    if(i>=n)
46.    {
47.       for(int j=0;j<n;j++)
48.         bestx[j]=x[j];
49.         bestn=cn;
50.         return;
51.    }
52.    }
53. }
54. int main()
55. {
56.    int k,j,num=0;
57.    char c[MAXN][MAXN];
58.    while(cin>>n)
59.    {
60.       num++;
61.       bestn=0;
62.       cn=0;
63.       cin.get();
64.       for(k=0;k<n;k++)
65.          cin.getline(c[k], MAXN);
66.       for(k=0;k<n;k++)
67.        for(j=0;j<n;j++)
68.           a[k][j]=c[k][j]-48;
69.       i=0;
70.       comput();
71.       cout<<"Case"<<num<<":"<<bestn<<endl;
72.    }
73.    return 0;
74. }
```

显然，求解通信团体问题的回溯算法所需要的计算时间(时间复杂度)为 $O(n*2^n)$ 。

本 章 小 结

本章首先介绍了回溯算法的基本概念，以及使用回溯算法求解问题的基本特征；然后介绍了回溯算法的设计思想、基本设计原则和设计思路，即从起始结点(根结点)出发，以深度优先方式搜索整个解空间。于是，这个起始结点既成为活结点，同时又成为当前的扩展结点。在当前的扩展结点处，搜索过程就向着纵深方向移动到一个新的结点，而这个新的结点就成为当前的一个新的活结点，并且成为当前的扩展结点。如果在当前的扩展结点处不能再向纵深方向移动，那么当前的这个扩展结点就成为死结点。此时，就不能继续纵深下去，应立即往回移动到最近的一个活结点处，并且使得这个活结点成为当前的扩展结点。回溯算法就是以这种方式递归地在解空间中进行不断地搜索活动，直到找出所需要的解或者解空间中已经不再有活结点时为止。

接着介绍了回溯算法的两种类型——递归回溯算法与迭代回溯算法，最后逐一介绍了回溯算法用于求解 0/1 背包问题、装箱问题及通信团体问题的基本思路和求解方法，并对于这些实际应用问题的算法逐一进行了时间复杂度和空间复杂度的分析。

课后阅读材料

与/或图在回溯算法中的应用

我们通过下面的例子来说明怎样将与/或图和回溯算法相结合求解一些实际应用问题。

【任务】现有编号分别为 0,1,2,3,4 的 5 本书，准备分给 5 个读者 A、B、C、D、E。每个读者的阅读兴趣使用一个二维数组进行描述，公式如下：

$$like[i][j] = \begin{cases} 1 & i喜欢j书 \\ 0 & i不喜欢j书 \end{cases}$$

试编写一个程序，输出所有的分书方案，让每位读者都皆大欢喜。假定 5 位读者对 5 本书的阅读兴趣见表 5-1。

表 5-1 读者阅读兴趣

书 / 读者	0	1	2	3	4
A	0	0	1	1	0
B	1	1	0	0	1
C	0	1	1	0	1
D	0	0	0	1	0
E	0	1	0	0	1

解题思路

首先定义一个整型的二维数组,将表 5-1 中的阅读喜好用初始化方法赋给这个二维数组。可以按照下面的方式定义:

(1) int like[5][5]={{0,0,1,1,0},{1,1,0,0,1},{0,1,1,0,1},{0,0,0,1,0},{0,1,0,0,1}}。

(2) 接着定义一个整型的一维数组 book[5],用作记录书是否已经被某位读者选用。用下标作为 5 本书的标号,被读者选过的书所对应的元素值为 1,未被读者选过的书所对应的元素值为 0,初始化使每本书对应的元素值为 0,即 int book[5]={0,0,0,0,0}。

(3) 然后,画出解决这个问题的与/或图,并设计算法实现之。

① 定义尝试着给第 i 位读者分书的函数为 Try(i),i=0,1,2,3,4。

② 尝试着给第 i 位读者分书,首先试分 0 号书,再分 1 号书,分 2 号书,……,因此有一个与结点,用 j 表示书,j=0,1,2,3,4。

③ Lp 为循环结构的循环体,如图 5.7 所示。

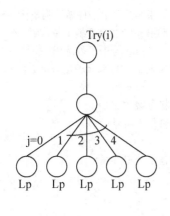
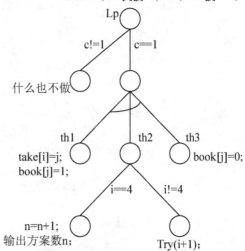

图 5.7　读者分书问题的与/或图

④ 条件 C 是由两部分"与"起来的,即"第 i 位读者喜欢第 j 号书,并且第 j 号书尚未被分走"。满足这个条件时,第 i 位读者才能够获得第 j 号书。

⑤ 如果不满足条件 C,那么就什么事都不做,这是直接可解结点。

⑥ 如果满足条件 C,那么就做下面 3 件事:

第一件事:将第 j 号书分给第 i 位读者,使用一个数组 take[i]=j,其主要作用是说明第 j 号书已经给了第 i 位读者,同时记录第 j 号书已经被选用,book[j]=1。

第二件事:查看 i 值是否为 4,如果不为 4,则表示尚未将所有 5 位读者所要的书全部分完,这时应该递归再试下一位读者,即 Try(i+1);如果 i==4,则应首先使得方案数加 1,即 n=n+1,然后输出第 n 个方案下的每位读者所得之书。

第三件事:回溯,即让第 i 位读者退回第 j 号书,恢复第 j 号书尚未被选用的标志,即 book[j]=0,这是在已经输出了第 n 个分书方案之后,去寻找下一个分书方案时所必需的工作。

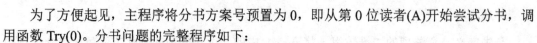

为了方便起见，主程序将分书方案号预置为 0，即从第 0 位读者(A)开始尝试分书，调用函数 Try(0)。分书问题的完整程序如下：

```
1.  #include<iostream>                          /*预编译命令*/
2.  using namespace std;
3.   int take[5],n=0;                           /*整型变量*/
4.   int like[5][5]= {{0,0,1,1,0},{1,1,0,0,1},{0,1,1,0,1},{0,0,0,1,0},
{0,1,0,0,1}};
5.   int book[5]={0,0,0,0,0};                   /*整型变量,定义数组,初始化*/
6.  void Try(int i)
7.  {                                           /*函数体开始*/
8.    int j;                                    /*变量定义*/
9.    int k;
10.   for(j=0;j<=4;j++)                         /*循环,j 表示书号*/
11.   {                                         /*循环体开始*/
12.     if((like[i][j]>0)&&(book[j]==0))
13.     {                                       /*如果满足分书条件做下列事情*/
14.       take[i]=j;                            /*把第 j 号书分给第 i 位读者*/
15.       book[j]=1;                            /*记录第 j 号书已被选用*/
16.       if(i==4)                              /*如果 i==4,那么输出分书方案*/
17.       {
18.         n++;                                /*将方案数加 1*/
19.         cout<<"第"<<n<<"个方案\n";          /*输出方案号*/
20.         for(k=0;k<=4;k++)
21.         {                                   /*输出分书方案*/
22.           cout<<take[k]<<n<<"号书分给"<<char(k+65)<<endl;
23.         }
24.         cout<<endl;                         /*换行*/
25.       }
26.       else                                  /*如果 i!=4,则继续给下一位读者分书*/
27.         Try(i+1);                           /*递归调用 Try(i+1)*/
28.       book[j]=0;                            /*记录第 j 号书待分*/
29.     }
30.   }
31. }
32. int main()                                  /*主函数*/
33. {                                           /*主函数开始*/
34.   int n=0;                                  /*分书方案号预置为 0*/
35.   Try(0);                                   /*调用函数 Try,其实参数为 0*/
36.   return 0;
37. }                                           /*主函数结束*/
```

以上我们通过对读者分书问题的分析，并利用与/或图这个工具与回溯算法相结合，成功地解决了这一问题，希望读者通过对以上内容的介绍可以更好地理解并运用与/或图对一些复杂的使用回溯算法求解的问题进行分析和求解。

习题与思考

1. [批处理作业调度问题]给定 n 个作业的集合 $J = (J_1, J_2, \cdots, J_n)$。其中，每一个作业 J_i 都有两项任务分别在两台机器上完成。每一个作业必须先由机器 1 处理，然后再由机器 2 处理。作业 J_i 需要机器 j 的处理时间为 t_{ji}，$i = 1, 2, \cdots, n; j = 1, 2$。对于一个确定的作业调度，如果假设 F_{ji} 是作业 i 在机器 j 上完成处理的时间，那么所有作业在机器 2 上完成处理的时间之和 $f = \sum_{i=1}^{n} F_{2i}$ 称为该作业调度的完成时间和。批处理作业调度问题要求对于给定的 n 个作业，制订最佳的作业调度方案(设计一种调度算法)，使其完成时间之和达到最小。

2. [图的着色问题]给定无向连通图 G 和 m 种不同的颜色。用这些颜色为图 G 的每个结点着色，并且每个结点只能着一种颜色。是否有一种着色法使得图 G 中每条边的两个结点着有不同的颜色。这个问题被称为无向图的 m 可着色判定问题。如果一个图最少需要 m 种颜色才可以使得图中每条边连接的两个结点着不同的颜色，那么就称这个数 m 为该图的色数。因此，求一个图的色数 m 的问题被称为图的 m 可着色优化问题。现给定图 G=(V，E) 和 m 种不同的颜色，如果这个图不是 m 可着色图，那么就给出否定的回答；如果这个图是 m 可着色图，试编写一算法找出所有不同的着色方案。

3. [连续邮资问题]假设某个国家发行了 n 种不同面值的邮票，并且规定每张信封上最多允许贴 m 张邮票。连续邮资问题要求对于给定的 n 和 m 的值，给出邮票面值的最佳设计，在 1 张信封上贴出从邮资 1 开始，增量为 1 的最大连续邮资空间。例如，当 n=5 且 m=4 时，面值为(1,3,11,15,32)的 5 种邮票可以贴出邮资的最大连续邮资区间是从 1 到 70。

4. [n 皇后问题]在 n*n 格的棋盘上放置着彼此不受攻击的 n 个皇后。按照国际象棋的规则，皇后可以攻击与之处于同一行或者同一列或者同一斜线上的棋子。n 皇后实际上等价于在 n*n 格的棋盘上放置 n 个皇后，并且其中任何两个皇后不能放在同一行或者同一列或者同一条斜线上。试分别使用递归回溯算法与非递归回溯算法(迭代回溯算法)实现之。

5. [子集和问题]给定整数集合 S 和两个整数 m,n,是否存在 S 的一个子集 H，使得 m 是取自 H 中至多 n 个整数的和(可以重复取)。

输入

从输入文件读入若干组测试数据。每一组测试数据的第一行是 3 个整数 m,n,k,($0 \leqslant m \leqslant 10000, 0 \leqslant n \leqslant 20, 0 \leqslant k \leqslant 20$)。接着的一行上有 k 个整数 $b_1, b_2, \cdots, b_k$，表示 S 由这 k 个整数组成。

输入直到文件结束。

输出

对第 i 组测试数据，应先在一行上输出文字"Case #:"，其中"#"是测试数据编号 i(从 1 开始编)，再在下一行上输出你能否实现将 m 表示成 S 中至多 n 个数字的和的文字描述："可能"，并将所有的组合形式输出出来。否则输出"不可能"

输入样例	输出样例
10　3　3	Case 1:
4　1　2	可能

10=4+4+2
Case 2：

27 5 3   不可能

2   3 13

6. [相异数字序列问题]给定整数 m=2，考察长度为 4 的 0、1 序列 0011。假如把该序列头尾相接，构成环状，如果沿着该环的某个位置，如顶上开始，以顺时针(也可逆时针)方向，取 m 个元素，可得 00，再变动一个位置，又可得 01，用同样方法可得 11，10。这样总共可取到 2^m 个长度为 m 的 0、1 序列 00，01，11，10，它们表示了互不相同的十进制的数 0、1、3、2。

对于整数 m=3，可以给出长度为 2^m=8 的 0,1 序列 00010111。将该序列头尾相接构成环状。这样，也可取到 2^m=8 个长度为 m 的序列 000，001，010，101，011，111，110，100，它们代表了互不相同的十进制 0，1，2，5，3，7，6，4，且均小于 8。

现在的任务是，给你一个整数 m，找出这样一个长度为 2^m 的 0、1 序列，使得依次取长为 m 的串时，得到的 2^m 个长为 m 的 0-1 串，它们表示了互不相同的十进制数。

注意：序列的排列是与在何处，以什么方向取串有关的。为了使结果具有确定性，这里约定：

(1) 按字符串大小比较，最小者符合要求。

(2) 从左向右取。显然 00010111<00011101。

直观上相当于说，对十进制的数列给出了一个序。例如，对于 m=3，对 00010111 与 00011101，得到的十进制数列分别为 0，1，2，5，3，7，6，4 与 0，1，3，7，6，5，2，4。从两数列的第一个数开始考察，发现第三个位置不同，且前者小，因而第 1 个数列的序要小。而 00011101 是不符合要求的。

输入

输入文件的第 1 行是一个整数 n,表示需考察 n 个整数(1≤n≤15)。接着的 n 行每行上有一个整数 m(1≤m≤15)。

输出

对输入文件中每个测试数据 m，应先在一行上输出文字 "m=#;"，其中 "#" 是测试数据 m，再在下一行上输出你的答案：如果可以求得，输出满足要求的 0、1 字符串；否则输出 "Impossible！"。

输入样例   输出样例

2   m=2；

2   0011

3   m=3；

                                 00010111

7. [集合分解问题]给你一个数字集合，问能否将集合中的数分成 6 个集合，使所有集合中数的和相等。例如，{1,1,1,1,1,1}，可以满足以上要求；但是，{1,2,3,4,5,6}不能。

输入

输入有多组测试数据，以整数 T 开始，表示有 T 组测试数据。每个 case 以 N 开头(N≤30)，表示集合中数的个数，接下来有 N 个整数。

输出

如果满足条件，输出 "yes"；否则输出 "no"。

输入样例

2

20 1 2 3 4 5 5 4 3 2 1 1 2 3 4 5 5 4 3 2 1

20 1 1 1 1 1 1 1 1 1 1 1 1 1 1 1 1 1 1 1 1

输出样例

yes

no

8. [宝石游戏问题]宝石游戏在 13*6 的格子里进行。游戏给出红色、蓝色、黄色、橘黄色、绿色和紫色的宝石。当任何 3 个以上的宝石具有相同颜色并且在一条直线(横竖斜)时,这些宝石可以消去。现在给定当前的游戏状态和一组新的石头,请计算当所有石头落下时游戏的状态。

输入

第一行 n 表示有 n 组测试数据。

下面每一个测试数据包含一个 13*6 的字符表,其中 B 表示蓝色,R 表示红色,O 表示橘黄色,Y 表示黄色,G 表示绿色,P 表示紫色,W 表示此处没有宝石。

接下来 3 行,每行包含一个字符,表示新来的宝石。

最后一个整数 m(1≤m≤6),表示新来的宝石下落位置。

输出

每一个测试样例,输出当前所有宝石落下后游戏的状态。

输入样例	输出样例
1	WWWWWW
WWWWWW	WWWWWW
WWWWWW	WWWWWW
WWWWWW	WWWWWW
WWWWWW	WWWWWW
WWWWWW	WWWWWW
WWWWWW	WWWWWW
WWWWWW	WWWWWW
WWWWWW	WWWWWW
WWWWWW	WWWWWW
BBWWWW	WWWWWW
BBWWWW	OOYWWW
OOWWWW	
B	
B	
Y	
3	

第 6 章

随机化算法

学习目标

(1) 理解随机化算法的基本思想；

(2) 理解将随机化算法引入到确定性算法中的意义与价值；

(3) 掌握将谢伍德算法用于求解快速排序问题的方法及其关于计算时间复杂度的分析；

(4) 掌握将拉斯维加斯算法用于求解字符串匹配问题的方法及其关于计算时间复杂度的分析；

(5) 掌握将蒙特卡罗算法用于求解素数测试问题的方法及其关于计算时间复杂度的分析。

知识结构图

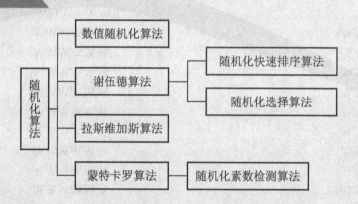

重点和难点

本章的重点在于理解随机化算法的基本思想；4 种随机化算法，即数值概率算法、谢伍德算法、拉斯维加斯算法及蒙特卡罗算法的基本特征；理解随机化算法与确定性算法的本质区别，以及将随机化算法运用于前面所讨论的使用确定性算法求解的问题时可以提高求解效率的原因；掌握这 4 种随机化算法的实现机制；掌握怎样将谢伍德算法用于求解快速排序问题；怎样将拉斯维加斯算法用于求解字符串匹配问题，以及怎样将蒙特卡罗算法用于求解素数测试问题；分析使用随机化算法求解以上各种问题时的时间复杂度及其空间复杂度，难点是体会在将随机化算法运用于前面的确定性算法求解问题的过程中可以怎样提高求解效率。

学习指南

本章最重要的概念是随机化算法的基本概念；本章的另一个特点就是对于前面章节中使用了确定性算法求解的问题使用了新的随机化方法提高其求解效率；在本章中，首先介绍了 4 种随机化算法——数值概率算法、谢伍德算法、拉斯维加斯算法及其蒙特卡罗算法的各自特点，接着，重点介绍了谢伍德算法用于求解快速排序问题、拉斯维加斯算法用于求解字符串匹配问题，以及蒙特卡罗算法用于求解素数测试问题的基本算法设计思想和设计方案，最后，分别讨论了使用这些随机化算法的时间复杂度和空间复杂度。

在学习本章时，读者特别需要注意的是，引入了这些随机化方法之后，虽然最终的解不一定在每时每刻都尽善尽美，但是求解的效率相对于前面使用的确定性算法有了很大的提高。这就是引入随机化算法讨论的意义与价值。

在第 1 章叙述算法的概念时，曾提到算法的一个特征——确定性。算法对于所有可能的输入，都必须能够得到正确的答案。可问题在于，有许多确定性的算法，其性能很差，也就是说，随着输入数据规模的不断增大，计算时间复杂度成指数级数的增加，计算效率显著下降。特别是有许多具有很好的平均运行时间的算法，在最坏的情况下，却具有很差的性能。于是，出现了采用随机选择的方法来改善算法的性能。1976 年，拉宾(M.Rabin)将这种新的算法设计方法，称为概率算法。这种算法将“算法对于所有可能的输入都必须给出正确的答案”这一条件予以放松，即允许在某些方面，它可能是不正确的。但是，由于出现这种不正确的可能性比较小，以至于可以安全地不予理睬。同理，也不要求对一个特定的输入，算法的每一次运行都能得到相同的结果。增加这种随机性的因素，所得到的效果是令人惊奇的。尤其是将这种随机性的因素加入到原来的那些效率很低的确定性算法中，可以快速地产生问题的解。这种算法通常被称为随机化算法。

6.1　随机化算法引言

随机化算法是指在算法中执行某些步骤或者某些动作时，所进行的选择是随机的。在随机化算法中，除了接收算法的输入以外，还应该接收一个随机的位流，以便于在算法的执行过程中，进行随机选择。通常，将求解问题 P 的随机化算法定义为：假设问题 I 是问题 P 的一个实例，在使用算法求解问题 I 的某些时刻，随机地选择某个输入 b∈I，并且由 b 来决定算法的下一步动作。随机化算法将随机性质注入到算法中，改善了算法分析与设计的灵活性，提高了算法的解题能力。

随机化算法有两个优点：首先，随机化算法所需要消耗的计算时间与空间开销，通常会小于同一个问题的已知的最好的确定性算法；其次，迄今为止所看到的所有随机算法，它们的实现都比较简单，也比较容易理解。

6.1.1 随机化算法的分类

随机化算法的一个基本特征是对于所求解问题的同一个实例采用同一个随机化算法求解两次可能得到完全不同的效果，即这两次求解所需要的时间甚至所得到的结果可能会出现相当大的差别。一般情况下，我们可以将随机化算法大致分为 4 类，即数值随机化算法、蒙特卡罗(Monte Carlo)算法、拉斯维加斯(Las Vegas)算法及其谢伍德(Sherwood)算法。

数值随机化算法常用于数值问题到的求解。这类算法所得到的解往往是近似解。并且近似解的精度随着计算时间的增加会不断地提高。在许多情况下，由于要计算出问题的精确解是不可能的或者是没有必要的，因此用数值随机化算法可以获得相当满意的解。

蒙特卡罗算法用于求出问题的准确解。对于许多问题来说，近似解毫无意义。例如，对于一个判定问题，其解为"YES"或者"NO"，二者必居其一，不存在任何近似解答。又如，要求一个整数的因子时所给出的解答必须是准确的，一个整数的近似因子本身是没有任何意义的。尽管使用蒙特卡罗算法可以求得问题的一个解，但是这个解未必就是正确的。其求得正确解的概率必须依赖于算法所消耗的时间。即算法所耗费的时间越多，得到正确解的概率就越高。蒙特卡罗算法的缺点也恰恰在于此。即在一般情况下，无法有效地判定所得到的解是否肯定正确。

使用拉斯维加斯算法不会得到不正确的解。即一旦使用拉斯维加斯算法找到一个解，那么这个解就一定是正确解。但是有时，在使用拉斯维加斯算法时会找不到解。与蒙特卡罗算法相类似，拉斯维加斯算法找到正确解的概率随着其所耗费的计算时间的增加而提高。对于所求解问题的任一实例，采用同一个拉斯维加斯算法反复对于该实例求解足够多的次数，可以使得求解失效的概率尽可能地变小。

使用谢伍德算法总是可以求得问题的一个解，并且求得的解总是正确的。当一个确定性算法在最坏情况下的计算时间复杂度与其在平均情况下的计算时间复杂度有较大地差别时，可以在这个确定性算法中引入随机性将它改造成为一个谢伍德算法，消除或者减少问题的好坏实例间的这种差别。谢伍德算法的精髓并不是避免算法的最坏情形的行为，而是设法消除这种最坏情形的行为与特定的实例之间的关联性。

在确定性算法 A 中，衡量算法 A 的时间复杂度，是取它的平均运行时间。如果算法 A 是一个随机化算法，对于数据规模大小为 n 的一个确定的实例 I，这一次运行和另外一次运行，其运行时间可能是不同的。因此，更正常的衡量算法的性能，是算法 A 对于确定的实例 I 的期望运行时间，即由算法 A 反复地运行实例 I，所取的平均运行时间。因此，在随机化算法里，所讨论的是最坏情况下的期望时间以及平均情况下的期望时间。

6.1.2 随机数产生器

正如以上所叙述的那样，在随机化算法中，要随时接收一个随机数，以便于在算法的执行过程中，按照这个随机数进行所需要的随机选择。因而，随机数在随机算法的设计过程中起着非常重要的作用。

在计算机中产生随机数的方法，经常采用下面的公式：

$$\begin{cases} d_0 = d \\ d_n = bd_{n-1} + c \quad (n = 1, 2, \cdots) \\ a_n = d_n / 65536 \end{cases} \tag{6-1}$$

使用式(6.1)可以产生 0～65535 的随机数 $a_1, a_2, \cdots$ 序列数的程序，有时可以称其为 2^{32} 步长的倍增谐和随机数产生器。其中，b、c、d 均为正整数，d 称为由该公式所产生的随机序列的种子。常数 b 与常数 c 的选取，对于所产生的随机序列的随机性能有非常大的关系，通常取 b 为一素数。

实际上，计算机并不能产生真正的随机数。当 b、c 和 d 确定以后，由公式(6.1)所产生的随机序列也就确定了。由于所产生的随机数仅仅只是在一定程度上的随机而已，因此，有时人们又把这种方法产生的随机数称为伪随机数。

以下就是随机数产生器的一个具体例子。其中，函数 random_seed 提供给用户选择随机数的种子，具体说来，当形式参数 d=0 时，取系统当前的时间作为随机数种子；当 d≠0 时，则选用 d 作为种子；函数 random 在给定种子的基础上，计算新的种子，并且产生一个范围由 low 及 high 的新的随机数。

```
#define MULTIPLIER 0x015B4F64L;
#define INCREMENT 1;
static unsigned long  seed;
void random_seed(unsigned long d)
{
    if(d==0)
        seed=time(0);
    else
        seed=d;
}
unsigned int random(unsigned long low,unsigned long high)
{
    seed=MULTIPLIER*seed+INCREMENT;
    return((seed>>16)%(high-low)+low);
}
```

6.2 谢伍德算法

不妨令算法 A 为一个确定性算法，它对于输入实例 x 的执行时间记为 $T_A(x)$。假定 X_n 是算法 A 的输入规模为 n 的所有输入实例的全体，那么算法 A 的平均运行时间为

$$\overline{T}_A(n) = \sum_{x \in X_n} T_A(x) / |X_n|$$

显而易见，这样做并不排除存在着个别实例 $x \in X_n$，使得 $T_A(x) \gg \overline{T}_A(n)$。实际上，很多算法对于不同的输入数据，显示出很不相同的运行性能。例如，当输入数据处于均匀分布时，快速排序算法的运行时间是 $\Theta(n * \log n)$。而当输入数据已经几乎按照递增顺序或者递减顺序排列时，算法的计算时间复杂度会增加得较快，从而导致算法的执行效率降低，就是这种情况。

如果存在一种随机算法 B，使得对于数据规模为 n 的每一个实例 $x \in X_n$，都有

$$T_B(x) = \overline{T}_A(n) + s(n)$$

偶尔会有某一个具体实例 $x \in X_n$，使得算法 B 运行这个具体实例所耗费的时间，可能会比上式所表示的运行时间更长一些，但这是由于算法的随机性选择所引起的，与算法的输入实例并没有关系，从而可以消除算法的不同输入实例对于算法性能的影响。

谢伍德类型的随机化算法，就是根据以上的思想来进行设计的。可以将算法 B 关于数据规模为 n 的输入实例的期望运行时间进行如下的定义：

$$\overline{T}_B(n) = \sum_{x \in X_n} T_B(x) / |X_n|$$

显而易见，$\overline{T}_B(n) = \overline{T}_A(n) + s(n)$。并且当 $s(n)$ 与 $\overline{T}_A(n)$ 相比非常小以至于可以被忽略时，谢伍德类型的随机化算法就可以体现出非常好的性能。

6.2.1 随机化快速排序算法

在第 2 章中所叙述的快速排序算法中，我们采用的是将数组的第一个元素作为划分元素进行排序，在平均情况下的计算时间复杂度为 $\Theta(n*\log n)$，在最坏情况下，即数组中的元素已经按照递增顺序或者递减顺序进行排列时，计算时间复杂度为 $\Theta(n*n)$，并且这种最坏的情况是时有发生的。例如，存在一个相当大的经过排序得到的文件，并在此基础上，如果再附加上一个关键字非常小的元素之后，再重新对其进行排序，此时，它的计算时间复杂度就会接近于 $\Theta(n*n)$。

出现这种情况，主要是由于第二章中所论述的快速排序算法采用数组中的第一个元素作为划分元素进行数组的划分所引起的。此时，由于数组中的元素已经按照递增顺序或者递减顺序进行了排列，这样一来，快速排序算法就退化成为了选择排序算法。如果我们随机地选取任意一个元素作为划分元素，则快速排序算法的行为就不会受到数组元素的输入顺序的影响，那么就可以避免这种情况的产生。这时，所谓的最坏情况，主要是由于随机数产生器所选择的随机枢点所引起的。如果随机数产生器所产生的随机枢点序列，恰好使得所选择的元素序列构成一个递增序列或者递减序列，就会发生这种情况。但可以认为出现这种情况的可能性是微乎其微的。

加入随机选择枢点的快速排序算法，可以按照算法 6.1 进行描述。

算法 6.1 选择随机化枢点的快速排序算法

输入：数组 A[ ]，数组元素的起始位置 low，终止位置 high

输出：按照非降顺序排序的数组 A[ ]

```
1.  template<class Type>
2.  void quicksort_random(Type A[],int low,int high)
3.  {
4.      random_seed(0);              /*选择系统的当前时间作为随机数种子*/
5.      r_quicksort(A,low,high);     /*递归调用随机快速排序算法*/
6.  }
7.  void r_quicksort(Type A[],int low,int high)
8.  {
9.    int  k;
```

```
10.    if(low<high) {
11.        k=random(low,high);       /*产生从 low 到 high 之间的随机数 k*/
12.        swap(A[low],A[k]);        /*将元素 A[k] 交换到数组的第一个位置*/
13.        k=split(A,low,high);      /*按照元素 A[low] 将原数组划分成为两个子数组*/
14.        r_quicksort(A,low,k-1);   /*对第一个子数组进行排序*/
15.        r_quicksort(A,k+1,high);  /*对第二个子数组进行排序*/
16.    }
17. }
```

算法 6.1 在最坏的情况下，仍然需要的计算时间复杂度为 $\Theta(n*n)$。这是由于随机数产生器第 i 次所随机产生的随机选择枢点元素，正好就是数组中的第 i 大或者第 i 小的元素所造成的。但是，正如以上的算法所述，这种情况出现的可能性是微乎其微的。实际上，输入元素的任何排列顺序都不可能使得算法的行为处于最坏的情况。因此，这个算法的期望运行时间为 $\Theta(n*\log n)$。

6.2.2　随机化选择算法

在第二章中所叙述的选择算法，是从 n 个元素中选择第 k 小的元素，它的运行时间是 20cn，因此，它的计算时间复杂度为 $\Theta(n)$。如果加入随机性的选择因素，就可以不断提高算法的性能。假定输入的数据规模为 n，可以证明，这个算法的计算时间复杂度小于 4n。以下就是这个算法的一个具体描述。

算法 6.2　随机化选择算法

输入：从数组 A 的第一个元素下标为 low，最后一个元素下标为 high 中，选择第 k 小的元素

输出：所选择的元素

```
1.   template<class Type>
2.   Type select_random(Type A[],int  low,int  high,int  k)
3.   {
4.      random_seed(0);           /*选择系统当前的时间作为随机数种子*/
5.      k-=1;                     /*使 k 从数组的第 low 元素开始计算*/
6.      return r_select(A[],low,high,k);      /*递归调用随机化选择算法*/
7.   }
8.   Type r_select(Type A[],int  low,int  high,int  k)
9.   {
10.    int i;
11.    if(high-low<=k)            /*第 k 小的元素已位于子数组的最高端*/
12.      return A[high];          /*直接返回最高端元素*/
13.    else{
14.      i=random(low,high);      /*产生从 low 到 high 之间的随机数 i*/
15.      swap(A[low],A[i]);       /*把元素 A[i] 交换到数组的第一个位置*/
16.      i=split(A,low,high);     /*按照划分元素 A[low] 将数组划分为两个*/
17.      if((i-low)==k)           /*元素 A[i] 就是第 k 小的元素*/
18.        return A[i];           /*直接返回 A[i]*/
```

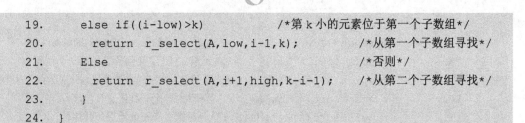

```
19.        else if((i-low)>k)              /*第 k 小的元素位于第一个子数组*/
20.          return r_select(A,low,i-1,k);         /*从第一个子数组寻找*/
21.        Else                             /*否则*/
22.          return r_select(A,i+1,high,k-i-1);    /*从第二个子数组寻找*/
23.       }
24.   }
```

由于数组元素的序号是从 low 开始，它是被检索的第一个元素，因此，这个算法从一开始就把变量 k 减 1，使得它可以方便地与数组元素的序号相互对应。进入递归函数 r_select 时，在该函数的第 4 行和第 5 行，首先判断子数组元素个数是否小于等于 k，如果条件成立，说明子数组的最高端元素便是所希望求取的元素。否则，在第 14 行，产生一个从 low 到 high 的随机数 i，把元素 A[i]作为划分元素；在第 16 行，调用函数 split，把数组划分成为 3 个部分，即小于划分元素的子数组、划分元素、大于划分元素的子数组，并且求得划分元素在数组中的新序号 i。这时，如果第 17 行的条件成立，说明划分元素就是所要选择的元素。否则，如果第 19 行的条件成立，那么就说明所选择的元素位于划分元素的新序号之前。于是，可以抛弃后一部分的子数组，递归地调用函数 r_select，从 low 到 i-1 的位置中，去寻找第 k 小的元素；如果第 19 行的条件不成立，那么就说明所选择的元素位于划分元素的新序号之后，这时就抛弃前一部分子数组，递归地调用函数 r_select，从 i+1 到 high 的位置中，去寻找第 k 小的元素。

这个算法的行为和性能，完全类似于二叉检索算法。每递归调用一次，就抛弃一部分元素，而对于另一部分元素进行处理。可以很方便地把这个算法的递归形式，改写成为循环迭代的形式。这个算法的运行时间估计如下：假定数组中的元素都是不相同的，在最坏的情况下，这个算法在第 i 轮递归调用时，由随机数产生器所选择的划分元素，正好就是数组的第 i 大的元素或者第 i 小的元素。因此，每一次递归调用，仅仅抛弃一个元素，而对于其余的元素继续进行处理。函数 split 对数据规模为 n 的数组进行划分，其元素的比较次数为 n。因此，算法 6.2 在最坏的情况下，所执行的元素比较次数为

$$n+(n-1)+\cdots+2+1=\frac{1}{2}n*(n+1)=\Theta(n*n)$$

正如前面所叙述的那样，发生这种情况的概率是微乎其微的。

下面，我们来分析算法 6.2 所执行的元素比较的期望次数。可以证明，对于数据规模为 n 的数组，这个算法所执行的元素比较的期望次数小于 4n，采用数学归纳法来证明。

令 C(n)是算法对 n 个元素的数组所执行的元素比较的期望次数。当 n=2 及 n=3 时，容易验证：$C(2) \leqslant 4*2 = 8, C(3) \leqslant 4*3 = 12$。

假定，对于所有的 $k(k=1,2,\cdots,n)$，$C(k) \leqslant 4*k$ 成立。以下我们证明 $C(n) \leqslant 4*n$ 也成立。

由于划分元素的位置 i 是随机选择的，假定它是 $0,1,\cdots,n-1$ 中的任意一个位置，并且都具有相等的概率。由于序号是从 0 开始的，第 k 小的元素相当于数组的第 k-1 个位置。因此，如果 i=k-1，那么划分元素就是所寻找的第 k 小的元素，这时，算法只需要调用一次函数 split，因此只执行了 n 次元素的比较操作；如果 i<k-1，那么就抛弃序号为 $0,1,\cdots,i$ 等总共 i+1 个元素，在其余的 n-i-1 个元素之中继续寻找第 k 小的元素，这时，除了调用函数 split 所执行的 n 次元素的比较操作之外，还需要执行 C(n-i-1)次元素的比较操作；如果 i>k-1，那么就抛弃后面的序号为 $i,i+1,\cdots,n-1$ 等总共 n-i 个元素，在前面的 i 个元素之中寻找第 k 小的元素，这时，除了调用函数 split 所执行的 n 次元素的比较操作之外，还需要

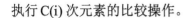

执行 C(i) 次元素的比较操作。

因此，算法所执行的元素比较的期望次数为

$$C(n) = n + \frac{1}{n}(\sum_{i=0}^{k-2} C(n-i-1) + \sum_{i=k}^{n-1} C(i))$$

$$= n + \frac{1}{n}(\sum_{i=n-k+1}^{n-1} C(i) + \sum_{i=k}^{n-1} C(i))$$

$$\leqslant n + \max_{k}\left[\frac{1}{n}(\sum_{i=n-k+1}^{n-1} C(i) + \sum_{i=k}^{n-1} C(i))\right]$$

$$\leqslant n + \frac{1}{n}\left[\max_{k}(\sum_{i=n-k+1}^{n-1} C(i) + \sum_{i=k}^{n-1} C(i))\right]$$

又由于 C(n) 是关于自变量 n 的非降函数，因此，当 k = [n/2] 时，表达式 $\sum_{i=n-k+1}^{n-1} C(i) + \sum_{i=k}^{n-1} C(i)$ 的值达到最大。因此

$$C(n) \leqslant n + \frac{1}{n}(\sum_{i=n-(n/2)+1}^{n-1} C(i) + \sum_{i=(n/2)}^{n-1} C(i))$$

根据前面的归纳定义，对于所有的 k(k = 1, 2, ···, n)，C(k) ≤ 4*k 成立。于是，有

$$C(n) \leqslant n + \frac{1}{n}(\sum_{i=n-\lceil n/2\rceil+1}^{n-1} 4*i + \sum_{i=\lceil n/2\rceil}^{n-1} 4*i)$$

$$= n + \frac{4}{n}(\sum_{i=n-\lceil n/2\rceil+1}^{n-1} i + \sum_{i=\lceil n/2\rceil}^{n-1} i)$$

$$\leqslant n + \frac{4}{n}(\sum_{i=(n/2)+1}^{n-1} i + \sum_{i=(n/2)}^{n-1} i)$$

$$\leqslant n + \frac{4}{n}(\sum_{i=(n/2)}^{n-1} i + \sum_{i=(n/2)}^{n-1} i)$$

$$= n + \frac{8}{n}\sum_{i=(n/2)}^{n-1} i$$

$$= n + \frac{8}{n}(\sum_{i=1}^{n-1} i - \sum_{i=1}^{(n/2)-1} i)$$

$$= n + \frac{8}{n}(\frac{n*(n-1)}{2} - \frac{(n/2)*((n/2)-1)}{2})$$

$$\leqslant n + \frac{8}{n}(\frac{n*(n-1)}{2} - \frac{(n/2)*(n/2-1)}{2})$$

$$= n + \frac{8}{n}(\frac{n*n-n}{2} - \frac{n*n-n*2}{8})$$

$$= n + \frac{1}{n}(3*n^2 - 2*n)$$

$$= 4*n - 2 \leqslant 4*n$$

由此，我们不难得出以下结论，当输入的数据规模为 n 时，随机化选择算法 select_random 所执行的元素比较的期望次数小于 4*n，因此，算法 6.2 的期望计算时间复杂度为 Θ(n)。

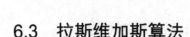

6.3 拉斯维加斯算法

谢伍德类型的随机化算法消除了算法的不同输入实例对于算法性能的影响。对于所有的输入实例而言，它的运行时间相对来讲比较平均，并且计算时间复杂度与原来的确定性算法的计算时间复杂度在同一个数量级上。而拉斯维加斯算法则是另一种类型的随机化算法，它有时运行成功，有时运行失败。因此，在使用拉斯维加斯算法求解问题时，需要对于同一个实例反复地运行，直到成功地得到问题的解为止。

不妨假定，"BOOL las_vegas(P(x))"是求解问题 P 的某个实例 x 的一个代码段，当程序运行成功时，它的返回值为 TRUE；当程序运行失败时，它的返回值为 FALSE。于是，拉斯维加斯算法反复地运行下面的代码段 "while(!las_vegas(P(x)))"，直到运行成功返回值TRUE 为止。假定 p(x) 是对于输入实例 x 成功地运行 "las_vegas" 的概率，为了使得以上的代码段 "while(!las_vegas(P(x)))" 不会发生死循环，必须有 p(x) > 0。即如果存在着一个正常数 $\varepsilon > 0$，使得对于问题 P 的所有实例 x，都有 $p(x) \geqslant \varepsilon$，那么就可以认为这个拉斯维加斯算法是正确的。由于 $p(x) \geqslant \varepsilon$，因此，失败的概率应小于 $1-\varepsilon$。如果连续运行上述的拉斯维加斯算法 k 次，就可以将失败的概率降低到 $(1-\varepsilon)^k$。并且当 k 充分大时，即当运行算法的次数非常多的时候，$(1-\varepsilon)^k$ 就会趋近于 0。这就表明，只要有足够多的时间运行以上的代码段，总可以得到原问题的解。

如果我们将 s(x) 记为成功地运行实例 x 所耗费的平均时间，将 u(x) 记为失败地运行实例 x 所耗费的平均时间，p(x) 是成功运行的概率，那么总的平均耗费时间 $T_A(x)$ 的表达式就是

$$T_A(x) = p(x)*s(x) + (1-p(x))*u(x)$$

因此，拉斯维加斯算法的期望运行时间 $\overline{T}(x)$ 的表达式如下：

$$\overline{T}(x) = (p(x)*s(x) + (1-p(x))*u(x))/p(x)$$
$$= s(x) + \frac{1-p(x)}{p(x)}*u(x)$$

下面，我们以一个具体实例——字符串匹配问题进一步地说明如何将拉斯维加斯算法用于求解的过程中，以达到提高求解的效率。

字符串匹配问题是这样描述的：给定两个长度分别为 n 和 m 的字符串 S 和 P(n≥m)，判断字符串 S 中是否包含有与字符串 P 相匹配的子串。这个匹配过程称为字符串匹配。字符串匹配实际上就是模式匹配的一种特殊的形式。有时，将字符串 S 称为正文，将字符串P 称为模式。字符串匹配的一个最简单的方法就是：首先在正文 S 中设置一个长度为 m 的窗口，然后逐个字符地检查位于窗口中的子串是否与模式 P 相匹配。开始时，窗口位于正文 S 的最左边的初始位置，然后逐个字符地向右移动窗口，直到窗口位于正文 S 的最右边为止。不难发现，检查窗口中的子串是否与模式 P 匹配需要执行 m 次比较操作。由于窗口的移动次数最多为 n-m 次。因此，需要比较的总次数为 m*(n-m+1)=Θ(m*n)。

另一种字符串匹配算法称为 RK(Rabin-Karp)算法，其思想方法就是对窗口中的子串和模式 P 都赋予一个 Hash 函数，只有在窗口中的子串的 Hash 函数值与模式 P 的 Hash 函数

值相等时，才检查窗口中的子串是否与模式 P 相匹配；否则，就不进行检查，直接移动到下一个窗口。这样一来，就可以极大地提高检查字符串匹配的速度。

假定正文 S 与模式 P 中出现的字符集为 $\Sigma = \{a_0, a_1, \cdots, a_{b-1}\}$，其中，$b = |\Sigma|$。令自然数集 $N_b = \{0, 1, \cdots, b-1\}$，函数 ch：$\Sigma \rightarrow N_b$ 为 $ch(a_i) = i$。令 $S = s_1 s_2 \cdots s_n$，$P = p_1 p_2 \cdots p_m$，窗口中的子串 $W_{i+1} = s_{i+1} s_{i+2} \cdots s_{i+m}, i = 0, 1, \cdots, n-m$。这样，如果我们将字符串中的每一个字符都用函数 ch 映射成为 0～(b-1)的正整数，那么模式 P 及窗口中的子串可以表示成为以 b 为其基底的，并且具有 m 位数字的 b 进制数。例如，模式 P 的 b 进制数 p 可以进行以下的表示：

$$p = y_1 y_2 \cdots y_m = \sum_{i=1}^{m} y_i * b^{m-i} = (\cdots((y_1 * b) + y_2) * b + \cdots + y_{m-1}) * b + y_m$$

其中，$y_i = ch(p_i), i = 1, 2, \cdots, m$。同理，在窗口中的子串 W_{i+1} 的 b 进制数 w_{i+1} 可以表示为

$$w_{i+1} = \sum_{k=i+1}^{m+i} x_k * b^{m+i-k} = (\cdots((x_{i+1} * b) + x_{i+2}) * b + \cdots + x_{m+i-1}) * b + x_{m+i}$$

其中，$x_i = ch(s_i), i = 1, 2, \cdots, n$。则对于窗口中的子串 W_{i+1} 的 b 进制数 w_{i+1}，应有以下的递推关系式：

$$w_{i+2} = (w_{i+1} - x_{i+1} * b^{m-1}) * b + x_{i+m+1}, i = 0, 1, \cdots, n-m$$

此时，我们引入 Hash 函数如下：

$$h(p) = p\%q$$
$$h(w_i) = w_i\%q$$

其中，q 是某个充分大(要多大就有多大)的素数。则对于窗口子串 W_{i+1} 的 b 进制数 w_{i+1} 的 Hash 函数 $h(w_{i+1})$，应有下面的递推关系式：

$$h(w_{i+2}) = ((h(w_{i+1}) - x_{i+1} * b^{m-1}\%q) * b + x_{m+i+1})\%q$$

因此，我们可以使用算法 6.3 来实现字符串的匹配：

算法 6.3　字符串匹配算法

输入：存放正文字符串的数组 S[ ]，正文字符串的长度 n，模式字符串数组 P[ ]，模式字符串长度 m，素数 q

输出：与 P 相匹配的子串在正文中的起始位置 loc

```
1.   void match(char S[],long n,char P[],long m,long &loc,long q)
2.   {
3.       long b=BASE;                /*字符集Σ的字符数目*/
4.       long i;
5.       long j;
6.       long k;
7.       long w=0;
8.       long p=0;
9.       long x=1;
10.      for(i=0;i<m-1;i++)          /*计算bm-1% q*/
11.          x=(x*b)%q;
12.      for(i=0;i<m;i++)
13.          w=(w*b+ch(S[i]))%q;     /*第一个窗口子串的 Hash 值*/
14.      for(i=0;i<m;i++)
15.          p=(p*b+ch(P[i]))%q;     /*模式串的 Hash 值*/
```

```
16.        i=0;
17.        loc=-1;
18.    while((i<n-m)&&(loc==-1)) {
19.        if(w==p) {                    /*判断模式串的 Hash 值是否相等*/
20.            for(k=0;k<m;k++)          /*如果 Hash 值相等,那么就检查是否匹配*/
21.            if(S[i+k]!=P[k])
22.            break;
23.             if(k>=m)                 /*如果模式串全部检查完毕,那么窗口子串匹配*/
24.             loc=i;                   /*否则,不进行匹配*/
25.            }
26.        w=((w-S[i]*x)*b+S[i+m])%q;    /*计算下一个窗口子串的 Hash 值*/
27.        }
28.    }
```

算法 6.3 的第 10～11 行计算 $b^{m-1} \bmod q$ 的值，需要的计算时间复杂度为 $\Theta(m)$；第 12～13 行计算正文的第一个窗口子串 b 进制数的 Hash 值。其中，函数 ch(S[i]) 的主要功能就是将字符 S[i] 映射为自然数 i，需要消耗的计算时间复杂度为 $\Theta(1)$。因此，计算正文的第一个窗口子串 b 进制数的 Hash 值，需要花费的计算时间复杂度也为 $\Theta(m)$。第 14～15 行主要计算模式串 b 进制数的 Hash 值，需要花费的计算时间复杂度也应为 $\Theta(m)$。

从第 14 行开始至第 25 行结束的 while 循环检查是否存在与模式串 Hash 值相同的窗口子串，这个循环的循环体最多执行 n-m 次，第 26 行则是计算下一个窗口子串的 Hash 值，只需要消耗的计算时间复杂度为 $\Theta(1)$。如果所有的窗口子串的 Hash 值都与模式串的 Hash 值不相同，那么第 20 行开始的内部 for 循环一次也不执行，这样执行 while 循环所花费的计算时间复杂度为 O(n)，此时，整个字符串匹配算法的计算时间复杂度为 $O(n+m)$；如果存在着一个与模式串的 Hash 值相同的窗口子串，而且在 for 循环的进一步检查中，该子串与模式串进行匹配，由于 for 循环的循环体只需要 $\Theta(m)$ 的时间复杂度，因此，在这种情况下，整个字符串匹配算法的计算时间复杂度仍为 $O(n+m)$。

但是，窗口子串的 Hash 值与模式串的 Hash 值相同，并不能确保这两个字符串一定匹配。如果都出现了 Hash 值相同而字符串不匹配，那么算法的执行仍然可能需要 $O(n*m)$ 的计算时间复杂度。当 $P \neq W_i$，并且 $h(p)=h(w_i)$ 时，就将出现这种情况，并将这种情况称为假匹配。这是由于所选用的素数 q 整除 $P-W_i$ 所引起的。如果对于所有的 $i=1,2,\cdots,n-m$，都出现了上面这样的假匹配，那么就只有当所选用的素数 q 可以整除下式时才有可能：

$$r = \prod_{i=1}^{n-m} |p - w_i|$$

然而，p 与 w_i 都是具有 m 位数字的 b 进制数，因此，$r < (b^m)^n = b^{mn}$。我们可以令 $\pi(n)$ 是小于 n 的不同的素数个数，已知 $\pi(n)$ 渐近于 $n/\ln n$。如果令 b=64，那么整除以上的式子的素数的个数不会超过 $\pi(6m*n)$。不妨令 $R=12*m*n^2$，小于 R 的不同素数个数有 $\pi(12m*n^2)$ 个。考虑到以下的关系式：

$$\frac{\pi(6m*n)}{\pi(12m*n^2)} \approx \frac{6m*n}{\ln(6m*n)}\frac{\ln(12m*n^2)}{12m*n^2} = \frac{1}{2n}\frac{\ln(12m*n^2)}{\ln(6m*n)}$$

$$< \frac{1}{2n}\frac{\ln(6m*n)^2}{\ln(6m*n)} = \frac{1}{2n}\frac{2\ln(6m*n)}{\ln(6m*n)} = \frac{1}{n}$$

上面的这个式子表明，如果在小于 R 的素数集合中，随机地选择素数 q，那么就会出现假匹配的概率将小于 1/n。这样一来，我们就可以使用随机化算法 9.4 来实现字符串的匹配过程。

算法 6.4　字符串匹配的随机化算法

输入：正文字符串的数组 S[ ]，正文字符串的长度 n，模式字符串数组 P[ ]，模式字符串长度 m，小于 R 的素数数组 R[ ]

输出：与 P 相匹配的子串在正文中的起始位置 loc

```
1.  void match_random(char  S[],long  n,char  P[],long  m,long  &loc,
long R[])
2.  {
3.      long  q;
4.      random_seed(0);
5.      q=random(1,num);              /*num 为数组 R 中的元素数目*/
6.      q=R(q);
7.      match(S[],n,P[],m,loc,q);
8.  }
```

算法 6.4 可以从小于 R 的素数集合中随机地选择一个素数，使得在调用函数 match 时，出现假匹配的概率小于 1/n，从而当执行函数 match 中的 while 循环时，最多增加 m*n/n 的时间。因此，这个算法的计算时间复杂度仍然应为 O(n+m)，并且这是在提供小于 R 的素数集合的数据下得到的。同时，这个算法总是可以给出正确的字符串匹配的答案。

6.4　蒙特卡罗算法

与拉斯维加斯随机化算法有所不同，蒙特卡罗随机化算法总是可以得到问题的答案，但是可能会偶然地产生不正确的答案。因此，我们可以假定，求解某个问题的蒙特卡罗算法对于该问题的任何实例得到正确解的概率为 p，并且有 1/2<p<1，则称该蒙特卡罗算法是以概率 p 正确的，且该算法的优势为 p-1/2。如果对于同一个实例，该蒙特卡罗算法不会给出两个不同的正确答案，那么就称该蒙特卡罗算法是一致的。对于一个一致的以概率 p 正确的蒙特卡罗算法，如果重复地运行这种算法，并且每一次运行都独立地进行随机地选择，那么就可以使得产生不正确答案的概率变得足够小。

下面，我们举一个在数论中比较经典的使用蒙特卡罗随机化算法求解的实例，即素数测试。之所以要举这个例子，是因为素数的研究与计算机软件中的信息安全有着十分密切的关系，而素数的测试又是素数研究中的一个重要的课题。测试一个整数 n 是否为素数，常用的方法就是把这个数依次除以从 2 开始一直到 √n 的整数，如果余数为 0，那么就表明这个整数 n 不是素数；如果余数不为 0，那么就表明这个整数 n 是素数。这种测试素数的思想就是，寻找一个可以整除整数 n 的整数 a，如果存在着这样的 a，那么整数 n 就不是素数；如果不存在这样的 a，那么整数 n 就是素数。这个算法虽然简单，但是效率非常低，不难证明，它是一个指数时间算法，而并非一个多项式时间算法，即随着数据规模的增加，计算时间复杂度会迅速增大。这就迫使人们不得不从另外的方向去思考这一问题，试图证明被测试的整数就是素数。

在数论中，关于素数的性质，存在着下面著名的费尔马(Fermat)小定理 6.1。

定理 6.1 如果正整数 n 是素数，那么对于所有小于 n 的正整数 a，都有 $a^{n-1} \equiv 1 \pmod{n}$。

该定理的证明从略，定理 6.1 表明：如果存在正整数 a，并且 1<a<n，使得 $a^{n-1} \pmod{n}$ ≠1，那么就说明整数 n 一定不是素数。因此，我们可以设计一个计算 $a^m \pmod{n}$ 的算法 exp_mod，然后我们可以根据这个算法的计算结果，来判定整数 n 是否是素数的可能性。算法 6.5 就是对上述求解思想的具体算法描述：

算法 6.5 指数运算后取模

输入：正整数 a,m,n；且 m<n

输出：a^m 除以正整数 n 所得的余数

```
1.   int exp_mod(int  n,int  a,int  m)
2.   {
3.      int  i,c,k=0;
4.      int  *b=new int[n];
5.      while(m!=0) {                /*将 m 转换为二进制数字并存放于数组 b[k]中*/
6.        b[k++]=m%2;
7.        m=m/2;
8.      }
9.      c=1;
10.     for(i=k-1;i>=0;i--) {        /*计算 a^m 除以正整数 n 所得的余数*/
11.       c=(c*c)%n;
12.       if(b[k]==1)
13.          c=(a*c)%n;
14.     }
15.     delete  b;
16.     return  c;
17.  }
```

这个算法 6.5 分为两个部分，第 5~8 行执行的主要功能就是将 m 转换成为二进制数字，并且存于数组 b 中；第 9~14 行执行的主要功能是求数 c 的平方，并且根据数组 b 的对应元素的二进制数值，将 c 乘以 a。每一次求平方或者求乘积之后，就需要对正整数 n 取模，而并不是先计算 a^m，最后再对正整数 n 取模。不难发现，运行这两部分代码段所需要的计算时间复杂度均为 $\Theta(\log m)$。又由于 m<n，因此这个算法 6.5 的计算时间复杂度为 $\Theta(\log n)$。进而，我们可以使用算法 6.6 来测试正整数 n 是否为素数。

算法 6.6 素数测试的一种算法

输入：正整数 n

输出：如果整数 n 为素数，那么就返回 TRUE；如果整数 n 不为素数，那么就返回 FALSE

```
1.   BOOL  prime_test1(int  n)
2.   {
3.      if(exp_mod(n,2,n-1)==1)
4.        return TRUE;                /*是素数或者伪素数*/
```

```
5.          else
6.              return FALSE;                    /*不是素数*/
7.    }
```

算法 6.6 的主要功能是判断条件 $2^{n-1} \equiv 1 (\bmod\ n)$ 是否成立,如果不成立,那么就说明整数 n 一定不是素数。但是,如果成立,并不能排除整数 n 不是素数的可能性。这是由于费尔马小定理仅仅只是判断素数的必要条件,而并非是判断素数的充分条件,即它的逆命题并非是真命题。例如,在 4～2000 的所有合数中,有 341,561,645,1105,1387,1729,1905 等合数都满足 $2^{n-1} \equiv 1(\bmod\ n)$ 的条件。

事实上,有相当多的合数 n 存在着整数 a,使得 $a^{n-1} \equiv 1(\bmod\ n)$ 成立,将这样的合数称为 Carmichael 数。然而当一个合数 n 相对于基数 a 满足定理 9.1 时,就称整数 n 是以 a 为基数的伪素数。因此,改善算法 6.6 的另一种方法就是在 2～n-2 的所有整数中随机地选择一个数作为基数。尽管如此,仍然有可能把伪素数当成素数而出现错误。为了减少这种错误,可以采用以下的二次探测方法。如果整数 n 是素数,那么 n-1 就必然是偶数。因此,可令 n-1=2^qm,并且考察以下的测试序列:

$$a^m (\bmod\ n), a^{2m} (\bmod\ n), a^{4m} (\bmod\ n), \cdots, a^{2^q m} (\bmod\ n)$$

把上述测试序列称为 Miller 测试。关于 Miller 测试,有下面的定理:

定理 6.2　如果正整数 n 是素数,a 是小于整数 n 的正整数,那么 n 对于以正整数 a 为基的 Miller 测试,结果为真。

证明:　由于整数 n 是素数,令 n-1=2^qm。因为 a 是小于整数 n 的正整数,根据定理 9.1,有

$$(a^{2^{q-1}m})^2 = a^{2^q m} = a^{n-1} \equiv 1(\bmod\ n)$$

因此,可得

$$(a^{2^{q-1}m})^2 - 1 \equiv 0 \ (\bmod\ n)$$

$$(a^{2^{q-1}m} - 1) * (a^{2^{q-1}m} + 1) \equiv 0 \ (\bmod\ n)$$

上式表明,如果整数 n 为素数,那么就必然也应有 $a^{2^{q-1}m} \equiv 1(\bmod\ n)$ 或者 $a^{2^{q-1}m} \equiv -1(\bmod\ n)$。据此向前递推,可以得出下面的结论,即对于所有的 r(r=0,1,$\cdots$,q),都应有 $a^{2^r m} \equiv 1(\bmod\ n)$ 或者 $a^{2^r m} \equiv -1(\bmod\ n)$。这样,我们就可以说明正整数 n 对于以 a 为基的 Miller 测试,其结果为真。

定理 6.3　如果正整数 n 是合数,a 是小于整数 n 的正整数,那么 n 对于以正整数 a 为基的 Miller 测试,结果为真的概率小于或者等于 25%。

以上的定理 6.3 表明:Miller 测试将 Carmichael 数当成为素数处理的错误概率最多不会超过 25%。如果进一步增加测试素数或者伪素数的机会,可以进一步降低发生错误的概率。如果重复进行测试 k 次,那么就可以将错误概率降低到 $1/4^k$。因此,如果假设 k = (logn),那么错误的概率将为 $4^{-\lceil \log n \rceil} \leqslant 1/n^2$。这样一来,这个算法将至少可以以 $1-1/n^2$ 的概率给出正确的答案。并且当 n 足够大时,可以认为 Miller 测试是完全可以信赖的。因此,算法 6.6 可以修改成为算法 6.7 的形式。

算法 6.7　随机化素数测试算法(蒙特卡罗算法)

输入：正整数 n

输出:如果整数 n 为素数,那么就返回 TRUE;如果整数 n 不为素数,那么就返回 FALSE

```
1.   BOOL  prime_test(int  n)
2.   {
3.     int i,j,x,a,m,k,q=0;
4.     m=n-1;
5.     k=log(n);
6.     while(m%2==0) {                            /*计算 n-1=2qm 的 q 与 m*/
7.       m=m/2;
8.       q++;
9.     }
10.    random_seed(0);
11.    for(j=0;j<=k;j++) {
12.      a=random(2,n-2);
13.      x=exp_mod(n,a,m);
14.      if(x!=1)
15.        return FALSE;                          /*不是素数*/
16.      else {
17.        for(i=0;i<q;i++) {
18.          if(x!=(n-1))
19.            return FALSE;                       /*不是素数*/
20.          x=(x*x)%n;
21.        }
22.      }
23.    }
24.    return TRUE;                               /*是素数*/
25.  }
```

　　算法 6.7 的计算时间复杂度可以按照下面的方式来进行估计：假定第 4 行、第 5 行、第 10 行及第 12 行需要耗费的计算时间复杂度为 O(1)；从第 6 行开始至第 9 行结束需要耗费的计算时间复杂度为 $\Theta(\log m) = O(\log n)$；不难发现，从第 11 行开始的 for 循环的循环体需要执行 $\log n$ 次，其中，在循环体中的第 13 行需要消耗的时间开销为 O($\log n$)；由于从第 17 行开始的内部 for 循环的循环体需要执行 $\log m$ 次，因此，需要消耗的计算时间复杂度为 $\Theta(\log m) = O(\log n)$。根据以上的分析，算法 6.7——随机化素数测试算法所需要的计算时间复杂度为 O($\log n * \log n$)，如果考虑到数据规模 n 充分大时，那么就应该使用大整数乘法进行计算，由于在每一次大整数相乘的过程中，都需要 O($\log n * \log n$) 的时间开销，因此，当数据规模 n 充分大时，算法 6.7 的计算时间复杂度为 O($\log^4 n$)。

本 章 小 结

　　本章首先介绍了在确定性算法中引入随机化算法的目的、意义和价值；然后介绍了随机化算法的设计思想、基本设计原则和设计思路，接着，分别介绍了随机化算法的 4 种基本类型，即数值概率算法、谢伍德(Sherwood)算法、拉斯维加斯(Las Vegas)算法以及蒙特卡罗(Monte Carlo)算法，以及它们各自的特点。最后，简要介绍了将后面的 3 种随机化算法应用于确定性问题进行求解的具体实例，即将谢伍德随机化算法应用于快速排序算法，将拉斯维加斯算法应用于字符串匹配算法，将蒙特卡罗算法应用于素数测试算法中的实例，并对其进行了时间复杂度与空间复杂度的分析，在分析的过程中与确定性的算法进行了比较，并得出了以下的结论，即在这 3 个问题中，如果使用了随机化算法，在一定程度上会降低时间复杂度及空间开销。

习题与思考

1. [计算 π 值问题]试使用数值概率算法计算圆周率 π 的近似值。

2. [整数因子分解问题]假定令 n 是大于 1 的正整数，如果 n 不是一个素数(一个合数)，那么就必然存在着 n 的一个非平凡因子 x，且 1<x<n，使得 n 可以被 x 整除。因此，任意给定一个合数 n，求其全部非平凡因子(使用随机化算法)。并对其进行时间复杂度的分析。

3. [数组的主元素问题]令数组 A 是具有 n 个元素的数组，x 是数组 A 中的一个元素，如果数组 A 中有一半以上的元素(含正好一半这种情况)与 x 相同，就称 x 是数组 A 的主元素。例如，在数组 A={5,3,3,6,3,5,3}中，元素 3 就是该序列的主元素。现输入任意数组 A，使用随机化算法求出在这个数组中的全部主元素。并对其进行时间复杂度的分析。

4. [n 皇后问题]在 n*n 格的棋盘上放置着彼此不受攻击的 n 个皇后。按照国际象棋的规则，皇后可以攻击与之处于同一行或者同一列或者同一斜线上的棋子。n 皇后实际上等价于在 n*n 格的棋盘上放置 n 个皇后，并且其中任何两个皇后不能放在同一行或者同一列或者同一条斜线上。试用拉斯维加斯算法实现这个问题，并对其进行时间复杂度的分析。

第 7 章

图论与网络流问题

(1) 理解图的遍历的基本概念；
(2) 理解网络以及网络的最大流量的基本概念；
(3) 理解图的匹配以及二部图的最大匹配的基本概念；
(4) 掌握图的深度优先搜索遍历算法与图的广度优先搜索算法；
(5) 掌握两种最基本的求解网络的最大流量的算法；
(6) 掌握求解二部图的最大匹配的匈牙利树算法。

知识结构图

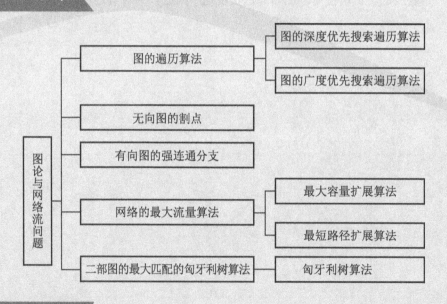

重点和难点

  本章的重点在于掌握深度优先搜索遍历算法(DFSA)及广度优先搜索遍历算法(BFSA)的基本设计思想和设计方法；理解并掌握两个图论中的基本算法的时间复杂度和空间复杂

度进行分析的方法；理解网络与网络的最大流量这两个基本概念；掌握两种求解网络的最大流量的最基本的算法，即最大容量扩展算法与最短路径扩展算法的基本设计思想和设计方法，并能熟练掌握对这两个算法的时间复杂度和空间复杂度的分析；理解图的匹配以及二部图的最大匹配的基本概念；掌握求解二部图的最大匹配的匈牙利树算法的基本设计思想和设计方法；并能熟练掌握关于匈牙利树算法的时间复杂度和空间复杂度的分析方法。

学习指南

本章最重要的概念是图的遍历概念；最基本的算法就是图的深度优先搜索遍历算法与图的广度优先搜索遍历算法。因此，在本章中，首先介绍了图的遍历这个基本概念及上面所提及的两个图的搜索遍历算法，并对这两个算法各自的时间复杂度和空间复杂度进行了分析与比较；然后就是将这两个基本算法运用于需要求解的两个实际问题中去，这两个实际问题分别是网络的最大流量问题及二部图的最大匹配问题。尤其是对于网络的最大流量问题进行算法设计的过程中，我们使用了两种不同的算法，即最大容量扩展算法与最短路径扩展算法。这两种算法的差别恰恰体现在分别使用了图的两种不同的搜索遍历算法，即一个使用的是深度优先搜索遍历算法，而另一个则使用的是广度优先搜索遍历算法；而对于求解二部图的最大匹配问题，在本章中我们仅仅只介绍了一种被称为匈牙利树算法，可是在使用这个算法求解问题时，仍然调用了图的广度优先搜索遍历算法，因此，细心的读者一定会问，有没有一种调用图的深度优先搜索的算法求解二部图的最大匹配问题的算法呢？读者可以思考一下这个问题。最后，本章对于求解网络的最大流量的算法及求解二部图的最大匹配问题的算法进行了时间复杂度与空间复杂度的分析。

在前面的章节中，我们结合算法设计方法，讨论了图的最短路径问题、最小生成树问题等。在这一章中，我们将继续讨论图和网络的其他一些问题，主要包括图的遍历问题、网络流量问题及其无向图的最大匹配问题。

网络流问题是图论中的一类十分常见的问题。许多系统都包含了流量。例如，公路系统中存在着车辆流，控制系统中存在着信息流，供水系统中存在着水流，金融系统中存在着现金流等等。从问题求解的需求出发，网络流问题可以分为：网络最大流问题、流量有上下界网络的最大流和最小流，最小费用最大流、流量有上下界网络的最小费用最大流，等等。网络流算法也是求解其他一些图论问题的基础，如求解图的结点连通度和边连通度、匹配问题等。

7.1　图　的　遍　历

图的遍历就是从图的某个结点出发，沿着与此结点相关联的边，依次访问该图中的所有结点一次且仅一次。图的遍历通常存在两种方法：深度优先搜索遍历算法与广度优先搜索遍历算法，在本节中，我们主要叙述图的这两种遍历方法及其应用。

7.1.1　图的深度优先搜索遍历算法

图的深度优先搜索(depth first search，DFS)遍历类似于树的前序遍历。我们可以令图

G=(V,E)是一个无向图或者有向图。并且在初始时刻，图 G 中的全部结点都未曾被访问过，这样，我们就从该图 G 的结点集 V 中任意选取一个结点，不妨设其为结点 u，并以结点 u 作为起始出发点，这样一来，深度优先搜索遍历过程就可以按照以下的方式进行描述：访问出发点 u，并且将其标记为访问过，然后从此结点 u 出发，依次搜索与该结点 u 的每一个邻接结点 v；如果结点 v 没有被访问过，就将结点 v 作为新的起始出发点，按照以上相同的方式继续进行深度优先搜索遍历。

从以上的深度优先搜索过程的描述中，不难发现，这个搜索(遍历)过程是递归进行的。它尽可能地朝着前方(深度所指示的方向)进行搜索，当搜索过程经过某个结点时，意味着该结点的所有邻接结点都已被访问过，然后再进行回溯，因此称为深度优先搜索遍历。例如，我们不妨假定结点 u 是刚刚被访问过的结点，这样，我们就可以从结点 u 出发，选择一条未经搜索过的边(u,v)，如果结点 v 已经被访问过，那么就重新从结点 u 出发，再选择另外一条没有经过搜索的边(u,w)，如果结点 w 尚未经过访问，那么搜索路径就应由结点 u 到达结点 w。这样，我们就访问结点 w，并且将 w 结点标记为已经访问过的结点。接下来，我们将从 w 结点出发，依次搜索与结点 w 相关联的边。这个搜索过程一直递归地重复，搜索路径就一直向前延伸。当与结点 w 相关联的所有的边都已经被搜索完毕，就可以回溯到结点 u，并且继续从结点 u 出发，选择一条未经搜索过的边，向着另一个方向进行搜索。如果与结点 u 相关联的所有边也已经搜索完毕，就可以从结点 u 向上回溯到结点 u 之前的结点。如果 u 结点本身就是起始出发点，那么就说明以上的深度优先搜索过程执行完毕。因此，我们在整个搜索过程中建立了一棵生成树，如果 u 结点本身就是起始出发点，那么此结点就是这个生成树的根结点。

如果给定的图 G 是一个连通图，那么从该图 G 中的任意一个结点出发，可以按照上面的搜索过程依次遍历图 G 中的各个结点；如果图 G 是非连通图，那么从该图的任意结点出发进行搜索，只能访问到与该结点存在通路的所有结点，如果要访问与该结点没有通路的其他结点，那么就需要从该图 G 的未被访问过的其他结点中，寻找一个结点继续进行搜索。

为了方便起见，我们不妨将图 G 中的结点用数字进行编号。这样，就令图 G 的结点集合为 $V = \{0,1,\cdots,n-1\}$。下面，我们使用图的邻接表来表示图 G 中各个结点及其与关联边之间的关系：

```
struct adj_list {              /*邻接表结点的数据结构*/
  int v;                       /*邻接结点的编号*/
  struct adj_list *next;       /*下一个邻接结点*/
};
typedef struct adj_list NODE;
NODE node[n];                  /*图的邻接表*/
```

另外，我们接着定义以下的两个数组，来登记各个结点在搜索遍历过程中被访问的顺序号：

```
int prin[n];                   /*相应结点的先序遍历的顺序号*/
int postn[n];                  /*相应结点的后序遍历的顺序号*/
int tra[n];                    /*按照遍历顺序存放的结点顺序号*/
```

其中，数组 tra 是按照遍历顺序存放被遍历结点的顺序号。由于深度优先搜索遍历过程是一个递归过程，因此，实现深度优先搜索遍历的算法也可以运用递归算法进行描述。这样一来，深度优先搜索遍历算法的步骤可以描述如下：

(1) 将所有结点标记为未访问过。

(2) 令 i=0。

(3) 如果结点 i 未曾被访问过，那么就调用函数 dfs(i)，进行深度优先搜索过程。

(4) i：=i+1；当 i 小于 n 时，转步骤(3)；当 i 大于等于 n 时，算法结束。

而对于函数 dfs(i)，实现步骤叙述如下：

(1) 将结点 i 标记为已经访问过；使指针 p 初始化为结点 i 的邻接表的首元素。

(2) 如果指针 p 为空指针，则 dfs 函数的执行过程结束；如果指针 p 为非空指针，则取该指针所指向的元素，同时，令该结点的编号为 v。

(3) 如果结点 v 已经被访问过，那么就不进行处理；如果结点 v 不曾被访问过，就调用函数 dfs(v)。

(4) 使指针 p 指向下一个邻接结点，然后转步骤(2)。

这样一来，图 G 的深度优先搜索遍历算法可以描述成算法 7.1 的形式。

算法 7.1　图的深度优先搜索遍历算法

输入：图的邻接表 node[ ]，图的结点数目 n

输出：相应结点的先序遍历顺序号 prin[ ]，后序遍历顺序号 postn[ ]，按照遍历顺序存放的结点顺序号 tra[ ]

```
1.  void traver_dfs(NODE node[],int n,int prin[],int post[],int tra[])
2.  {
3.     int  i;
4.     int  prifdn;
5.     int  postfdn;
6.     int  count;
7.     BOOL *a=new BOOL[n];
8.     prifdn=0;
9.     postfdn=0;
10.    count=0;
11.    for(i=0;i<n;i++)
12.      a[i]=FALSE;
13.    for(i=0;i<n;i++)
14.      if(!a[i])
15.      dfs(i,node,n,prin,postn,a,prifdn,postfdn,tra,count);
16.    delete a;
17.  }
18.  void dfs(int v,NODE node[],int n,int prin[],int postn[],BOOL a[],int
&prifdn,int &postfdn,int tra[],int &count)
19.  {
20.     NODE *p;
21.     a[v]=TRUE;
```

```
22.        tra[count++]=v;
23.        prin[v]=++prifdn;
24.        p=node[v].next;
25.        while(p!=NULL) {
26.          if(!a[p->v])
27.            dfs(p->v,node,n,prin,postn,a,prifdn,postfdn,tra,count);
28.          p=p->next;
29.        }
30.        postn[v]=++postfdn;
31.    }
```

　　算法 7.1 使用了一个布尔数组 a 作为结点是否被访问过的标志；在深度优先搜索遍历的过程中，我们使用数组 prin 记录结点的先序遍历顺序号；使用数组 postn 记录结点的后序遍历顺序号；使用数组 tra 记录按照先序遍历的顺序存放的结点顺序号。起始时，将布尔数组 a 中的所有元素的初值设置为 FALSE，表示所有的结点均未被访问过。与此同时，将计数器 prifdn 及其计数器 postfdn 初始化为 0。在深度优先搜索遍历过程中，这两个计数器既用于对被访问过的结点进行计数；同时，也用它们来登记未被访问的结点的先序遍历顺序号和后序遍历顺序号。然后，从结点 0(起始结点)开始进行深度优先搜索遍历。如果图 G 是连通图，那么从初始结点 0 出发，依次可以遍历完图中的全部结点；如果图 G 是非连通的，那么就只能遍历该图 G 中的一个连通分支。当该连通分支搜索遍历过程结束时，就返回到算法 7.1 的第 13 行的循环语句部分，继续对原图中的其余结点进行搜索遍历。

　　当搜索遍历过程结束时，由起始出发进行搜索的结点到其他的通过搜索过程可以到达的全部结点，构成了一棵树，称为深度优先搜索遍历生成树。其中，起始出发的结点即是这棵生成树的根结点。如果结点 v 是从这棵树的根结点到结点 w 的路径上的一个结点，就称结点 v 为结点 w 的祖先结点；结点 w 是结点 v 的子孙结点。如果从起始结点进行搜索遍历，不能到达其余所有结点(非连通图的情况)，那么搜索的结果将会产生若干棵深度优先搜索遍历生成树，它们构成了一个森林(forest)。

　　根据深度优先搜索的遍历过程，我们可以对于图 G 中的所有的边进行分类。不妨令 G=(V,E)是一个无向图，则边集合 E 中的所有边，根据遍历的结果，可以划分为以下的两种基本类型：其一被称为树边(tree edges)，即深度优先搜索遍历生成树的边。当在深度优先搜索过程中，如果边集合 E 中的任意一条边(u,v)是从结点 u 起始出发进行搜索的边，并且结点 v 又未曾被访问过，那么边(u,v)就是图 G 中的树边，也是深度优先搜索遍历生成树中的一条边；另一则被称为后向边(Back Edges)，即其他的所有边。

　　值得一提的是，图 G 的深度优先搜索生成树并不是唯一的，它与结点的搜索顺序有关。同理，在遍历之后，边的类型也与搜索的顺序相关。深度优先搜索过程既可以按照邻接表进行，也可以按照邻接矩阵进行。如果根据图 G 的邻接表进行，那么邻接表中的登记项的顺序决定了遍历之后边的类型；如果根据图 G 的邻接矩阵进行，那么结点编号顺序决定了遍历之后边的类型。

　　现在，我们来对算法 7.1 的时间复杂度进行分析和评估。不妨假定图 G 中有 n 个结点和 m 条边。那么算法 7.1 的第 11 行和第 12 行，将图 G 中的各个结点的访问访问标记初始化为 FALSE，需要花费的计算时间复杂度为 $\Theta(n)$。第 13 行执行的是 for 循环，for 循环的工作所花费的时间主要是由两部分组成的：其一，测试结点是否被访问过，总共需要耗费的计算时间复杂度为 $\Theta(n)$；其二则是调用函数 dfs 进行遍历过程所需要花费的时间。然后根据邻接表判断邻接结点是否被访问过，而这一步的总次数，既是邻接表登记项的总数目，又是图 G 的总边数 m。这样一来，在算法 7.1 的整个 for 循环中，用于函数 dfs 的总耗费时间就是 $\Theta(n+m)$。因此，算法 7.1 所需要花费的计算时间复杂度为 $\Theta(n+m)$，特别地，当总边数 m 为 $O(n*n)$ 时，算法 7.1 的计算时间复杂度为 $O(n*n)$。不难发现，除了存放作为输入使用的邻接表需要的空间开销为 $\Theta(m)=O(n*n)$，算法 7.1 用于存放结点的遍历顺序号以及登记结点的访问标志所需要的工作单元，所需要的空间开销为 $\Theta(n)$。

7.1.2 图的广度优先搜索遍历算法

图的广度优先搜索(breadth first search，BFS)遍历类似于树的按照层次遍历。初始时，图 G 中的所有结点均未曾被访问过。这时，如果从该图 G 中选择一个结点作为起始出发点 v，则图 G 的广度优先搜索的基本思想就应是：首先访问起始出发结点 v，然后依次访问所有与结点 v 相邻接的结点 $w_1, w_2, \cdots, w_k$，接着依次访问与结点 $w_1, w_2, \cdots, w_k$ 相邻接的未曾访问过的所有其他的结点。以此类推，直到与初始结点 v 存在通路的所有结点都已经全部访问完毕为止。这种搜索方式的特点在于尽可能地朝着横向方向进行搜索，因此称为广度优先搜索。

为了确保在访问完结点 w_1 的所有邻接结点之后，接着访问与结点 w_2 相邻接的所有结点，应设置一个先进先出的队列。在访问初始结点 v 的邻接结点 $w_1, w_2, \cdots, w_k$ 的同时，也把 $w_1, w_2, \cdots, w_k$ 依次放入队列尾。在对结点 v 的所有邻接结点处理完毕以后，就从队首取下结点 w_1，在处理完结点 w_1 的邻接结点时，也将与结点 w_1 邻接的未曾访问过的结点依次放入队列的尾部。当结点 w_1 的邻接结点处理完毕时，又从队首取下结点 w_2，继续上述处理，直到队列为空。这样，广度优先搜索算法的步骤可以按照以下方式叙述：

(1) 把所有结点标记为未访问过。

(2) 令 i=0。

(3) 如果结点 i 未曾被访问过，那么就调用 bfs(i)函数，进行广度优先搜索。

(4) i：=i+1；如果 i 小于 n，那么就转步骤(3)；如果 i 大于等于 n，则算法结束。

而对于广度优先函数 bfs(i)，其执行步骤如下：

(1) 将结点 i 标记为访问过，建立一个待搜索的元素，其结点的编号为 i，放入搜索队列的尾部。

(2) 如果搜索队列为空，那么广度优先搜索函数运行结束；如果搜索队列不为空，那么就取下队列的队首元素，并且设置该元素的结点编号为 v。

(3) 对于结点 v 的所有邻接结点 w，如果结点 w 已经被访问过，那么就不需要做任何处理；否则，将结点 w 标记为已经访问过，并且建立一个待搜索的元素，其结点的编号为 w，并将其放入搜索队列的尾部；以上两种情况，都转步骤(2)。

接着，我们使用以下的数据结构来进行队列操作：

```
typedef struct {
    NODE *head;                    /*队列的头指针*/
```

```
        NODE *tair;                           /*队列的尾指针*/
    } QUEUE;
```

对于队列，可以定义以下的几种基本操作：

```
    void initial_Q(QUEUE &queue);             初始化队列 queue;
    void append_Q(QUEUE &queue,NODE *node);   将元素 node 放入队列的尾部;
    NODE *delete_Q(QUEUE &queue);             取下队首元素;
    BOOL empty_Q(QUEUE queue);                判断队列 queue 是否为空。
```

利用以上的对于队列的操作，图的广度优先搜索遍历算法的实现可以按照以下的方式进行描述。

算法 7.2 图的广度优先搜索遍历算法

输入：图的邻接表 node[ ]，图的结点数目 n

输出：结点的广度优先搜索顺序编号 bfn[ ]

```
1.   void traver_bfs(NODE node[],int n,int bfn[])
2.   {
3.       int i,count=0;
4.       QUEUE queue;
5.       BOOL *b=new BOOL[n];
6.       initial_Q(queue);              /*初始化结点队列*/
7.       for(i=0;i<n;i++)               /*将所有结点标记为未访问过*/
8.         a[i]=FALSE;
9.       for(i=0;i<n;i++)               /*从结点 0 开始进行广度优先搜索遍历*/
10.        if(!a[i])
11.        dfs(i,node,n,queue,bfn,count);
12.    delete a;
13.    }
14.  void dfs(int v,NODE node[],int n,QUEUE &queue,int bfn[],int &count)
15.    {
16.      int  w;
17.      NODE *p1,*p=new NODE;          /*建立一个等待搜索的结点队列元素*/
18.      p->v=v;                        /*赋予待搜索的队列元素的结点编号*/
19.      append_Q(queue,p);             /*将该元素放到搜索队列的尾部*/
20.      a[v]=TRUE;                     /*将该结点标记为已经访问过*/
21.      bfn[v]=count++;                /*登记结点的遍历顺序号*/
22.      while(!(empty(queue)) {        /*搜索队列非空? */
23.        p=delete_Q(queue);           /*取下搜索队列的队首元素*/
24.        w=p->v;                      /*该元素的结点编号保存于 w 中*/
25.        delete p;                    /*删去此元素*/
26.        p1=node[w].next;             /*取该结点的邻接表指针于 p1*/
27.        while(p1!=NULL) {            /*该结点的邻接结点处理完毕*/
28.          if(!a[p1->v]) {            /*如果邻接结点未曾访问过*/
29.            a[p1->v]=TRUE;           /*将该结点标记为已经访问过*/
```

```
30.            bfn[p1->v]=count++;      /*登记结点的遍历顺序编号*/
31.            p=new NODE;              /*建立一个待搜索的队列元素*/
32.            p->v=p1->v;              /*赋予该元素的结点编号*/
33.            append_Q(queue,p);       /*将该元素放到搜索队列的尾部*/
34.         }
35.      p1=p1->next;                   /*准备处理下一个邻接结点*/
36.      }
37.   }
38. }
```

如同深度优先搜索遍历一样，广度优先搜索遍历也同样得到一棵生成树，称为广度优先搜索遍历生成树。遍历的结果，对于无向图来说，边可以是生成树的边或者是交叉边；而对于有向图来说，边可能是树边或者后向边或者交叉边，但是肯定不会出现前向边。

当图 G 中具有 n 个结点和 m 条边时，算法 7.2 中的第 7~8 行将结点的访问标记初始化为 FALSE，其所需要的计算时间复杂度为 $\Theta(n)$。从第 9 行开始的 for 循环，需要执行 n 个判断，总共需要花费的计算时间复杂度亦为 $\Theta(n)$。如果图 G 中有 i 个连通分支，那么就需要对于广度优先搜索函数执行 i 次调用，并且在函数内部，队列的各项操作均需要耗费的时间复杂度为 $\Theta(1)$；在广度优先搜索函数执行 i 次调用过程中，总共需要执行 n 个结点的入队以及出队操作；又由于有 m 条边，因此总共需要执行 2m 个邻接结点的判断处理工作。这样一来，整个算法的运行时间为 $\Theta(n+m)$。当 $m=O(n*n)$ 时，算法 7.2 所需要花费的计算时间复杂度为 $O(n*n)$。同理可以分析，该算法 7.2 除了存放作为输入使用的邻接表需要消耗的空间开销为 $\Theta(m)=O(n*n)$，算法 7.2 用于存放结点的遍历顺序编号和登记结点的访问标志，以及结点的搜索队列所需要的工作单元，需要的空间开销为 $\Theta(n)$。

7.1.3　无向图的割点

定义 7.1　设图 G=(V,E)是连通图，并且结点集合 S 是结点集合 V 的子集，如果删去结点集合 S 中的全部结点(包括与这些结点相关联的边)，将会使得原来的图 G 成为非连通图，那么就称结点集合 S 是图 G 的点割集，特别地，如果满足以上条件的结点集合 S 中只有一个结点，不妨设其为 v，就称此结点 v 为图 G 的割点(cut_nodes)。

在一个无向图中，割点可能不止一个。如果图 G 是具有两个以上结点的无向图，如果图 G 中存在着 3 个不同的结点，不妨令其为结点 u、结点 v 及其结点 w，并且使得结点 u 与结点 w 之间的通路必须经过结点 v，那么结点 v 就是图 G 的一个割点。这时，如果删去结点 v 及与结点 v 相关联的所有边，将会使得图 G 成为非连通图。如果在一个无向连通图中没有割点，那么我们就称这样的连通图为双连通图。寻找无向图的割点问题具有广泛的实际应用。例如，在一个通信网络中，如果它是双连通的，并且其中一个结点发生了故障，则其他的结点仍然可以正常通信。但是，如果这个通信网络不是双连通的，也就是说，在该通信网络中存在着割点，并且一旦在割点处发生通信故障，那么必然存在着一些结点，它们之间是不能进行正常通信的。因此，我们需要判断在一个通信网络中，是否存在着割点，如果存在，就首先将它们找出来，然后对于每个割点增加相关联的边，从而使得整个通信网络成为双连通的网络。

关于图的割点，存在着两个基本的判定定理，分别表述成定理 7.1 和定理 7.2。

定理 7.1 当且仅当深度优先搜索树的根结点至少有两个以上的孩子结点，此根结点就是割点。

定理 7.2 当且仅当在深度优先搜索树中，结点 v 的任何一个子孙结点都不能通过向后边到达结点 v 的祖先结点，则该结点 v 就是割点。

我们可以根据对图 G 的深度优先搜索遍历，利用以上的两个定理来寻找这个图 G 中的割点。为此，在进行深度优先搜索遍历时，对于图 G 中的任何一个结点 $v \in V$，维护两个变量 prin[v] 及其 backn[v]。其中，变量 prin[v] 就是结点 v 的遍历顺序号，它其实也就是深度优先搜索遍历算法中的 prifdn，在每一次调用深度优先搜索函数对于某个结点进行访问时，该值加 1；变量 backn[v] 就是结点 v 的后向可达结点的最小遍历顺序编号，可以按照以下的方法来维护这个变量：初始时，将变量 backn[v] 的值初始化为 prin[v]，在深度优先搜索遍历过程中，如果边(u,w)是从结点 v 出发进行搜索的边，并且令 backn[v] 的值是下列 3 个值中的最小者：即 prin[v]；prin[w]，当边(v,w)为后向边时；backn[w]，当边(v,w)为深度优先搜索遍历生成树边时。

这样一来，只要结点 v 的任意一个孩子结点 w，使得 backn[w]≥prin[v]，就说明结点 v 的孩子结点 w 不可能通过后向边到达结点 v 的祖先结点，因此，结点 v 就是原图 G 的割点。

寻找无向图 G 中的割点的步骤如下。

令结点 root 是开始搜索的结点，并且所有的结点均标记为未曾访问过，调用函数 cutnodfs 从结点 v 开始进行搜索过程。函数 cutnodfs 的搜索步骤可以被描述成下面的形式：

(1) 将结点 v 标记为已经访问过的，并且初始化 prin[v] 及其 backn[v] 的值；并使指针 p 指向 v 结点的邻接表的登记项。

(2) 如果当前的指针 p 为空指针，那么就处理已经搜索到的图 G 中的割点的计数和登记，算法结束；如果当前的指针 p 为非空指针，那么就令指针 p 所指向的邻接结点为 w 结点；如果边(v,w)是生成树边时，转步骤(3)；否则转步骤(5)。

(3) 递归调用函数 cutnodfs 对结点 w 进行搜索，如果结点 v 是根结点，那么就根据定理 7.1 判断结点 v 是否为割点；如果结点 v 不是根结点，那么就更新结点 v 的后向可以到达的结点的遍历顺序编号，然后再根据定理 7.2 判断结点 v 是否为割点。

(4) 使指针 p 指向下一个与结点 v 相邻接的结点，然后再转步骤(2)。

(5) 如果边(v,w)是后向边，那么就更新结点 v 的后向可以到达的结点的遍历顺序编号，然后再转步骤(4)。

寻找无向图 G 中的割点的算法的实现方式可以描述成算法 7.3。

算法 7.3 寻找无向连通图 G 中的割点的算法

输入：无向连通图 G 的邻接表 node[ ]，图的结点数目 n，初始搜索根结点 root

输出：返回割点的数目及其存放割点的数组 cut_node[ ]

```
1.  int cut_point(NODE node[],int n,int cut_node[],int root)
2.  {
3.      int i;
4.      int prifdn;
5.      int count;
```

```
6.      int  degree;
7.      BOOL *a=new BOOL[n];
8.      int *prin=new int[n];
9.      int *backn=new int[n];
10.     prifdn=0;
11.     count=0;
12.     degree=0;
13.     for(i=0;i<n;i++)
14.       a[i]=FALSE;
15.     cutnodfs(root,node,prin,backn,a,prifdn,cutnode,count,root,degree);
16.     delete a;
17.     delete prin;
18.     delete backn;
19.     return count;
20. }
21. void cutnodfs(int v, NODE node[],int prin[],int backn[],BOOL a[],int
&prifdn,int cut_node[],int  &count,int root,int &degree)
22. {
23.     int  w;
24.     BOOL cutnode=FALSE;
25.     NODE *p=node[v].next;/*将结点 v 标记为已经被访问过，初始化变量 prin 与
backn 的值*/
26.     a[v]=TRUE;
27.     prin[v]=++prifdn;
28.     backn[v]=prifdn;
29.     while(p!=NULL) {              /*结点 v 的所有邻接结点是否处理完毕？*/
30.       w=p->v;                     /*处理结点 v 的邻接结点 w*/
31.       if(!a[w]) {                 /*边(v,w)为生成树边*/
32.       cutnodfs(w,node,prin,backn,a,prifdn,cut_node,count,root,degree);
/*对结点 w 进行深度优先搜索过程*/
33.       if(v==root) {               /*结点 v 是否为生成树的根结点*/
34.         degree++;                 /*根结点的度增加 1*/
35.         if(degree>=2)             /*如果根结点的度大于等于 2*/
36.           cutnode=TRUE;           /*则根结点即是割点*/
37.       }
38.       else {                      /*处理结点 v 后向可以到达的结点*/
39.         backn[v]=min(backn[v],backn[w]);
40.         if(backn[w]>=prin[v])
41.           cutnode=TRUE;
42.       }                           /*结点 w 后向可以到达的结点至多就是结点 v*/
43.       }                           /*结点 v 即是割点*/
44.     else     /*边(v,w)是后向边，更新结点 v 的后向可以到达结点的遍历顺序编号*/
45.       backn[v]=min(backn[v],prin[w]);
```

```
46.      p=p->next;          /*处理下一个邻接结点*/
47.    }
48.    if(cutnode) {         /*如果结点 v 是割点,就将其存放到数组 cut_node 中*/
49.      count++;
50.      cut_node[count]= v;
51.    }
52.  }
```

算法 7.3 即是由根结点开始进行深度优先搜索过程,对于图 G 中的任意一个被访问结点 v,首先将变量 prin[v]的值与变量 backn[v]的值初始化为 prifdn,并且当由某个结点 w 起始,回溯到结点 v 时,如果发现 backn[w]的值小于 backn[v]的值,则说明结点 v 的孩子结点 w 可以通过后向边到达结点 v 的祖先结点,比结点 v 通过后向边到达的祖先结点,其辈分更高,这时就将变量 backn[v]的值设置为 backn[w]的值;如果发现 backn[w]的值大于等于 prin[v]的值,就说明结点 w 由后向边可以到达的祖先结点至多不能超过结点 v,因此,结点 w 只可能通过结点 v 到达结点 v 的祖先结点,因而,结点 v 就是无向图 G 中的割点。

算法 7.3 主要使用了图的深度优先搜索遍历方法寻找无向图的割点。在 cutnodfs 函数中,与深度优先搜索遍历函数相比较而言,除了增加对于割点的判断和处理的代码以外,二者其余的工作过程完全相同。而由于判断和处理无向图的割点的代码的计算时间复杂度为 $\Theta(1)$,因此算法 7.3 所需要耗费的计算时间复杂度依然是 $\Theta(n+m)$(假设无向图 G 具有 n 个结点和 m 条边)。当 m = O(n*n) 时,算法 7.3 花费的总的计算时间复杂度为 O(n*n)。同理可以分析,除了存放作为输入使用的邻接表需要的空间开销为 $\Theta(m) = O(n*n)$ 以外,算法 7.3 用于存放结点的遍历顺序编号、后向可以到达的结点的最小遍历顺序编号、登记结点的访问标志及其无向图 G 的割点的序号等所需要使用的空间开销总共应为 $\Theta(n)$。

7.1.4 有向图的强连通分支

前面,我们讨论了关于无向图的一些基本的特征及其性质,在本小节中,主要讨论关于有向图的一些基本的特征及其性质。首先,介绍关于有向图中的两个定义。

定义 7.2 给定有向图 G=(V,E),并且给定该图 G 中的任意两个结点 u 和 v,如果结点 u 与结点 v 相互可达,即至少存在一条路径可以由结点 u 开始,到结点 v 终止,同时存在至少有一条路径可以由结点 v 开始,到结点 u 终止,那么就称该有向图 G 是强连通图。

定义 7.3 有向图 G 的极大强连通子图称为该有向图的强连通分支。

因此,有向图 G 的强连通分支就是一个最大的结点集合,在这个集合中,每一对结点之间都有路径可达。于是,在有向图 G 中寻找强连通分支的问题,即是找出该有向图中每一对结点之间都有路径可达的所有结点集合。可以通过以下的步骤来求解该问题。

(1) 对于有向图 G 进行深度优先搜索过程,从而可以求出图 G 中的每一个结点的后序遍历顺序号 postn;

(2) 反转有向图 G 中的每一条边,构造一个新的有向图 G*;

(3) 从具有 postn 最大编号的结点开始,依次对有向图 G*进行深度优先搜索过程,如果深度优先搜索过程并没有经过该有向图 G*中的所有结点,那么就从未曾被访问过的具有 postn 最大编号的结点开始,继续深度优先搜索过程。

(4) 步骤(3)所产生的森林中的每一棵树，都对应于一个有向图的强连通分支。

这样一来，寻找有向图 G 的强连通分支的算法可以描述成算法 7.4 的形式。

算法 7.4 寻找有向图的强连通分支的算法

输入：有向图 G 的邻接表 node[ ]，图的结点数目 n

输出：强连通分支的数目，按照深度优先搜索遍历的顺序存放的结点序号 tra[ ]，每个强连通分支的结点集在数组 tra 中的初始位置 trapos[ ]

```
1.   int strongly_con_com(NODE node[],int n,int tra[],int trapos[])
2.   {
3.       int i;
4.       int prifdn;
5.       int postfdn;
6.       int count;
7.       int sn;
8.       int *prin=new int[n];
9.       int *postn=new int[n];
10.      int *postv =new int[n];
11.      BOOL *a=new BOOL[n];
12.      NODE *arnode=new NODE[n];
13.      prifdn=0;
14.      postfdn=0;
15.      count=0;
16.      for(i=0;i<n;i++)
17.        a[i]=FALSE;              /*将结点访问标志初始化为假*/
18.      for(i=0;i<n;i++)           /*对有向图G进行深度优先搜索*/
19.        if(!a[i])
20.          dfs(i,node,n,prin,postn,a,prifdn,postfdn,tra,count);
21.      for(i=0;i<n;i++) {
22.        postv[postn[i]-1]=i;     /*依据后序遍历的顺序存放的结点序号*/
23.        a[i]=FALSE;              /*将结点访问标志初始化为假*/
24.      }
25.      reverse(node,arnode);      /*反转原有向图G的边,构造新有向图的邻接表*/
26.      prifdn=0;
27.      postfdn=0;
28.      count=0;
29.      sn=0;
30.      for(i=n-1;i>=0;i--) {
31.        if(!a[postv[i]]) {
32.          trapos[sn]=count;      /*登记强连通分支结点集在数组 tra 中的位置*/
33.          sn++;
34.          dfs(postv[i],arnode,n,prin,postn,a,prifdn,postfdn,tra,count);
/*对于新的有向图进行深度优先搜索过程*/
35.        }
```

```
36.        }
37.        delete prin;
38.        delete postn;
39.        delete postv;
40.        delete a;
41.        delete_arnode(arnode);
42.        return sn;
43.   }
```

算法 7.4 的第 13～17 行主要执行第一次深度优先搜索的初始化工作，将遍历过程中的
3 个计数器的初值设置为 0，并且将有向图中所有结点的访问标志位设置为 FALSE；第 18～
20 行主要是调用 7.1.1 节所叙述的深度优先搜索遍历算法，即从编号为 0 的结点开始遍历。
遍历的结果，在数组 postn 中得到每一个结点的后序遍历顺序号；在第 21～24 行的 for 循
环中，第 22 行的主要功能就是将数组 postn 中根据结点顺序存放的后序遍历顺序号，依次
转换为数组 postv 中根据结点后序遍历顺序存放的结点序号，第 23 行主要执行将所有结点
的访问标志第二次设置为 FALSE；第 25 行的函数 reverse，主要是用于实现反转有向图 G
中的各条边，构造出一个新的有向图 G*，并且根据原有向图 G 的邻接表头结点数组 node，
产生有向图 G* 的邻接表头结点数组 arnode，以及有向图 G* 的邻接表。第 26～29 行主要是
将 4 个计数器变量设置成 0 值，为第二次深度优先搜索过程做好预备。从第 30 行开始的 for
循环，由 postn 序号值最大的结点起始，进行第二次深度优先搜索，不难看出，在这个循
环中，每调用一次深度优先搜索函数，就完成一个强连通分支的搜索，并且将此连通分支
中的所有结点的访问标志设置为 TRUE，与此同时，在数组 tra 中，顺序保存着该连通分支
中的所有结点的序号，在数组 trapos 中，存放着每一个强连通分支的结点集登记在数组 tra
中的起始位置。reverse 函数的具体实现过程如下。

```
1.   void reverse(NODE *node, NODE *arnode)
2.   {
3.      int  i;
4.      int  j;
5.      NODE *p;
6.      NODE *p1;
7.      for(j=0;j<n;j++)              /*arnode 就是新有向图邻接表的头结点*/
8.        arnode[j].next=NULL;       /*头结点指针初始化为空*/
9.      for(j=0;j<n;j++) {
10.       p=node[j].next;
11.       while(p!=NULL) {           /*反向存放新有向图邻接表的登记项*/
12.         p1=new NODE;
13.         p1->v=j;
14.         p1->next=arnode[p->v].next;
15.         arnode[p->v].next=p1;
16.         p=p->next;
17.       }
18.     }
19.   }
```

最后，我们对算法 7.4 的计算时间复杂度及其空间复杂度做一下简单的分析：令有向图 G 具有 n 个结点和 m 条边，由算法 7.4 的第 13~17 行的初始化工作需要花费的计算时间复杂度为 $\Theta(n)$；第 18~20 行的第一次深度优先搜索，需要耗费的计算时间复杂度为 $\Theta(n+m)$；同理，第 21~24 行的初始化工作需要花费的计算时间复杂度也为 $\Theta(n)$；第 25 行的函数 reverse，主要是对有向图 G 中的 m 条边构造新的邻接表，因此需要耗费的时间复杂度为 $\Theta(m)$；从算法 7.4 的第 30 行开始的第二次深度优先搜索过程，需要耗费的时间复杂度为 $\Theta(n+m)$；这样一来，整个算法 7.4 所需要花费的计算时间复杂度为 $\Theta(n+m)$。同理，除了存放作为输入用的邻接表需要的空间开销为 $\Theta(m)=O(n*n)$ 以外，算法用于存放有向图的结点的遍历顺序编号、存放结点的访问标志等参数所需要的空间开销为 $\Theta(n)$，用于存放反向图的邻接表所需要的空间开销为 $\Theta(m)$，因此，完成整个算法 7.4 的工作所需要的总的空间开销应为 $\Theta(m)=O(n*n)$。

7.2　网络的最大流量问题

我们可以使用一个四元组 (G,s,t,c) 来表示网络，其中，$G=(V,E)$ 是一个有向图，它有两个不同的结点，分别记作结点 s 和结点 t，通常，我们将结点 s 称为源点，将结点 t 称为汇点；$c(u,v)$ 是结点集 V 中所有结点对(结点 u 与结点 v)的容量函数；为了方便起见，我们通常直接使用 G 来表示一个网络。网络的最大流量问题，就是在给定网络 (G,s,t,c) 中寻找从结点 s 到结点 t 的最大流量。这个问题是许多具有现实背景问题的抽象模型。例如，我们可以讨论在一个通信网络中的最大信息流量；例如，我们可以讨论一个国家或者一个地区的公共交通网络所能承载的最大车流量等。

7.2.1　必备的数学知识

在给定的网络 (G,s,t,c) 中，不失一般性，如果结点 u 和结点 v 是结点集 V 中的两个任意结点，那么容量函数 $c(u,v)$ 则表示流经结点 u、结点 v 所允许的最大流量。在网络 G 中，源点 s 的入度为 0；汇点 t 的出度也为 0。如果边 (u,v) 是有向图 G 中的边集合中的一条有向边，那么就表示从结点 u 到结点 v 的容量 $c(u,v)$，此时 $c(u,v)$ 的值大于 0；否则，$c(u,v)=0$。关于网络的最大流量问题，有以下几个基本的定义和定理。

定义 7.4　在给定的网络 (G,s,t,c) 中，结点对 $<u,v>$ 的流量函数 $f(u,v)$ 满足以下的 4 个条件：

(1) 斜对称(skew symmetry)条件：对于结点集 V 中的任意结点 u 与结点 v，有 $f(u,v)=-f(v,u)$。如果 $f(u,v)$ 大于 0，就称其是从结点 u 到结点 v 的流量；

(2) 容量约束(capacity constraints)条件：对于结点集 V 中的任意结点 u 与结点 v，有从结点 u 到结点 v 的流量 $f(u,v)$ 小于等于从结点 u 到结点 v 的容量 $c(u,v)$。特别地，如果流量 $f(u,v)$ 与容量 $c(u,v)$ 相等，则称边 (u,v) 为饱和边。

(3) 流量守恒(flow conservation)条件：$\forall u \in V-\{s,t\}$，有 $\sum_{v \in V} f(u,v)=0$，即在一个网络内部的任意结点的净流量(即流出的总流量减去流入的总流量)为 0。

(4) 对于结点集 V 中的任意一个结点 v，有 $f(v,v)=0$。

定义 7.5　如果令割集 $\{S,T\}$ 是网络 (G,s,t,c) 中有向图 G 的结点集 V 的一个划分，即它将

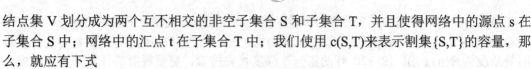

结点集 V 划分成为两个互不相交的非空子集合 S 和子集合 T，并且使得网络中的源点 s 在子集合 S 中；网络中的汇点 t 在子集合 T 中；我们使用 c(S,T) 来表示割集{S,T}的容量，那么，就应有下式

$$c(S,T) = \sum_{u \in S, v \in T} c(u,v)$$

如果我们使用 f(S,T) 表示割集{S,T}的交叉流量，那么，就类似于上式，应有下式：

$$f(S,T) = \sum_{u \in S, v \in T} f(u,v)$$

这样一来，割集{S,T}的交叉流量，即是从子集合 S 中的结点到子集合 T 中的结点的所有正流量之和，减去从子集合 T 中的结点到子集合 S 中的结点的所有正流量之和。

定义 7.6 如果令 f 是网络(G,s,t,c)中的一个流量，则流量 f 的值通常可以表示为|f|，它按照如下的方式进行定义：

$$|f| = f(\{s\}, V^*) = \sum_{v \in V^*} f(s,v) \ (V^* = V - \{s\})$$

根据上面给出的几个定义，我们可以得到定理 7.3。

定理 7.3 假设 f 是网络(G,s,t,c)中的一个流量，并且{S, T}是网络(G,s,t,c)中的任意一个割集，那么必有|f|=f(S,T)。

下面，我们采用归纳法来证明这个定理。

证明： (1)如果子集合 S={s}，那么根据定义 7.5 和定义 7.6 就可以直接得出以上的结论；

(2) 假定对于割集{S,T}，定理 7.3 成立，即有|f|=f(S,T)。不妨再令 $S^* = S \cup \{w\}$，并且 $T^* = T - \{w\}$，下面，我们证明对于割集$\{S^*, T^*\}$，定理 7.3 也成立。根据割集交叉流量的定义及条件(1)、条件(3)及条件(4)有

$$f\{S^*, T^*\} = f(S,T) + f(\{w\},T) - f(S,\{w\}) - f(\{w\},w)$$
$$= f(S,T) + f(\{w\},T) + f(\{w\},S) - 0$$
$$= f(S,T) + f(\{w\},V)$$
$$= f(S,T) + 0 = f(S,T) = |f|$$

证毕。

定义 7.7 如果网络(G,s,t,c)中的容量函数为 c，流量为 f，那么，对于在结点集 V 中的结点 u 和结点 v，流量 f 的剩余容量函数 r 定义如下：

$$\forall u, v \in V, r(u,v) = c(u,v) - f(u,v)$$

流量 f 的剩余图也是一个有向图 $R = (V, E_f)$，并且它具有由剩余容量函数 r 所定义的容量及其边集 E_f：$E_f = \{(u,v) | r(u,v) > 0\}$。则剩余容量 r(u,v) 表示在满足容量约束条件(2)的情况下，仍然可以沿着边(u,v)流入的流量。如果 f(u,v) < c(u,v)，那么在边集 E_f 中将包含边(u,v)及边(v,u)；如果有向图 G 中的结点 u 与结点 v 之间没有边相连接，那么就说明边(u,v)或者边(v,u)均不在边集 E_f 中。因而，$|E_f| \leq 2|E|$。

为了便于理解以上的内容，下面我们举一个具体例子进行说明。

例 7.1 图 7.1(a)表示一个具有流量的网络(G,s,t,c)。在图中，每一条边都标出它的容量及其流量。例如，c(s,a)=8,f(s,a)=6,c(s,b)=5,f(s,b)=5 等。按照条件(1)，应有 f(a,s)=-6, f(b,s)=-5。图 7.1(b)是前面的具有流量的网络(G,s,t,c)的剩余图 R，按照上面的定义，有 r(s,a)=c(s,a)-f(s,a)=8-6=2, r(a,s)=c(a,s)-f(a,s)=0-(-6)=6，以及 r(s,b)=c(s,b)-f(s,b)=5-5=0,并且 r(b,s)=c(b,s)-f(b,s)=0-(-5)=5 等。按照以上的方法，我们可以将网络(G,s,t,c)中的任意两个结点之间的容

量、流量及剩余容量分别计算出来，标示在图 7.1(a)和图 7.1(b)中。

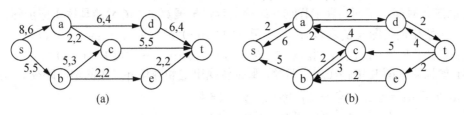

图 7.1　具有流量的网络图及其剩余图

定义 7.8　如果令 f 是网络(G,s,t,c)中的一个流量，则在 f 的剩余图 R 中，通常将由源点 s 到汇点 t 的有向路径 p 称为流量 f 的增广路径。而沿着有向路径 p 的最小的剩余容量，通常被称为有向路径 p 的饱和容量。

例如，在图 7.1(b)中，由源点 s 到汇点 t 的有向路径 p(s→a→d→t)即是一条具有饱和容量为 2 的增广路径。即在这种情况下，如果再压入另外两个单位的流量，那么就会使得原来的网络(G,s,t,c)中的流量变为最大。因此，我们有以下的最大流量最小割集定理(定理 7.4)。

定理 7.4　(最大流量最小割集定理)假设令(G,s,t,c)是一个网络，其中，f 是网络(G,s,t,c)中的流量，则以下的 3 个命题之间相互等价。

(1) 存在一个容量为 c(S,T)=|f| 的割集{S,T}。

(2) 流量 f 即是网络(G,s,t,c)中的最大流量。

(3) 不存在流量 f 的增广路径。

证明： 首先我们证明命题(1)与命题(2)互为等价命题：对于网络(G,s,t,c)的任意一个割集{S,T}，根据定理 7.3，有|f|=f(S,T)。则依照容量约束条件，对于有向图 G 中的所有结点 u、v，都有 f(u, v)≤c(u, v)。根据定义 7.5，即割集{S,T}的容量及其交叉流量的定义，对于网络(G,s,t,c)的任意一个流量 f，都有|f|≤c(S,T)。于是，当|f|=c(S,T)时，就表明有向图 G 中所有由结点子集合 S 到结点子集合 T 的边都是饱和的，因此，流量 f 即是网络(G,s,t,c)中的最大流量。接着我们证明命题(2)与命题(3)互为等价命题：如果网络(G,s,t,c)存在流量 f 的增广路径，假设该有向路径为 p，那么，就可以沿着此有向路径 p 增大流量，使得原来的流量 f 不是原网络(G,s,t,c)中的最大流量。因此，不存在流量 f 的增广路径。最后，接着我们证明命题(3)与命题(1)互为等价命题：不妨设结点子集合 S 是由结点 s 通过流量 f 的剩余图 R 中的路径可达的结点集，并且令 T=V−S。当网络(G,s,t,c)中不存在流量 f 的增广路径时，流量 f 的剩余图 R 中就不会包含由结点子集合 S 到结点子集合 T 的边。因此，存在着这样的割集{S,T}，使得网络(G,s,t,c)中所有由结点子集合 S 到结点子集合 T 的边都是饱和的，也即 c(S,T)=|f|。证毕。

7.2.2　最大流量算法与最大容量扩展算法

定理 7.4 即最大流量最小割集定理表明，如果网络(G,s,t,c)中的流量 f 不存在增广路径，那么流量 f 就是网络(G,s,t,c)中的最大流量。因此，我们可以令网络(G,s,t,c)中的初始流量 f 为 0，然后，不断重复地在流量 f 的剩余图中寻找一条增广路径，并且用这条增广路径的饱和容量来扩展流量 f，直到剩余图中不存在增广路径时为止。这就是所谓的最大流量方法。而对于最大流量算法的一种改进方案，通常被称为最大容量扩展算法。它不是简单地在剩余图中寻找增广路径，而是有目的地搜索一条具有最大饱和容量的增广路径，从而可以加快算法的运行时间。下面，我们详细介绍最大容量扩展算法(MCA)的具体实施步骤。

(1) 初始化剩余图 R 的容量 r：对于所有的边(u,v)∈边集 E，r(u,v)= c(u,v)。

(2) 初始化网络(G,s,t,c)中的流量 f：对于所有的边(u,v)∈边集 E，f(u,v)=0。

(3) 如果剩余图 R 中存在增广路径，那么就找出饱和容量 η 最大的增广路径 p，然后转步骤(4)；如果剩余图 R 中存在增广路径，算法结束。

(4) 扩展流量 f：对于所有的边(u,v)∈p，令 f(u,v):=f(u,v)+η。

(5) 更新剩余图 R：对于所有的边(u,v)∈p，令 r(u,v):= r(u,v)−η；然后转步骤(3)。

假定网络(G,s,t,c)的流量用实数表示，网络各条边的流量和容量用图的邻接矩阵表示。以下是算法中用到的一些数据结构及其数据类型的说明：

```
float   c[n][n];              /*网络中各个结点之间的初始容量*/
float   f[n][n];              /*在最大流量下网络中各个结点之间的流量*/
float   r[n][n];              /*在剩余图中各个结点之间的容量*/
float   capa[n];              /*正在搜索过程中的增广路径的饱和容量*/
float   flow;                 /*增广路径上最大饱和容量*/
float   maxflow;              /*网络中的最大流量*/
int     path[n];              /*正在搜索过程中的增广路径上的结点编号*/
int     path1[n];             /*最大饱和容量的增广路径上的结点编号*/
int     count;                /*正在搜索过程中的增广路径上的结点数目*/
int     count1;               /*最大饱和容量的增广路径上的结点数目*/
BOOL    flag ;                /*搜索到增广路径的标志*/
int     v;                    /*被搜索的结点编号*/
int     s;                    /*网络中的源点编号*/
int     t;                    /*网络中的汇点编号*/
```

下面，我们将通过算法 7.5 来说明怎样寻找任意一个网络中的最大流量。

算法 7.5 寻找网络中最大流量的最大容量扩展算法

输入：网络中每一条边容量的邻接矩阵 c[n][n]，网络中结点的数目 n，源点的编号 s，汇点的编号 t

输出：网络中每一条边流量的邻接矩阵 f[n][n]，网络的最大流量

```
1.   float maxflow_network(float c[][],float f[][],int n,int s,int t)
2.   {
3.     int i;
4.     int j;
5.     int k;
6.     int count;
7.     int count1;
8.     int path[n];
9.     int path1[n];
10.    int capa[n];
11.    float r[n][n],flow,maxflow=0;
```

```
12.      BOOL flag=TRUE;
13.      for(i=0;i<n;i++)          /*初始化网络流量及其剩余图的容量*/
14.        for(j=0;j<n;j++) {
15.            f[i][j]=0;
16.            r[i][j]=c[i][j];
17.        }
18.      while(flag) {
19.        count=0;
20.        flow=0;
21.        flag=FALSE;
22.        mcadfs(s,t,r,n,path,path1,count,count1,capa,flow,flag);
23.        if(flag) {               /*存在最大容量的增广路径*/
24.          maxflow=maxflow+flow;
25.          for(k=0;k<count1;k++) {
26.              f[path1[k]][path1[k+1]]=f[path1[k]][path1[k+1]]+flow;/* 扩
展流量*/
27.              r[path1[k]][path1[k+1]]=r[path1[k]][path1[k+1]]-flow;/* 更
新剩余容量*/
28.              r[path1[k+1]][path1[k]]=r[path1[k+1]][path1[k]]+flow;
29.          }
30.        }
31.      }
32. void mcadfs(int v,int t,float r[][],int n,int path[],int path1[],int
count,int &count1,float capa[],float &flow,BOOL &flag);
33. {
34.      int  i;
35.      int  j;
36.      float temp;
37.      path[count++]=v;            /*在搜索路径中记录结点 v*/
38.      for(i=0;i<n;i++) {          /*结点 v 与结点 i 有剩余容量,i 不构成回路*/
39.        if((r[v][i]>0)&&(!(loop(i,path,count)))) {
40.          capa[count-1]=r[v][i]; /*在搜索路径中记录剩余容量*/
41.          if(i!=t)               /*如果结点 i 不是汇点,那么就继续搜索*/
42.            mcadfs(i,t,r,n,path,path1,count,count1,capa,flow,flag);
43.          else {
44.              flag=TRUE;          /*结点 i 是汇点,存在着增广路径*/
45.              path[count]=t;
46.              temp=capa[0];            /*计算增广路径的饱和容量*/
47.              for(j=0;j<count;j++)
48.                  if(capa[j]<temp)
49.                      temp=capa[j];
50.              if(temp>flow) {         /*是当前的最大饱和容量?*/
51.                  for(j=0;j<=count;j++)
```

```
52.                    path1[j]=path[j];      /*更新最大饱和容量的增广路径*/
53.                    count1=count+1;
54.                    flow=temp;
55.                }
56.            }
57.        }
58.    }
59. }
60. BOOL  loop(int v,int path[],int count)
61. {
62.     int  i;
63.     for(i=0;i<count;i++)
64.       if(v==path[i]) {
65.          return TRUE;
66.       }
67.       else {
68.          return FALSE;
69.       }
70. }
```

这个算法 7.5 的第 13～17 行将网络中的每一条边的初始流量设置为 0，并且将剩余图的各条边的初始容量设置成网络的初始容量。从第 18 行开始的 while 循环，主要是在调用函数 mcadfs，用于在网络中搜索具有最大饱和容量的增广路径。如果一旦找到了这样的路径，那么就将标志 flag 设置为 TRUE 值，同时，在这条增广路径上的结点编号，从源点到汇点按照顺序依次存放在数组 path1 中，并且，该增广路径当前的饱和容量存放在变量 flow 中，然后使用这个容量去扩展网络中对应于增广路径上的各条边的流量，并且不断更新剩余图上对应边的容量。需要重复执行这个循环过程，直到找不到这样的增广路径为止。此时，该网络中的流量即是网络的最大流量。

值得一提的是，函数 mcadfs 是以深度优先搜索方法，在网络中搜索一条具有最大饱和容量的增广路径。被搜索的初始结点为结点 v，起始时，被设置成为源点 s。在这个函数中，增广路径 path 及其容量 capa 都是后进先出栈，计数器 count 指向其栈顶元素。第 37 行将 v 结点压进增广路径 path 栈中去，从第 38 行开始的 for 循环执行的主要功能就是在剩余图中搜索不仅与 v 结点相关联，而且与增广路径 path 中的增广路径不构成回路的边。如果存在这种性质的边(v,i)，并且剩余的容量又不为 0，那么就将此边上的剩余容量压进容量 capa 栈中去；如果结点 i 并不是汇点 t，那么就应当递归调用 mcadfs 函数，并从 i 结点出发继续深度优先搜索过程；而如果 i 结点就是汇点 t，那么就意味着已经搜索到了一条增广路径。这时，就将标志 flag 设置为 TRUE 值。此时，容量 capa 栈中的最小剩余容量 temp 即是该增广路径的饱和容量，然后，我们将其与迄今为止所能够寻找到的增广路径的最大饱和容量 flow(在初始化时，该值为 0)的值进行比较：如果前者的值大于后者的值，便将前者的值作为更新以后的最大饱和容量的值保存到变量 flow 中去，然后再将当前的 path 作为当前的可以获得的最大饱和容量的路径，复制到 path1 中去。在这两种情况下，都需要继续搜索与结点 v 相邻接的下一个结点，以便于搜索是否存在其他的饱和容量更大的增广路径。

下面，我们来分析和评估算法 7.5 的计算时间复杂度及其空间复杂度。在具体讨论前，我们首先来介绍分析过程中需要用到的两个重要定理，即定理 7.5 和定理 7.6。

定理 7.5 在具有 m 条边的网络(G,s,t,c)中，从 0 流量开始，存在着一个至多为 m 步的扩展序列，来构造该网络(G,s,t,c)的最大流量。

证明： 不妨设流量 f 就是网络(G,s,t,c)的最大流量，有向图 G* 是由流量 f(u,v)为正数的边导出的有向图 G 的子图。在有向图 G* 中搜索一条由源点 s 到汇点 t 的路径 p_i，不妨设其饱和容量为 η_i。则对于该路径 p_i 的每一条边(u,v)，如果我们令 f(u,v):=f(u,v)−η_i，那么路径 p_i 中必存在一条边，其流量被减为 0，删去这条边。又因为网络(G,s,t,c)中有 m 条边，所以至多需要重复这个动作 m 次，就可以将网络(G,s,t,c)中的流量 f 减为 0。现在，如果我们从 0 流量起始，沿着路径 p_i 压进 η_i 流量，那么就至多需要 m 步的扩展序列即可构造网络(G,s,t,c)中的最大流量。证毕。

定理 7.6 如果在具有 m 条边的网络(G,s,t,c)中，边的容量都是整数，并且其最大容量为 c，那么最大容量扩展算法将以 O(m*logc)扩展步，构造该网络(G,s,t,c)的最大流量。

证明： 我们可以令图 R 为对应于初始流量的剩余图。由于在网络(G,s,t,c)中，边的容量都是整数，因此最大流量 f 也是整数。根据定理 7.5，最多可以使用 m 步的扩展序列即可构造网络(G,s,t,c)中的最大流量 f，因此，在剩余图 R 中存在着饱和容量至少为 f/m 的增广路径 p。如果采用最大容量扩展算法来构造网络的最大流量，那么连续进行了 2m 次扩展路径的尝试之后，其中必将存在一条增广路径，其最大饱和容量为 f/(2m)。这样一来，在连续进行了 2m 次扩展路径的尝试之后，就可以使得剩余图 R 中的增广路径的最大饱和容量减少至少为原来的一半；如果继续连续进行 2m 次扩展路径的尝试之后，就可以使得剩余图 R 中的增广路径的最大饱和容量减少至少为原来的 1/4；以此类推，在最多 2km 次扩展之后，最大饱和容量将减少至少为原最大饱和容量的 2^{-k}。而又因为网络(G,s,t,c)中的边最大容量为 c，所以有 $2^k < c$，即 k < logc，因此，扩展步骤应为 O(m*logc)。证毕。

使用深度优先搜索算法寻找最大饱和容量的增广路径，在每一次进行搜索尝试的过程中，都需要耗费的计算时间复杂度为 O(n*n)，又由于最多需要进行 2km 次扩展尝试，因此，算法 7.5 所需要耗费的时间复杂度为 O(m*n^2*logc)。如果将算法 7.5 改用类似于单源点的最短路径问题的贪心算法(即 Dijkstra 算法)，由于同样可以在时间开销为 O(n*n)的时间内寻找到最大饱和容量的增广路径，因此，其计算时间复杂度也为 O(mn²logc)。通过对于算法 7.5 的代码分析，不难发现，为了存放作为输入使用的网络容量的邻接矩阵及其他的数据需要花费的空间开销为 Θ(n*n)；除此以外，用于存放网络流量的邻接矩阵、剩余图 R 的邻接矩阵，以及其余路径信息所需要使用的工作单元占用的空间开销也为 Θ(n*n)。

7.2.3 最短路径扩展算法

最大容量扩展算法的设计思路的核心就是在增广路径中选择容量最大的路径进行扩展。在本节中，我们使用另一种扩展思路求解一个网络的最大流量，即选择边数最少的路径进行扩展。

定义 7.9 由源点 s 至结点 v 的通路中的最少边数，称为结点 v 的层次，通常用 level(v)

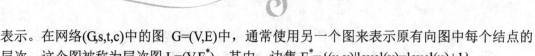

表示。在网络(G,s,t,c)中的图 $G=(V,E)$ 中，通常使用另一个图来表示原有向图中每个结点的层次，这个图被称为层次图 $L=(V,E^*)$。其中，边集 $E^*=\{(u,v)|level(v)=level(u)+1\}$。

下面，我们通过一个例子进行说明。

例 7.2 如图 7.2(b)所示就是图 7.2(a)的层次图。在图 7.2(b)中，结点集合{a}、{b,e}、{c,d,i}、{h,g,f,j}、{l,k}分别依次形成了 5 个层次的结点。在层次图中，不含有边(f,j)及边(k,l)，因为结点 f 与结点 j，结点 k 与结点 l 都是分别处于同一层次的结点。特别地，在任意一个层次图中，处于同一个层次的结点之间没有边相连接。

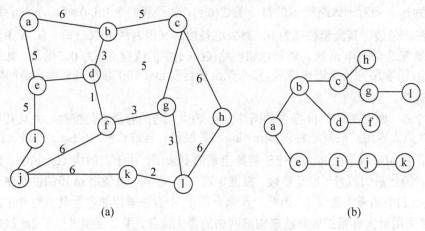

图 7.2　网络中的层次图的示例

选择边数最少的增广路径进行扩展的算法，称为最短路径扩展算法(MPLA)。这个算法是运用层次图来进行的。在使用广度优先搜索遍历算法搜索最短路径时，可以进一步将边(e,d)以及边(h,l)断开，这是由于结点 d 与结点 l 已经在边(b,d)及其边(g,l)的搜索方向上了。对于给定的网络(G,s,t,c)，最短路径扩展算法的基本步骤可以按照以下的方式进行描述。

(1) 初始化剩余图 R 的容量 r：即对于所有的在给定网络(G,s,t,c)的边集里的边(u,v)，r(u,v)=c(u,v)。

(2) 初始化网络(G,s,t,c)中的流量 f：即对于所有的在给定网络(G,s,t,c)的边集里的边(u,v)，将 f(u,v)设置为 0。

(3) 根据层次图的原理，使用广度优先搜索遍历算法，在剩余图 R 中搜索从源点 s 至汇点 t 的最短路径 p，接着，转步骤(4)执行；如果不存在这样的最短路径，算法结束。

(4) 计算最短路径 p 的饱和容量 η。

(5) 增大流量 f：即对于所有的最短路径 p 上经过的边，令 $f(u,v):=f(u,v)+\eta$。

(6) 更新剩余图 R：即对于所有的最短路径 p 上经过的边，令 $r(u,v):=r(u,v)-\eta$；然后转步骤(3)。

接下来，我们再给出一些最短路径扩展算法(MPLA)中需要使用到的一些数据结构以及数据类型的说明：

```
float  c[n][n];              /*网络中各个结点之间的初始容量*/
float  f[n][n];              /*在最大流量下网络中各个结点之间的流量*/
float  r[n][n];              /*在剩余图中各个结点之间的容量*/
float  capa[n];              /*最短路径的饱和容量*/
```

```
       float   maxflow;                    /*网络(G,s,t,c)中的最大流量*/
       int    path[n];                     /*相应结点在最短路径上的前方结点编号*/
       BOOL   flag ;                       /*搜索到最短路径的标志*/
       int    w;                           /*被搜索的结点编号*/
       int    s;                           /*网络中的源点编号*/
       int    t;                           /*网络中的汇点编号*/
       QUEUE  queue;                       /*广度优先搜索队列*/
```

使用最短路径扩展算法寻找网络(G,s,t,c)中的最大流量的实现过程可以被描述为算法 7.6。

算法 7.6　寻找网络中最大流量的最短路径扩展算法

输入：网络中每一条边容量的邻接矩阵 c[n][n]，网络中结点的数目 n，源点的编号 s，汇点的编号 t

输出：网络中每一条边流量的邻接矩阵 f[n][n]，网络的最大流量

```
1.   float  maxflow_minpath(float c[][],float f[][],int n,int s,int t)
2.   {
3.       int  i;
4.       int  j;
5.       int  w;
6.       int  path[n];
7.       float  r[n][n],capa,maxflow=0;
8.       QUEUE  queue;
9.       initial_Q(queue);                   /*初始化广度优先搜索队列*/
10.      for(i=0;i<n;i++)                     /*初始化网络流量及其剩余图的容量*/
11.       for(j=0;j<n;j++) {
12.          f[i][j]=0;
13.          r[i][j]=c[i][j];
14.       }
15.      while(mplabfs(s,t,r,path,n,queue)); {      /*寻找最短路径*/
16.       w=path(t);                         /*汇点 t 的前方结点 w*/
17.       capa=r[w][t];
18.       while(w!=s) {                       /*沿着最短路径 path 计算饱和容量*/
19.          i=w;
20.          w=path(i);
21.          if(r[w][i]<capa)
22.             capa=r[w][i];
23.       }
24.       w=path(t);
25.       r[w][t]=r[w][t]-capa;
26.       r[t][w]=r[t][w]+capa;
27.       f[w][t]=f[w][t]+capa;
28.       while(w!=s) {                       /*更新剩余图 R,增加流量*/
29.          i=w;
30.          w=path(i);                       /*由汇点 t 沿着最短路径 path 回溯到源点 s*/
```

```
31.            r[w][i]=r[w][i]-capa;
32.            r[i][w]=r[i][w]+capa;
33.            f[w][i]=f[w][i]+capa;
34.        }
35.        maxflow=maxflow+capa;
36.     }
37.   return  maxflow;
38.  }
39. BOOL mplabfs(int s,int t,float r[][],int path,int n,QUEUE &queue)
40. {
41.    int  i;
42.    int  w;
43.    int  level[n];                    /*网络中结点的层次*/
44.    BOOL flag=FALSE;
45.    NODE *p=new NODE;                  /*建立一个等待搜索结点的队列元素*/
46.    p->v=s;                            /*赋予一个等待搜索的队列元素的结点编号*/
47.    for(i=0;i<n;i++)                   /*初始化结点的层次*/
48.        level[i]=-1;
49.        level[s]=0;
50.        path[s]=0;
51.        append_Q(queue,p);            /*将该元素放置到搜索队列的尾部*/
52.        while(!(empty(queue)) {        /*搜索队列不是空队列*/
53.            p=delete_Q(queue);         /*取下搜索队列中的队首元素*/
54.            w=p->v;                    /*该元素的结点编号存放于w*/
55.            delete p;
56.            i=0;                       /*结点i初始化为0*/
57.            while(!(flag)&&(i<n)) {    /*还没有搜索到最短路径p?*/
58.                if((r[w][i]!=0)&&(level[i]==-1))
59.                    level[i]=level[w]+1;
60.                    path[i]=w;         /*在最短路径p上记录结点i的前一个结点*/
61.                    if(i==t) {
62.                        flag=TRUE;
63.                        break;
64.                    }
65.                    p=new NODE;        /*建立一个等待搜索结点的队列元素*/
66.                    p->v=i;            /*赋予此元素的结点编号*/
67.                    append_Q(queue,p); /*将此元素放置到搜索队列的尾部*/
68.                }
69.            i++;
70.        }
71.    return  flag;
72.  }
```

算法 7.6 的第 9 行，建立了一个空的搜索队列，以便于在寻找最短路径时，进行广度优先搜索遍历使用；第 10～14 行主要是将网络(G,s,t,c)中的每一条边的流量初始化为 0，剩余图 R 中的每一条边的起始容量初始化为该网络的初始容量；第 15 行调用函数 mplabfs，其主要就是为了使用广度优先搜索算法在网络(G,s,t,c)中寻找一条由源点 s 至汇点 t 的最短路径。如果能够寻找到这样一条最短路径，那么该函数 mplabfs 就返回值 TRUE，并且在最短路径数组 path 中保存这条最短路径信息；即该路径的端点即是汇点 t，汇点 t 的前一个结点就是 path[t]，以此类推，就可以沿着最短路径 path 提供的信息回溯到源点 s(出发点)；第 16～23 行从端点 t(汇点 t)起始，沿着最短路径 path 计算最短路径上的饱和容量 capa；同理，第 24～34 行的主要功能是利用饱和容量 capa 增加沿着最短路径 path 上的每一条边的流量，并且更新剩余图 R 中的沿着最短路径 path 上的每一条边的容量；第 35 行累计网络(G,s,t,c)中的最大流量 maxflow，然后，控制返回到到第 15 行，即继续调用函数 mplabfs，寻找另外一条由源点 s 至汇点 t 的最短路径，直到再也寻找不到这样的路径时为止。

此外，mplabfs 函数由源点 s 起始，寻找一条由源点 s 至汇点 t 的最短路径，同时，这个函数利用 level 层次数组来记录由源点 s 开始的网络中每一个结点的层次，第 47 行和第 48 行的代码，主要是将这些结点的层次初始化为-1，表示这些结点并没有处于待搜索的层次图上，我们使用 flag 变量表示 mplabfs 函数是否寻找到了最短路径，并且将布尔变量 flag 的值初始化为 FALSE，接下来，对于源点 s 建立一个搜索元素，放进搜索队列 queue 中；从第 52 行起始，即从搜索队列 queue 中取下队首元素，进行广度优先搜索，直到该搜索队列 queue 成为空队列时为止；在搜索过程中，边的起点为结点 w，边的起点为结点 i。如果 r[w][i]的值不为 0，那么就表明剩余图 R 中存在着容量不等于 0 的边(w,i)；如果 level[i]不等于-1，那么就表明从源点 s 起始的每一条层次路径中，存在着结点 i，这时，如果结点 i 和结点 w 处于同一个层次，或者结点 i 的层次低于结点 w 的层次，那么就说明边(w,i)并不是层次图中的边。第 58 行的主要目的就是判断以上这两种情况，在确定了边(w,i)是层次路径上的一条边之后，就将结点 w 作为路径上的结点 i 的前面一个结点，记录在最短路径数组 path[i]中，同时将结点 i 作为一个搜索的起始点，放进搜索队列 queue 中；第 61 行主要用于判断结点 i 是否为汇点 t，如果结点 i 就是汇点 t，那么就意味着搜索出了一条最短路径，并将布尔变量 flag 的值设置为 TRUE，即不再对从搜索队列 queue 中取下的元素进行搜索，并且将其作为搜索结果返回。

假定网络(G,s,t,c)中有 n 个结点和 m 条边。在以上的算法 7.6 中，增广路径的长度序列是严格递增的。不妨令路径 p 就是当前的层次图中的任意一条增广路径，在使用路径 p 进行扩展之后，不难发现，在路径 p 中至少有一条边是饱和的，并且将在剩余图 R 中消失。假定路径 p 的长度为 len，则汇点 t 处于第 len 层。假定饱和容量为 η，在沿着路径增加了 η 流量之后，至多会在剩余图 R 中出现 len 条反向的边，但是这些边对于由源点 s 到汇点 t 的最短路径没有帮助。由于每找到一条增广路径，就至少有一条边从层次图中消失，当不能够再从某个层次图中找到由源点 s 到汇点 t 的最短路径时，其他的增广路径就必须从后向边以及交叉边到达汇点 t，当重新按照这样的方式构造层次图时，其长度必然将会大于 len。因此，在更新之后的层次图中，汇点 t 的层次将会大于等于 len+1。由于网络(G,s,t,c)中有 n 个结点，因此，任何路径的长度都不会大于 n-1，即对于最后一个层次图来说，其长度不会超过 n-1，这样一来，层次图的数目应为 n-1-len。因此，无论我们面对一个怎样的网络(G,s,t,c)，其层次图的总数目不可能超过 n 个。

最后，我们对算法 7.6 进行时间复杂度与空间复杂度的分析。由于网络(G,s,t,c)中的边的数目为 m，因此，同一长度的最短路径最多不可能超过 m 条。又因为用于进行路径扩展的层次图最多只可能出现 n-1 个，所以，在进行路径扩展时可以寻找到的路径最多应为 m*(n-1)条。根据算法 7.6 的描述，如果利用邻接矩阵进行广度优先搜索过程，在寻找最短路径时，需要花费的计算时间复杂度为$O(n*n)$；如果改用邻接表进行广度优先搜索过程，在寻找最短路径时，需要花费的计算时间复杂度为$O(m)$。因此，当使用邻接矩阵进行数据处理时，算法 7.6 所需要的计算时间复杂度为$O(m*n^3)$；而当使用邻接表进行数据处理时，算法 7.6 所需要的计算时间复杂度为$O(n*m^2)$。按照以上类似的分析，算法 7.6 存放作为输入用的网络容量的邻接矩阵及其余的数据需要耗费的空间开销是$\Theta(n*n)$；除此以外，用来存放网络流量的邻接矩阵及其剩余图 R 的邻接矩阵等，需要消耗的空间开销也为$\Theta(n*n)$；又由于在网络(G,s,t,c)中的结点数目为 n，因此，存放搜索队列所需要耗费的空间开销为$O(n)$，并且存放路径信息及其层次图的信息需要耗费的空间开销为$\Theta(n)$；综上所述，运行算法 7.6——寻找网络中最大流量的最短路径扩展算法所需要的空间复杂度为$\Theta(n*n)$。

7.3 二部图的最大匹配问题

与网络的最大流量问题相似，二部图的最大匹配问题也是将许多实际应用问题进行抽象化以后得到的一个模型。下面，我们举一个具有实际应用背景的例子加以说明。假定有 4 种不同类型的工作 T_1,T_2,T_3,T_4，由 M_1,M_2,M_3,M_4 等人来完成，又假定 M_1 能够胜任 T_1 和 T_2 这两项工作；M_2 能够胜任 T_2 和 T_3 这两项工作；M_3 能够胜任 T_2 和 T_4 这两项工作；M_4 能够胜任 T_1 和 T_3 这两项工作。现在希望能够找到一种方案，使得每个人只需要完成一项工作，并且每项工作都能够由能够胜任该工作的人去完成，问能否进行合理的安排？

我们可以按照以下方式将这个问题抽象化为一个二部图的匹配问题。将工作 T_1,T_2,T_3,T_4 和人 M_1,M_2,M_3,M_4 分别看作图 $G=(V,E)$ 中的两个不同的结点集 T 和 M 中的结点，$T \cup M = V$，$T \cap M$ 为空集，这个图 G 中的任意一条边的两个端点分属于不同的结点集，即一个在结点集 T 中，另一个在结点集 M 中，这样，如果某人能够胜任某项工作，就将这个人所代表的结点与那项工作所代表的结点用一条边连接起来，因此，以上的问题就转换成为二部图中两个分属于不同的结点集的结点之间的匹配问题。在通信和调度领域中，存在着很多这样的实际应用问题。在很多复杂的算法中，这种二部图的匹配问题经常作为一种构件(中间件)，作为子程序来进行调用。

7.3.1 必备的数学知识

定义 7.10 设图 $G=(V,E)$ 是一个无向图，如果存在边集 M 为边集 E 的子集，并且使得边集 M 中的所有边都没有公共结点，那么就称此边集 M 是无向图 G 的一个匹配(matching)，将边集 M 的边数记作|M|；在一个无向图 G 中边数最多的匹配称为该无向图的最大匹配。

定义 7.11 如果边集 M 是无向图 $G=(V,E)$ 的一个匹配，并且某一条边 e 既在边集 E 中，又在边集 M 中，那么就称边 e 是已经匹配过的边(matched edge)；否则，就称边 e 是自由的边(free edge)。如果对于结点集 V 中的任意一个结点 v，并且存在着与该 v 结点相关联的已经匹配过的边，那么就称结点 v 是已经匹配过的结点(matched vertex)；否则，就称该结点 v 是自由的结点(free vertex)。如果结点 V 中的所有结点都是已经匹配过的结点，那么就称边集 M 是无向图 G 的完美匹配(perfect matching)。

定义 7.12　设图 G=(V,E)是一个无向图，并且边集 M 是无向图 G 的一个匹配。如果在该无向图 G 中存在着一条由已经匹配过的边和自由的边交替构成的简单路径 p，就将此简单路径 p 称为交错轨道，为了方便起见，通常用|p|表示交错轨道 p 的长度。特别地，如果交错轨道 p 的起点与终点是同一个结点，那么就称此交错轨道 p 为交错回路。如果一条交错轨道 p 的起点和终点均是自由的，那么就称交错轨道 p 是边集 M 的增广路径。

不难发现，如果交错轨道 p 是一条交错回路，又由于已经匹配过的边与自由的边交替出现，因此已经匹配过的边数与自由的边数相同，那么就说明交错回路 p 的边数为偶数。但是，如果一旦发现交错轨道 p 是边集 M 的增广路径，那么交错轨道 p 的边数就一定是奇数，并且说明这时的交错轨道 p 一定不会成为交错回路。

如果我们令边集 M 是无向图 G 的一个匹配，并且交错轨道 p 是该边集 M 的一条增广路径，操作 $M \oplus p = (M \cup p) - (M \cap p) = (M-p) \cup (p-M)$，那么就说明 $M \oplus p$ 是无向图 G 的一个新的匹配。于是，可以得到定理 7.7 如下。

定理 7.7　令 M 是无向图 G=(V,E)的一个匹配，并且交错轨道 p 是匹配 M 的一条增广路径，那么 $M \oplus p$ 即是该无向图 G 的一个大小为$|M \oplus p|=|M|+1$ 的匹配。

根据定理 7.7，可以立即得出以下的定理 7.8。

定理 7.8　无向图 G=(V,E)中的匹配 M 是无向图 G 的最大匹配，当且仅当在该图 G 中不包含匹配 M 的增广路径。

证明：首先证明必要性，如果匹配 M 就是无向图 G 中的最大匹配，并且在图 G 中又存在着匹配 M 的增广路径 p，根据定理 7.7，那么就存在着新的匹配$|M \oplus p|=|M|+1$，这就与匹配 M 是无向图 G 中的最大匹配相互矛盾，因此，无向图 G 中不包含匹配 M 的增广路径。

接着证明充分性，使用反证法证明，即如果无向图 G 中不包含匹配 M 的增广路径，可是匹配 M 又不是图 G 的最大匹配，那么图 G 中就必然会存在着另外一个匹配 N，使得$|N|>|M|$。于是，可以令 $M^*=M \oplus N$，这样一来，M^*中的边即是匹配 M 中的边或者是匹配 N 中的边，但并不会既是匹配 M 中的边，同时也是匹配 N 中的边。因此，M^*的导出子图的每一个连通分支，它们的边，或者是交错地分属于匹配 M 与匹配 N 的长度为偶数的交错回路，或者是交错地分属于匹配 M 与匹配 N 的长度为奇数的交错轨道。又由于$|N|>|M|$，而且交错回路中属于匹配 M 与属于匹配 N 的边数相同，因此至少存在一个连通分支是长度为奇数的交错轨道，并且属于匹配 N 的边数应大于属于匹配 M 的边数。因此，交错轨道的两端的两个结点不可能与匹配 M 的边相关联，即在这种情况下，交错轨道即是匹配 M 的增广路径，这样就与无向图 G 中不包含匹配 M 的增广路径这一前提条件相矛盾，所以匹配 M 就是无向图 G 的最大匹配，充分性证明结束。证毕。

7.3.2　二部图的最大匹配的匈牙利树算法

相比较而言，在二部图中寻找匹配 M 的增广路径 p 比在一般的无向图中寻找更容易一

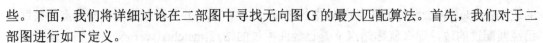

些。下面，我们将详细讨论在二部图中寻找无向图 G 的最大匹配算法。首先，我们对于二部图进行如下定义。

  定义 7.13 如果无向图 G=(V,E)的结点集 V 可以分为两个子集 X 和 Y，并且满足子集 X 与子集 Y 的交集为空集；子集 X 与子集 Y 的并集为结点集 V，并且无向图 G 中的任意一条边的两个端点，一个在子集 X 中，另一个在子集 Y 中，那么就称该图 G 为二部图或者偶图。

  例如，图 7.3 所示的无向图，就是一个二部图或者偶图。我们使用以下的定理 7.9 作为一个图是二部图的判定定理。

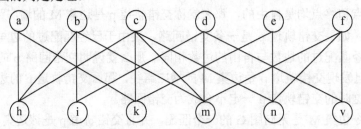

图 7.3 一个二部图的示例

  定理 7.9 无向图 G 是一个二部图，当且仅当该图中没有长度为奇数的回路。

  证明： 首先证明必要性，如果无向图 $G=(X \cup Y，E)$ 是一个二部图，并且假设路径 p：$v_0 v_1 \cdots v_k v_0$ 是一条回路，并令结点 v_0 是结点子集 X 的元素，那么，对于所有的 $i(i=0,1,\cdots)$，有 $v_{2i} \in X$，$v_{2i+1} \in Y$。又由于 $v_k \in Y$，因此必定存在某一个 i，使得 $k=2i+1$，并且回路 p 的长度应为 $2i+1+1=2i+2$。这样，在二部图 G 中就不可能有长度为奇数的回路。

  接着证明充分性，即假设无向图 G=(V,E)是联通图，如若不然，我们可以对于某个连通分支进行证明。在图 G 的结点集 V 任取一个结点 v_0，并且将 $d(v_0,v)$ 记为由结点 v_0 到达结点 v 的路径上的边数。又令集合 X={v| $d(v_0,v)$ 为偶数并且 v 是结点集 V 中的结点}，Y=V-X，则 $X \cup Y=V$，$X \cap Y$ 为空集。并且对于所有的边 $(x_i,y_i) \in E$，如果结点 $x_i, y_i \in X$，那么根据集合 X 的定义，必定存在一条路径 p_1：$v_0 u_1 u_2 \cdots u_{2s+1} x_i$ 及另一条路径 p_2：$v_0 w_1 w_2 \cdots w_{2t+1} y_j$，并且路径 p_1 与路径 p_2 的边数都为偶数。又因为边 $(x_i,y_i) \in E$，所以存在着回路 H：$v_0 u_1 u_2 \cdots u_{2s+1} x_i y_j w_{2t+1} w_{2t} \cdots w_1 v_0$，并且回路 H 的边数$|H|=|p_1|+|p_2|+1$ 为奇数，这就与图 G 中没有长度为奇数的回路这个前提相矛盾。因此，结点 x_i 与结点 y_i 不能在同一个结点集合 X 中。同理可证，它们也不能在同一个结点集合 Y 中。这样，结点 x_i 与结点 y_i 必定一个在集合 X 中，而另一个在集合 Y 中，因此，图 G 一定是二部图。

  综合以上两个方面，二部图的判定定理 7.9 成立，证毕。

  定理 7.9 提供了一个方法来判断给定的一个无向图 G 是否为一个二部图，如果是二部图，就可以利用如下所述的匈牙利树算法，来寻找在这个二部图中的最大匹配。

  令图 G=(V,E)是一个无向图，定理 7.7 和定理 7.8 提供了一种在图 G 中寻找最大匹配的方法，即首先从一个空匹配 M 起始，在无向图 G 中寻找匹配 M 的一条增广路径 p，然后执行 $M \oplus p$ 的操作，这实际上是反转增广路径 p 中边的作用，即将增广路径 p 中已经匹配过的边变成自由的边，同时将自由的边变成已经匹配过的边，从而可以得到一个新的匹配 M，通过这样一种操作，可以使这个新的匹配 M 比旧的匹配的边数多 1。重复以上的操作，直到二部图 G 中不包含匹配 M 的增广路径时为止。根据定理 7.8，这时，匹配 M 即是二部图 G 中的最大匹配。

在使用上面的方法时，假定在某一个阶段，二部图 G 中存在一个匹配 M，现在试图通过寻找匹配 M 的增广路径 p 来扩展匹配 M。如果将结点集 X 中的结点称为 xvertex，将结点集 Y 中的结点称为 yvertex。初始时，我们选择一个自由的 xvertex 结点 root 作为根结点，并且由根结点 root 出发生成一棵交错轨道树，从根结点 root 开始，到叶子结点的每一条路径，都是交错轨道，并将这棵树称为 T。树 T 的构造步骤如下。

(1) 从根结点 root 开始，把连接该根结点 root 与 yvertex 结点 y 的所有自由的边(r,y)加进树 T 中，结点 y 的 tag 标志设置成为 0，说明结点 y 与前方结点的关联边是自由的边，将这样的结点称为 inner(内)结点。

(2) 对于树 T 中的每一个与根结点 root 相邻接的结点 y，如果存在着匹配边(y,z)，那么就将其加入进树 T 中，并且将结点 z 的 tag 标志设置成为 1，表明结点 z 与前方结点的关联边是已经匹配过的边，并将这样的结点称为 outer(外)结点。

(3) 重复上面的步骤，交错地加进自由的边和已经匹配过的边，直到不能再对该树 T 进行扩展为止。

(4) 如果树 T 中存在着一个叶子结点 v 是自由的结点，那么从根结点 root 到该叶子结点 v 的路径，即是匹配 M 的一条增广路径 p；反转增广路径 p 中边的作用(即自由的边换成已经匹配过的边，已经匹配过的边换成自由的边)，就会使得原来的匹配 M 中增加了一条匹配的边。

(5) 如果树 T 中的所有叶子结点都是已经过匹配了的结点，那么就称这样的树为匈牙利树。

如果树 T 是匈牙利树，那么就称从根结点开始出发的所有交错轨道，都在已经匹配过的结点处结束，没有办法再进行扩展。因此，可以得出以下的结论：如果在检索增广路径的过程中，检索到一棵匈牙利树，就可以永久地将其从二部图 G 中删去，而不会影响检索下面，我们举一个例子加以说明。

在如图 7.4 所示的二部图 G 中，存在匹配 M={(a,f),(d,h),(e,i)}。现在，如果我们试图扩展这个匹配，首先应从自由的 xvertex 结点 b 开始构造交错轨道树 T，边(b,f)、边(b,h)及边(b,i)都是自由的，把它们加入到交错轨道树 T 中；接着，边(f,a)、边(h,b)及边(i,e)是已经过匹配的边，也将它们加入到交错轨道树 T 中；最后，将边(d,k)加入到树 T 中，这样一来，就会得到一条增广路径 b,h,d,k。将这条路径上的边的操作反转(即自由的边换成已经匹配过的边，已经匹配过的边换成自由的边)，得到新的匹配。现在，从自由的结点 c 开始构造交错轨道树，当这棵树延伸到结点 a 和结点 e 时，便被阻塞。于是，得到了图 7.5 所示的交错轨道树，由于这棵树的两个叶子结点都是已经匹配过的。因此，这就是一棵匈牙利树，不存在增广路径，不可能再通过这棵树扩展图中的匹配。这时，图中就再也没有其他自由的 xvertex 结点可以用于构造交错轨道树。于是，图 7.4 所示的二部图的最大匹配就是 {(a,f),(b,h),(e,i),(d,k)}。

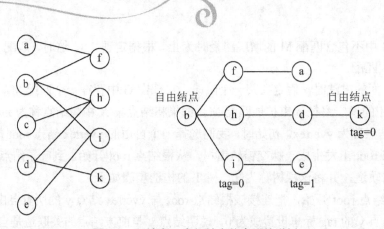

图 7.4　以结点 b 为根结点的交错轨道树

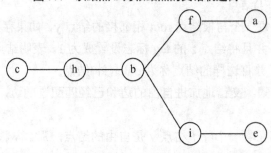

图 7.5　以结点 c 为根结点的匈牙利树

因此，使用匈牙利树构造二部图的最大匹配算法，其过程可以描述如下。

(1) 将匹配 M 初始化为空集。

(2) 如果存在一个自由的 xvertex 结点和一个自由的 yvertex 结点，转步骤(3)执行；否则，算法结束。

(3) 令结点 root 是一个自由的结点 xvertex，使用广度优先搜索方法，以结点 root 为根结点，构造一棵交错轨道树 T。

(4) 如果交错轨道树 T 是一棵匈牙利树，那么就从图 G 中删去这棵树；否则，在交错轨道树 T 中寻找一条增广路径 p，并且令匹配 M 执行 M⊕p 操作；再转步骤(2)执行。

接下来，我们介绍实现这个构造二部图的最大匹配算法时需要使用的一些数据类型和一些数据结构。

```
NODE  node[n];              /*结点的邻接表*/
int   match[n];             /*与该元素对应结点匹配的结点编号*/
int   path[n];              /*该元素对应结点在交错轨道树上的父结点的编号*/
BOOL  block[n];             /*该元素对应结点在交错轨道树上的阻塞标志*/
typedef struct qnode {      /*广度优先搜索队列元素*/
  int  v;                   /*结点的编号*/
  int  tag;                 /*结点在交错轨道树上的作用标记*/
  struct qnode *next;       /*下一个待搜索的元素*/
} QNODE;
typedef struct {            /*搜索队列*/
  QNODE *head;              /*队列的头指针*/
QNODE *tair;                /*队列的尾指针*/
} QNODE;
```

使用匈牙利树算法构造一个二部图的最大匹配的实现过程可以被描述为算法 7.7。

算法 7.7　在一个二部图中寻找最大匹配的匈牙利树算法

输入：二部图的结点邻接表 node[ ]，二部图中的结点数目 n，xvertex 结点数目 n1

输出：二部图的最大匹配 match[ ]

```
1.   bipartite_match(NODE node[],int match[],int n1,int n)
2.   {
3.       int root;
4.       int i;
5.       int j;
6.       int t;
7.       int path[n];
8.       BOOL block[n],flag=TRUE;
9.       for(i=0;i<n;i++)                    /*匹配 M 初始化为空集*/
10.         match[i]=-1;
11.      while(flag) {
12.         for(root=0;root<n1;root++)       /*检索自由的 xvertex 结点*/
13.           if(match[r]==-1)
14.              break;
15.         if(r>=n1)
16.           break;                         /*如果不存在自由的 xvertex 结点,那么就退出循环*/
17.         for(i=n1;i<n;i++)     /*检索自由的 yvertex 结点*/
18.           if(match[r]==-1)
19.              break;
20.         if(r>=n)
21.           break;                         /*如果不存在自由的 yvertex 结点,那么就退出循环*/
22.         if(!(hungbfs(r,t,node,match,path,block,n))) {
23.            for(i=0;i<n;i++) {        /*删除匈牙利树*/
24.               if(block[i]) {
25.                  v=i;
26.                  delete_edge(v,path[v]);
27.                  while(path[v]!=-1) {
28.                     v=path[v];
29.                     delete_edge(v,path[v]);
30.                  }
31.               }
32.            }
33.         }
34.         else {                    /*反转增广路径边的作用*/
35.            while((t!=1)&&(path[t]!=-1)) {
36.               match[t]=path[t];
37.               match[path[t]]=t;
38.               t=path[path[t]];
```

```
39.              }
40.          }
41.       }
42.    }
43.    BOOL    hungbfs(int    r,int    &t,NODE    node[],int    match[],int
path[],BOOL block[],int n)
44.    {
45.       int  i;
46.       int  j;
47.       int  v;
48.       int  w;
49.       int  tag;
50.       BOOL  flag1;
51.       BOOL  flag=FALSE,*a=new BOOL[n];
52.       NODE  *p=node[r].next;
53.       QNODE  *p1;
54.       QUEUE  queue;
55.       initial_Q(queue);                /*初始化广度优先搜索队列*/
56.       for(i=0;i<n;i++) {               /*初始化*/
57.          a[i]=FALSE;
58.          block[i]=FALSE;
59.          path[i]=-1;
60.       }
61.       a[root]=TRUE;
62.       while(p!=NULL) {                 /*生成树的第一层结点*/
63.          p1=new NODE;
64.          p1->v=p->v;
65.          p1->tag=0;
66.          path[p->v]=root;
67.          a[p->v]=TRUE;
68.          append_Q[queue,p1];
69.          p=p->next;
70.       }
71.       while(!empty(queue)) {
72.          p1=delete_Q(queue);           /*取下搜索队列中的队首元素*/
73.          w=p1->v;                       /*此元素的结点编号保存在变量 w 中*/
74.          tag=p1->tag;                   /*此元素的结点标志保存在变量 tag 中*/
75.          delete p1;
76.          if(!flag) {
77.             if(tag==0) {                /*tag 等于 0 时的处理*/
78.                if(match[w]==-1) {      /*如果结点 w 是自由的结点,那么就存在着增
广路径*/
79.                   flag=TRUE;
```

```
80.              t=w;                    /*结点 t 为增广路径的端点*/
81.            }
82.          else {                      /*结点 w 是已经匹配过的结点,延伸交错轨道*/
83.            v=match[w];
84.            p1=new NODE;
85.            p1->v=v;
86.            p1->tag=1;
87.            a[v]=TRUE;
88.            append_Q[queue,p1];
89.            path[v]=w;
90.          }
91.        }
92.      else {                          /*tag 等于 1 时的处理*/
93.        p=node[w].next;
94.        flag1=FALSE;
95.        while(p!=NULL) {
96.          v=p->v;
97.          if(!a[v]) {
98.            p1=new NODE;
99.            p1->v=v;
100.           a[v]=TRUE;
101.           p1->tag=0;
102.           path[v]=w;
103.           append_Q[queue,p1];
104.           flag1=TRUE;
105.          }
106.         p=p->next;
107.        }
108.        if(!flag1)
109.          block[w]=TRUE;
110.       }
111.     }
112.   }
113.   return  flag;
114. }
```

在上面所述的算法 bipartite_match 中，match 数组用来存放与相应元素的结点存在已经匹配过的边的邻接结点的编号。当 match[i]等于 j 时，即表示边(i,j)是已经匹配过的边；当 match[i]等于-1 时，即表示结点 i 是自由的结点。算法 7.7 的第 9 行和第 10 行的工作是将 match 数组的所有元素都初始化为-1。从算法的第 11 行开始，执行一个永真的 while 循环。在这个 while 循环中，第 12~16 行主要对于自由的 xvertex 结点进行检索，即如果不存在自由的 xvertex 结点，那么就退出 while 循环，算法结束；如果存在自由的 xvertex 结点，那么结点 root 就是第一个遇到的自由的 xvertex 结点。第 17~21 行主要对于自由的 yvertex

结点进行进一步检索，即如果不存在自由的 xvertex 结点，那么就退出 while 循环，算法结束；如果存在自由的 yvertex 结点，那么就调用第 22 行的 hungbfs 函数，构造交错轨道树 T。如果函数 hungbfs 的返回值为 FALSE，则说明所构造的交错轨道树 T 即是一棵匈牙利树，这时，block 数组表明匈牙利树中被阻塞的叶子结点的位置，即如果 block[i]=TRUE，就表明交错轨道的延伸在结点 i 处被阻塞。此时，结点 i 即是匈牙利树被阻塞的叶子结点。根据 path[i] 的值，可以寻找到交错轨道中的结点 i 的父结点。可以利用以上这些信息，根据算法的第 23～32 行将匈牙利树中与这些结点相关联的边依次删去，即在此以后的搜索，都不会再使用到这些结点的关联边。如果函数 hungbfs 的返回值为 TRUE，那么就说明在交错轨道树 T 中存在着一条增广路径 p，其中的一个端点为 t。这样一来，在算法 7.7 的第 35～39 行，即是根据数组 path 的路径信息，从端点 t 开始依次向前倒推，反转增广路径 p 上结点的匹配标志。然后，回到 while 循环的起始部分，继续搜索另外一条增广路径。

函数 hungbfs 执行的主要功能就是以 root 结点作为根结点，构造一棵交错轨道树 T，并搜索树 T 中的增广路径 p。并且使用 flag 标志是否为 TRUE，来表示是否搜索到了一条增广路径。在第 50 行和第 51 行的初始化过程中，flag 标志被该算法初始化为 FALSE。第 54～55 行主要是建立一个搜索队列，并对其进行初始化的工作，以便在构造交错轨道树时进行广度优先搜索使用；第 56～61 行初始化相关的标志；第 62～70 行生成树的第一层结点，这些结点都与自由的 root 结点相邻接，将它们结点 v 都放进搜索队列中去，将它们的 tag 标志设置成为 0，表示它们是 inner 结点，并且与父结点相关联的边是自由的边；将布尔数组 a 的相应元素的值设置为 TRUE，表示这些结点已经被访问过；数组 path 中的相应元素设置成为 root，用来表示在交错轨道中，这些结点的父结点是 root。从第 71 行起始的 while 循环主要进行的是广度优先搜索，其中，第 72～75 行取下搜索队列的队首元素，得到该元素的结点编号 w 及 tag 标志；第 76 行判断 flag 标志，即只要搜索到一条增广路径，flag 标志就被设置成为 TRUE，这时，就停止对于取下来的元素进行处理，并且继续把搜索队列中的记录项取下来，直到将搜索队列清空时为止，然后，把路径信息 path 及端点的信息返回给调用它们的主程序。如果 flag 标志为 FALSE，就对从搜索队列中取下来的元素进行处理，根据编号为 w 的结点的 tag 标志进行工作：在第 77 行，如果 tag 标志等于 0，就说明结点 w 与其父结点的关联边是自由的边，这时，如果结点 w 是自由的结点，那么就表明由结点 root 开始到结点 w 结束的路径构成为一条增广路径。第 78～81 行就是判断并且处理这种情况，这时，将标志 flag 的值设置成为 TRUE，并且将结点 w 作为增广路径的终点 t 返回给调用它的程序。如果结点 w 是已经匹配过的结点，不妨设已经匹配过的边为 (w,v)，就将结点 v 放入当前的搜索队列中，并且将结点 v 的 tag 标志设置成为 1，表示它是 outer 结点，其与父结点的关联边是已经匹配过的边，如果该结点 v 在其交错轨道树上有后续的结点，那么结点 v 与其后续结点的关联边就应该是自由的边。然后，将结点 w 作为结点 v 的父结点，并且将其记录到数组 path 中去，从而可以将当前的交错轨道延伸到结点 v。算法 7.7 的第 83～90 行处理的就是以上所述的情况。如果结点 w 的 tag 标志为 1，则表明该结点 w 与其父结点的关联边是已经匹配过的边，那么，此结点 w 与其他结点的关联边将必定是自由的边。这样，我们就将与该结点 w 构成自由的边的所有那些尚未被访问的邻接结点 v 都放入到搜索队列中，并且将它们的 tag 标志设置成为 0，从而可以将交错轨道树延伸这些结点，此时，结点 w 就成为了由这些结点所组成的子树的根结点。算法 7.7 的第

93～107 行处理的就是上面这些情况。如果结点 w 没有与其相关联的自由的边，那么从结点 root 开始到结点 w 结束的交错轨道将在 w 结点处阻塞而不能进行延伸，又由于 w 结点是已经匹配过的结点，因此这条路径就不是增广路径。倘若出现这种情况，就应将 w 结点的阻塞标志设置成为 TRUE 值，正如算法 7.7 的第 109 行所示的那样。最后，当搜索队列为空队列时，或者检索到一条增广路径时，以上的 while 循环执行结束，并且将 flag 标志作为返回值返回给调用的程序；同时，调用程序可以通过数组 path 及其数组 block 得到其他相关的信息。

最后，我们简单地讨论上面的算法 7.7 的时间复杂度与空间复杂度。不失一般性，假设一个二部图 G=(V,E) 的结点数目为 n，边的数目为 m。则根据前面的分析不难看出，函数 hungbfs 执行广度优先搜索过程，检索到一条增广路径，需要耗费的计算时间复杂度为 $O(n+m)$。又因为二部图 G 中有 n 个结点，其中，xvertex 结点数目小于 n，因此，最多需要检索出 $O(n)$ 条增广路径。综上所述，算法 7.7 的计算时间复杂度为 $O(n*m)$。这个算法除了存放作为输入使用的邻接表需要消耗的空间开销为 $\Theta(m)=O(n*n)$ 之外，算法用于存放结点的匹配标志、路径信息、搜索队列及其余所需要消耗的空间开销应为 $\Theta(n)$。

本 章 小 结

本章首先介绍了图的遍历的基本概念，以及图的深度优先搜索遍历算法及其图的广度优先搜索遍历算法；然后介绍了网络、网络流量、饱和容量，以及增广路径等的基本概念、并且详细讨论了如何求解一个网络中的网络最大流量的两种不同的算法——最大容量扩展算法与最短路径扩展算法的算法设计思想、使用的数据结构、详细的算法设计过程及其分别对这两个不同算法的时间复杂度与空间复杂度的分析；最后，详细讨论了如何求解一个二部图的最大匹配问题，使用的算法被称为匈牙利树算法，并且详细讨论了这个算法的设计思想、使用的数据结构、详细的算法设计过程及其分别对这两个不同算法的时间复杂度与空间复杂度的分析等。

值得一提的是，网络最大流问题与二部图的最大匹配问题都是深度优先搜索遍历算法与广度优先搜索遍历算法的具体应用的实际例子，这就说明在求解关于图论中的问题时，图的深度优先搜索遍历算法与图的广度优先搜索遍历算法是最基础的算法，读者应该熟练掌握这两个图论领域中的最基本的算法。

课后阅读材料

实例分析

下面，我们通过对两道例题到的分析，详细介绍上面的算法对于求解网络最大流问题，以及二部图最大匹配算法思想的实现过程。

【任务 7.1】(卖猪问题)麦克在一个养猪场工作，养猪场里有 M 个猪圈，每个猪圈都上了锁。由于麦克没有钥匙，因此他不能打开任何一个猪圈。需要买猪的顾客一个接着一个地来到了养猪场，每个顾客都有一些猪圈的钥匙，并且他们要购买一定数量的猪。某一天，所有要到养猪场买猪的顾客，他们的信息就是要提前让麦克知道的。这些信息包括：顾客所拥有的钥匙(详细到有几个猪圈的钥匙，有哪几个猪圈的钥匙)、需要购买猪的数量。这样对麦克很有好处，他可以安排销售计划以便卖出的猪的数量最大。

更详细的销售过程为：当每一个顾客到来时，他将那些他拥有钥匙的猪圈全部打开；麦克从这些猪圈中挑出一些猪卖给他们；如果麦克愿意，他可以重新分配这些被打开的猪圈中的猪；当顾客离开时，猪圈再次被锁上。注意：猪圈可以容纳的猪的数量没有限制。试编写一个程序，计算麦克这一天可以卖出的猪的最大数量。

解题思路

解决任务 7.1 的关键在于怎样构造一个容量网络。在这个问题中，我们使用以下的方法来构造容量网络。

(1) 将顾客看作除源点和汇点之外的结点，并且另外设置两个结点，即源点与汇点。

(2) 源点与每个猪圈的第一个顾客用边相连，边的权值是起始时猪圈中猪的数量。

(3) 如果源点与某个结点之间有多重边，那么就将这些多重边的权值进行合并，这样一来，从源点流出的流量即是所有的猪圈所能提供的猪的数量。

(4) 顾客 j 紧跟在顾客 i 之后打开某个猪圈，则边(i, j)的权值应为∞，这是因为，如果顾客 j 紧跟在顾客 i 之后打开某个猪圈，则麦克就有可能根据顾客 j 的需求将其余猪圈中的猪调整到该猪圈，这样一来，顾客 j 就可以买到尽可能多的猪。

(5) 每个顾客与汇点之间用边相连，边的权值即是顾客所希望购买的猪的数目，因此，汇点的流入量就是每个顾客所购买的猪的数量。

解决任务 7.1 的参考程序如下。

```
1.  #define INF 200000000       /*程序对于∞的表示*/
2.  #define MAXM 1000           /*猪圈数:1≤M≤1000*/
3.  #define MAXN 100            /*顾客数:1≤N≤100*/
4.  int s;                      /*源点*/
5.  int t;                      /*汇点*/
6.  int customer[MAXN+2][MAXN+2]; /*N+2 个结点(包括源点与汇点)之间的容量 cij*/
7.  int flow[MAXN+2][MAXN+2];    /*结点之间的流量 Fij*/
8.  int i;                      /*设置循环变量*/
9.  int j;
10. void init()                 /*初始化函数,构造网络流*/
11. {
12.     int M;                  /*设置猪圈的数量*/
13.     int N;                  /*设置顾客的数量*/
14.     int num;                /*每个顾客拥有钥匙的数量*/
15.     int k;                  /*第 k 个猪圈的钥匙*/
16.     int house[MAXM];        /*存储每个猪圈中猪的数量*/
17.     int last[MAXM];         /*存储每个猪圈的前一个客户的序号*/
18.     memset(last,0,sizeof(last));
19.     memset(customer,0,sizeof(customer));
20.     scanf("%d%d",&M,&N);
```

```
21.        s=0;                           /*源点*/
22.        t=N+1;                         /*汇点*/
23.        for(i=1;i<=N;i++)              /*读入每个猪圈中猪的数量*/
24.          scanf("%d",&house[i]);
25.        for(i=1;i<=N;i++)              /*构造网络流*/
26.        {
27.          scanf("%d",&num);            /*读入每个顾客拥有钥匙的数量*/
28.          for(j=0;j<num;j++)
29.          {
30.            scanf("%d",&k);            /*读入钥匙的序号*/
31.            if(last[k]==0)             /*第i个顾客是第k个猪圈的第1个顾客*/
32.              customer[s][i]+=house[k];
33.            Else   /* last[k]!=0,表示顾客i紧跟在顾客last[k]后面打开第k个猪圈*/
34.              customer[last[k]][i]=INF;
35.            last[k]=i;
36.          }
37.          scanf("%d",&customer[i][t]);/*每个顾客到汇点的边,权值为顾客购买猪
的数目*/
38.        }
39.     }
40.     void ford()
41.     {
42.        /*可以改进路径上该结点的前一个结点的序号,相当于标号的第 1 个分量,初始为-2
表示未标号,源点的标号为-1*/
43.        int prev[MAXN+2];
44.        int minflow[MAXN+2];/*每个结点的可改进量a,相当于标号的第 2 个分量,采用
广度优先搜索的思想遍历网络,从而对所有结点进行标号*/
45.        int qs;                        /*队列头位置*/
46.        int qe;                        /*队列尾位置*/
47.        int v;                         /*当前检查的结点*/
48.        int p;                         /*用于保存 Cᵢⱼ-Fᵢⱼ*/
49.        for(i=0;i<MAXN+2;i++)          /*构造零流;从零流开始标号取整*/
50.        {
51.          for(j=0;j<MAXN+2;j++)
52.            flow[i][j]=0;
53.        }
54.        minflow[0]=INF;                /*源点标号的第 2 个分量为无穷大*/
55.        while(1)                       /*标号法*/
56.        {
57.          for(i=0;i<MAXN+2;i++)        /*每次标号前,每个结点重新回到未标号状态*/
58.            prev[i]=-2;
59.          prev[0]=-1;                  /*源点*/
60.            qs=0;queue[qs]=0;qe=1;     /*源点(结点 0)进入队列*/
```

```
61.              /*标号过程:如果 qe≥qs(相当于队列为空),则标号无法再进行下去*/
62.              while(qs<qe&&prev[t]==-2)
63.              {
64.                v=queue[qs];
65.                qs++;                        /*取出队列的头结点*/
66.                for(i=0;i<t+1;i++)
67.                {
68.              /*如果结点 i 是结点 v 的邻接结点,则考虑是否对结点 i 进行标号,customer
   [v][i]-flow[v][i]!=0 可以确保结点 i 是结点 v 的邻接结点,且能进行标号*/
69.                  if(prev[i]==-2&&(p=customer[v][i]-flow[v][i]))/*结点 i 没
   有标号,并且 Cij-Fij>0*/
70.                  {
71.                      prev[i]=v;
72.                      queue[qe]=i;
73.                      qe++;
74.                      minflow[i]=(minflow[v]<p)? minflow[v]: p;
75.                  }
76.                }
77.              }
78.              if(prev[t]==-2)
79.                break;                       /*汇点 t 没有标号,标号法结束*/
80.              for(i=prev[t],j=t; i!=-1;j=i,i=prev[i])   /*调整过程*/
81.              {
82.                flow[i][j]+=minflow[t];
83.                flow[j][i]=-flow[i][j];
84.              }
85.          }
86.          for(i=0,p=0; i<t;i++)            /*统计进入汇点的流量,即为最大流的流量*/
87.            p+=flow[i][t];
88.          printf("%d\n",p);
89.      }
90.  int main()
91.  {
92.      init();
93.      ford();
94.      return 0;
95.  }
```

【任务 7.2】(机器调度问题)众所周知,机器调度问题是计算机科学中非常经典的一个问题,已经被研究很长一段时间了。各种机器调度问题在以下方面差别很大:必须满足的约束条件及期望得到的调度时间表。现在考虑一个针对两台机器的机器调度问题。

假设有两台机器,机器 A 和机器 B。机器 A 有 n 种工作模式,分别称为 mode_0,mode_1,…,mode_n-1;机器 B 有 m 种工作模式,分别为 mode_0,mode_1,…,mode_m-1。

初始时，机器 A 和机器 B 都工作在模式 mode_0。

现在我们给定 k 个作业，每个作业可以工作在任何一个机器的特定模式下。例如，作业 0 可以工作在机器 A 的模式 mode_2 或者机器 B 的模式 mode_3；作业 1 可以工作在机器 A 的模式 mode_3 或者机器 B 的模式 mode_4 等。因此，对于作业 j，调度中的约束条件可以表述成一个三元组(i,x,y)，意思是作业 i 可以工作在机器 A 的 mode_x 模式或者机器 B 的 mode_y 模式。

显而易见，为了完成所有的作业，必须经常切换机器的工作模式，可不幸的是，机器工作模式的切换只能通过手动重启机器完成。试编写一个程序来实现：改变机器的执行顺序，给每个作业分配合适的机器工作模式，使得重启机器的次数最少。

解题思路

首先构造一个二部图：将机器 A 的 n 种工作模式(mode)和机器 B 的 m 种工作模式(mode)看作图的顶点，如果某个任务可以在机器 A 的 mode_i 或者机器 B 的 mode_j 上完成，那么从 A_i 至 B_j 有一条边相连接，这样就可以构造一个二部图，如图 7.6 所示。

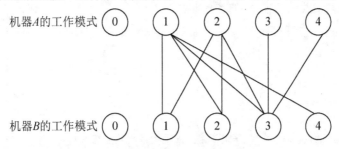

机器A的工作模式 ⓪ ① ② ③ ④

机器B的工作模式 ⓪ ① ② ③ ④

图 7.6　机器调度：二部图的建构

任务 7.2 需要求出二部图的最小点覆盖集问题，也就是求最小的顶点集合，覆盖住所有的边。转换成为求二部图的最大匹配问题，因为二部图的点覆盖数 α_0 等于匹配数 β_1。

此外，由于机器 A 和机器 B 的最初工作在 mode_0 模式，因此对于那些可以工作在机器 A 的 mode_0 模式或者工作在机器 B 的 mode_0 模式下的作业，在完成这些作业时是不需要重启机器的。

解决任务 7.1 的参考程序如下。

```
1.   #define maxn 120
2.   int nx;                 /*机器 A 的工作模式数目*/
3.   int mx;                 /*机器 B 的工作模式数目*/
4.   int jobnum;             /*作业数目*/
5.   int g[maxn][maxn];      /*所构建的二部图*/
6.   int ans;                /*最大匹配数目*/
7.   int sx[maxn];
8.   int sy[maxn];       /*函数 path 所表示的 DFS 算法中用来标明顶点访问状态的数组*/
9.   int cx[maxn];
10.  int cy[maxn];  /*求得的匹配情况,集合 X 中的顶点 i 匹配给集合 Y 中的顶点 cx[i]*/
11.  int path(int u)   /*从集合 X 中的顶点 u 出发采用深度优先算法寻找增广路径,这种
增广路径只能使当前的匹配数量增加 1*/
```

```
12. {
13.     sx[u]=1;
14.     int v;
15.     /*考虑所有 Yᵢ顶点(由于机器 A 与机器 B 最初工作在 mode_0 模式,因此完成工作在
mode_0 模式的作业时不需要重启机器)*/
16.     for(v=1; v<=ny;v++)
17.     {
18.        if((g[u][v]>0&&(!sy[v])))/*顶点u与顶点v邻接,并且顶点v未曾被访问过*/
19.        {
20.          sy[v]=1;
21.          if(!cy[v]||path(cy[v]))/*如果顶点v没有匹配,或者如果顶点v已经匹配
了,但是从 y[v]出发可以寻找到一条增广路径*/
22.          {
23.            cx[u]=v;
24.            cy[v]=u;  /*在回溯过程中修改增广路径上的匹配,从而可以使得匹配数目增
加1,将顶点 v 匹配给顶点 u;将顶点 u 匹配给顶点 v*/
25.            return 1;
26.          }
27.        }
28.     }
29.     return 0;
30. }
31. int solve()        /*求一个二部图的最大匹配算法*/
32. {
33.     ans=0;
34.     int i;
35.     memset(cx,0,sizeof(cx));
36.     memset(cy,0,sizeof(cy));/*由于机器 A 和机器 B 最初都工作在 mode_0 模式,
因此完成工作在 mode_0 模式的作业时不需要重启机器*/
37.     for(i=1; i<=nx;i++)
38.     {
39.        if(!cx[i])
40.        {
41.          memset(sx,0,sizeof(sx));
42.          memset(sy,0,sizeof(sy));
43.          ans=ans+path[i];
44.        }
45.     }
46.     return 0;
47. }
48. int main()
49. {
50.   int i;
```

```
51.    int j;
52.    int k;
53.    int m;
54.    while(scanf("%d",&nx))
55.    {
56.      if(nx==0)
57.        break;
58.      scanf("%d%d",&ny,&jobnum);
59.      memset(g,0,sizeof(g));
60.      for(k=0; k<jobnum;k++)
61.      {
62.        scanf("%d%d%d",&m,&i,&j);
63.        g[i][j]=1;                    /*构建一个二部图*/
64.      }
65.      solve();
66.      printf("%d\n",ans);
67.    }
68.    return 0;
69. }
```

习题与思考

1. [物流运输问题]国内若干个城市组成经济区域，诸城市之间的交通线组成一个庞大的运输网络。如图 7.7 所示。在这些城市中有一个城市 s 所管辖的范围内出产的各种货物通过各条运输线专门供应到另一个特定的大城市 t。在这些城市中，城市 i 到城市 j 的货物输送受限于该运输线上的运输能力 c_{ij}。假设城市 s 一次可以提供的货物足够多。问货物同时从城市 s 经过物流运输网络运送到城市 t 的最大运输量是多少。试设计一算法实现这个问题。

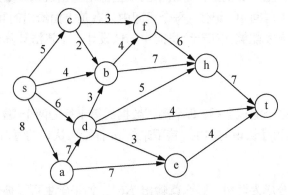

图 7.7　物流运输网络

输入

输入文件中包含多个测试数据。每个测试数据的第 1 行为两个整数 n 和 e(n≤100)，分别是城市的数目以及该运输网络中的道路数目 e。以下共有 e 行，每一行有 3 个整数 a,b 和

c,之间空出一格,表示由城市 a 至城市 b 的道路上运输的最大容量为$(1 \leq a,b \leq n, c \leq 10000)$。

输出

对每组有 n 个城市的运输网络,以 1 为源点、n 为汇点,输出最大的运输量。

输入样例	输出样例
9　17	15
1　2　8	
1　5　6	
1　3　4	
1　4　5	
2　6　7	
2　5　7	
3　8　7	
3　7　4	
4　3　2	
4　7　3	
5　6　3	
5　9　4	
5　8　5	
5　3　3	
6　9　4	
7　8　6	
8　9　7	

2. [住宿安排问题]一群学生,他们中的一些人相互认识,而另一些人相互之间不认识。例如,A 和 B 认识,B 和 C 认识,但是这并不表示 A 和 C 认识。现在你知道所有两两认识的学生,你要将这些学生分成两组,每组中的学生都不互相认识。如果可以完成,那么就把他们安排进一些双人房间中,记住,每个房间中只有是上面给出的互相认识的两个学生,也就是说只有认识的人才能够住在一个房间中。试设计一个算法计算出最多能够被安排进学生的双人房间数。

输入

输入文件中包含多个测试数据。每个测试数据的第 1 行为两个整数 n 和 $m(1<n \leq 200)$。表示有 n 个学生 m 对相互认识的学生。接下来的 m 行给出认识的每对学生。以 EOF 结束。

输出

如果学生不能被分成为两组,那么就输出 No!;如果学生可以被分成为两组,就输出可以安排进学生的最大的房间数目。

输入样例	输出样例
4　4	No!
1　2	

```
1  3
1  4
2  3
6  5                          3
1  2
1  3
1  4
2  5
3  6
```

3. [课程安排问题]有 N 个学生和 P 门课程。每个学生可以选择 0 门、1 门或者多门课程。你的任务就是确定是否有同时满足下面条件的 P 个学生组成的群：群中的每个学生只代表一门课程，每门课程有一个代表。试设计一个算法实现之。

输入

输入文件中包含多个测试数据。第 1 行是一个整数，表示测试数据的组数。每组数据具有以下的格式：

P　N
Count_1　$Student_{11}Student_{12} \cdots Student_{1n}$
Count_2　$Student_{21}Student_{22} \cdots Student_{2n}$
......
Count_P　$Student_{P1}Student_{P2} \cdots Student_{Pn}$

每组数据的第一行是两个正整数：即课程门数 P($1 \leq P \leq 100$)，学生人数 N($1 \leq N \leq 300$)。接下来是 P 行，每行依次描述从第 1 门课程到第 P 门课程。并且第 i 门课程的描述行中第一个是整数 Count_i($0 \leq Count\_i \leq N$)表示选择课程 i 的学生人数；接着是 Count_i 个选择课程 i 的学生编号；并且数据之间有一个空格，学生编号由 1 至 N。两组测试数据之间没有空行。

输出

对输入文件中的每个测试数据，如果可以形成一个群，那么一行输出 YES!，如果不能形成一个群，那么一行输出 NO!行首没有多余的空格。

输入样例	输出样例
2	YES!
3 3	NO!
3 1 2 3	
2 1 2	
1 1	
3 3	
2 1 3	
2 1 3	

1 1

4. [小行星问题]安娜想驾驶太空飞船穿过危险的形如 N*N 网格的小行星区域(1≤N≤500)。网格中有 K 个小行星(1≤K≤10000)，随意地分布于网络的小格中。幸运的是，安娜有一个大功率武器可以开一枪清除网格中一行或者一列上的所有小行星。由于武器相当昂贵，因此她希望节约使用。现在给定区域中所有小行星的位置，编写一个程序找出安娜需要清除所有小行星的最少开火次数。

输入

输入文件中包含多个测试数据。每个测试数据的第 1 行有用空格隔开的整数 N 和整数 K。接下来的 K 行，每行有两个用空格隔开的整数 R 和 C(1≤R，C≤N)，R 和 C 分别表示一个小行星所在的行坐标和列坐标。

输出

对于每组测试数据，输出一行：安娜要毁灭所有小行星必须开火的最小次数。

输入样例   输出样例

3 4   2

1 1

1 3

2 2

3 2

5. [运动员最佳匹配问题]羽毛球队有男女运动员各 n 个人。男运动员 i 和女运动员 j 配对组成混合双打的男运动员竞赛优势记为 p[i][j]，女运动员 i 和男运动员 j 配合的女运动员竞赛优势记为 q[i][j]。由于技术配合和心理状态等各种因素影响，p[i][j]不一定等于 q[j][i]，因此男运动员 i 和女运动员 j 配对组成混合双打的男女双方的竞赛优势为 p[i][j]*q[j][i]。试编写一个程序求出男女运动员的最佳配对方案，使得各组男女双方竞赛的优势总和达到最大。

输入

输入文件中包含多个测试数据。每个测试数据的第 1 行有一个正整数 n(1≤n≤40)。接下来的 2n 行，每行有 n 个数。在前面的 n 行中的第 i 行是男运动员 i 和 n 个女运动员配合的竞争优势，后面的 n 行中的第 i 行是女运动员 i 和 n 个男运动员配合的竞争优势。

输出

对输入文件中的每个测试数据，输出男女双方配合的竞赛优势总和的最大值。

输入样例   输出样例

3   52

10 2 3

2 3 4

3 4 5

2 2 2

3 5 3

4 5 1

6. [排水沟问题]每次下雨的时候，农场主老王的农场里就会形成一个池塘，这样就会淹没其中一小块土地，在这块土地上种植了庄稼。这意味着庄稼要被水淹没一段时间，而后要花很长时间才能重新长出来。因此，老王雇人修建了一套排水系统，这样种植了庄稼的土地就不会被淹没。因为雨水被排到了附近的一条小河中。与此同时，老王还雇人在每条排水沟的起点安装了调节阀门，这样可以控制流入排水沟的水流速度。

老王不仅知道每条排水沟每分钟能排多少升的水，而且还知道整个排水系统的布局，池塘里的水通过这个排水系统排到排水沟，并最终排到小河中，构成一个复杂的排水网络。

给定排水系统，计算池塘能通过这个排水系统排水到小河中的最大流水速度。每条排水沟的流水方向是单方向的，但在排水系统中，流水可能构成循环。

输入

输入文件中包含多个测试数据。每个测试数据的第 1 行为两个整数 M 和 N，用空格隔开，$0 \leqslant M \leqslant 200$，$2 \leqslant N \leqslant 200$，其中 M 是排水沟的数目，N 是这些排水沟形成的汇合结点数目。结点 1 为池塘，结点 N 为小河。接下来有 M 行，每行描述了一条排水沟，用 3 个整数来描述：S_i, E_i 和 C_i，其中 S_i 和 $E_i (1 \leqslant S_i, E_i \leqslant N)$ 表明了这条排水沟的起点和终点，水流从 S_i 流向 E_i，$C_i (0 \leqslant C_i \leqslant 10000000)$ 表示通过这条排水沟的最大水流速度。

输出

对输入文件中的每个测试数据，输出一行，为一个整数，表示整个排水系统可以从池塘排出水的最大速度。

输入样例	输出样例
5 4	50
1 2 40	
1 4 20	
2 4 20	
2 3 30	
3 4 10	

7. [海上开采站问题]海上的资源是非常丰富的，在海上进行资源的开采就必须在海上建立资源开采站，但是由于海底矿藏的原因，海上的无线电信号非常弱小以至于并不是所有的开采站都能够直接进行联系，但是海上的通信又是必要的，所以每两个开采站之间必须能够进行通信(或者直接进行通信或者通过别的一个或者多个工作站进行间接通信)。当然，由于通过开采以后的资源需要运输到陆地上来使用，因此，海边还需要有 n 个港口，每个港口都能与一个或者多个工作站进行直接通信。

由于某些开采站之间无法进行直接通信，因此为了船航行时的安全，船只只能在两个能直接通信的开采站之间航行。

由于海上的开采工作非常辛苦，因此海上的开采人员需要适当地休息(也就是让开采的船只返回港口)，但是不巧的是某一次有 n 艘开采的船只轮在一天休息，并且它们分布在不同的工作站,现在它们都需要返回到港口去,但是同时一个港口又只能容纳下一艘船只。现在所有的船只都将开始返回港口,怎样选择它们的航行路线才能使它们的航行路线之和最小?试设计一算法实现这个问题。(注意:船只一旦进入到港口之后就不会出来了。)

输入

输入文件中包含多个测试数据。每个测试数据首先给出 n(1≤n≤100), m(n≤m≤200), k 和 p。其中, n 表示有 n 只船和 n 个港口, m 表示有 m 个工作站, k 表示有 k 条边,并且每条边对应着工作站之间的联系, p 表示有 p 条边,每一条边对应着港口与工作站之间的联系。接着一行有 n 个整数,表示每艘船只所在的工作站。接着有 k 行,且每行有 3 个整数 a,b 和 c,表示工作站 a 和工作站 b 之间能够直接相连,距离为 c。最后有 p 行,且每行有 3 个整数 d,e 和 f,表示港口 d 和工作站 e 之间能够直接相连,距离为 f。工作站是从 1 到 m;港口是从 1 到 n。一直输入到文件的结束。

输出

每组测试输出它们的航行路线之和的最小值。

输入样例

```
3 5 5 6
1 2 4
1 3 3
1 4 4
1 5 5
2 5 3
2 4 3
1 1 5
1 5 3
2 5 3
2 4 6
3 1 4
3 2 2
```

输出样例

```
13
```

第 8 章

智能算法掠影

在前面的内容中，我们已经给读者介绍了解决各种类型优化问题的经典算法。这些经典算法对于一些简单的优化问题解决得非常成功，但是，在我们的现实生活中，仍然存在着许许多多比较复杂的优化问题。如果仍然使用前面介绍的经典算法求解，在被允许的时间范围内并不一定能得出最优解，即在使用经典算法求解某些优化问题时，可能在经过很长时间后，能够求解得到问题的最优解，但是实际上却并不适用，尤其是在一些实时控制系统中出现的最优化问题，既要求获得问题的解，同时又要使得计算时间不是太长。在这种情况下，我们必须引入新的高性能算法求解，于是，我们需要向大自然学习，寻找智慧。幸运的是，在大自然中，蕴藏着许许多多的智慧。我们将这些宝贵的智慧资源提炼出来，结晶以后为我们所运用，形成了本章所介绍的一类新的算法——智能算法。

一般说来，智能就是指生物一般性的精神能力。这个能力通常包括以下几个方面：理解、计划、解决问题、抽象思维、表达意念及语言和学习的能力。通过模拟以上各种不同生物种群的各种能力，对于解决实际问题会带来惊人的结果，从而形成了以下 3 种类型的智能形式：人工智能(artificial intelligence，AI)、生物智能(biological intelligence，BI)及计算智能(computational intelligence，CI)。人工智能是指由人工制造出来的系统所表现出来的智能，即通过普通的计算机实现的智能。生物智能就是将各种不同生物的本能等看作解决某些问题所应具有的特殊智能。例如，蚂蚁觅食或者蜜蜂采蜜等虽然是生物体的一种生存本能，但是我们可以将这些能力提炼出来，并且进行进一步地加工，从而可以用来作为解决某些优化问题所具有的特殊智能形式。计算智能取决于制造者提供的数据，而并不依赖于知识，同时，计算智能也是一种智力方式的低层认知。通过设计这样一类算法，可以极大地提高计算的速度和效率，这种类型的算法统称为智能算法。

本章主要就目前使用较多的智能算法做一些简要的介绍。

8.1 遗 传 算 法

生物种群的生存过程普遍遵循着达尔文的"物竞天择，适者生存"的演化准则。种群中的个体则根据对其所处环境的适应能力而被大自然所选择或者淘汰。演化过程的结果反映在个体的结构上，其染色体包含有若干个基因，相应的表现型与基因型的联系体现了个体的外部特性和内部机理之间的逻辑关系。生物通过个体之间的选择、交叉及其变异来适应大自然环境。生物染色体用数学方式或者计算机方式来体现就是一串数码，仍称其为染

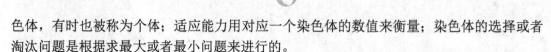

色体，有时也被称为个体；适应能力用对应一个染色体的数值来衡量；染色体的选择或者淘汰问题是根据求最大或者最小问题来进行的。

自从 20 世纪 60 年代以来，怎样模仿生物来建立功能强大的算法，并进而将它们运用于复杂的优化问题，越来越成为一个研究的热点。进化计算(evolutionary computation)正是在这个背景下孕育而生的。进化计算包括遗传算法(genetic algorithm,GA)、进化策略(evolution strategy)、进化编程(evolutiony programming)及其遗传编程(genetic programming)。

遗传算法是模仿生物遗传学和自然选择机理，通过人工方式构造的一类优化搜索算法，是关于生物演化过程进行的一种数学仿真，是演化计算的一种最重要的形式。遗传算法与传统的数学模型迥然不同，它为那些难以找到传统的数学模型的难题找出了一种求解方法。与此同时，演化计算和遗传算法借鉴了生物科学中的某些知识，从而体现了人工智能这一交叉学科的特点。自从霍兰德(Holland)于 1975 年在他的著作 *Adaptation in Natural and Artificial Systems* 中首次提出遗传算法以来，经过了近 30 年的研究，现在已经发展到了一个比较成熟的阶段，并且在实际中得到了相当好的应用。本节将简要介绍遗传算法的基本机理及其求解步骤，使读者了解什么是遗传算法，它是怎样工作的，并且针对遗传算法的进展和应用情况进行简要的分析和评价。

8.1.1　遗传算法的基本机理

霍兰德的遗传算法通常被称为简单遗传算法(simple genetic algorithm,SGA)。现以此作为讨论的主要对象，加上适当的改进，来分析遗传算法的结构与机理。

首先，我们介绍一些基本概念。在讨论中，我们将结合旅行商问题进行说明。假设有 n 座城市，城市 i 和城市 j 之间的距离为 $d(i,j)(i,j=1,2,\cdots,n)$。旅行商问题即是要寻找遍访每一座城市恰好一次的一条回路(哈密顿回路)，并且所经过的路径的总长度最短。

许多具有实际背景的应用问题都具有比较复杂的结构形式。但是我们可以将其化为简单的位串形式编码来表示。将问题的结构变换成为位串形式编码表示的过程称为编码；相反的，将位串形式编码表示变换成为原问题结构的过程称为解码或者译码。通常将位串形式编码表示称为染色体，有时也简称为个体。

遗传算法的过程简述如下：首先，在问题的解空间中选取一群点，作为遗传开始的第一代。每一个点(基因)用一个二进制的数字串表示，其优劣程度用一个目标函数——适应度函数(fitness function)来度量。遗传算法最常使用的编码形式是二进制编码。二进制编码的最大缺点就是长度较长，对于很多问题来说，使用其他的编码形式可能更为有利。其他的编码方式主要有浮点数编码方法、格雷码、符号编码方法、多参数编码方法等。

浮点数编码方法是指个体的每个染色体用某一个范围内的一个浮点数来表示，个体的编码长度等于其问题变量的数目。由于这种编码方法使用的是变量的真实值，因此浮点数编码方法也可称为真值编码方法。对于一些既是多维，又是高精度要求的连续函数优化问题，使用浮点数编码来表示个体时将会产生一些益处。

格雷码是其连续的两个整数所对应的编码值之间只有一个码位是不同的，其余的码位都完全相同。例如，十进制数 7 和 8 的格雷码分别为 0100 和 1100，而二进制编码分别为 0111 和 1000。

符号编码方法是指个体染色体编码串中的基因值取自一个没有数值含义而只有代码含

义的符号集合。这个符号集合可以是一个字母表，如{A,B,C,D,···}，也可以是一个数字序号表，如{1,2,3,4,5,···}，还可以是一个代码表，如{x_1,x_2,x_3,x_4,x_5,···}，等等。

对于前面提到的旅行商问题，我们就可以采用符号编码方法，按照一条回路中城市的顺序进行编码。例如，编码串 134567829 即可表示从城市 1 开始，依次是城市 3,4,5,6,7,8,2,9，最后返回城市 1。一般情况是从城市 w_1 出发，依次经过城市 $w_2,w_3,···,w_n$，最后返回城市 w_1，于是有如下的编码表示：$w_1w_2···w_n$。由于是回路，因此我们记 $w_{n+1}=w_1$。它其实是 1,2,···,n 的一个循环排列。要特别注意的是：$w_1,w_2,···,w_n$ 是互不相同的。

为了体现染色体的适应能力，引入了对优化问题中的每一个染色体都进行度量的函数，称为适应度函数(fitness function)。通过适应度函数来决定染色体的优劣程度，它体现了自然演化中的优胜劣汰原则。对于优化问题，适应度函数即是目标函数。旅行商问题的目标就是使得路径总长度为最短，自然地，路径总长度就可以作为旅行商问题的适应度函数：

$$f(w_1w_2···w_n)=\frac{1}{\sum_{i=1}^{n}d(w_i,w_{i+1})}$$

其中，$w_{n+1}=w_1$，$d(w_i,w_{i+1})$ 表示两座城市之间的距离(路径长度)。

在设计适应度函数时，应注意适应度函数要有效地反映每一个染色体与问题的最优解染色体之间的差距。如果一个染色体与问题的最优解染色体之间的差距比较小，那么对应的适应度函数值之差就比较小；反过来，如果一个染色体与问题的最优解染色体之间的差距比较大，那么对应的适应度函数值之差就比较大。适应度函数的取值大小与求解问题对象有很大的关系。

简单的遗传算法的遗传操作主要有 3 种：即选择(selection)、交叉(crossover)和变异(mutation)。改进的遗传算法大量扩充了遗传操作，以便达到更高的效率。

选择操作也被称为复制(reproduction)操作，根据个体的适应度函数值所度量的优劣程度决定其在下一代是被淘汰还是被遗传。一般说来，选择将会使得适应度比较大(优良)的个体有较大的存在机会，而适应度比较小(低劣)的个体继续存在的机会也比较小。简单遗传算法采用赌轮选择机制，令 $\sum f_i$ 表示群体的适应度的总和，并且 f_i 表示群体中的第 i 个染色体的适应度的值，它产生后代的能力正好为其适应度值所占份额 $f_i/\sum f_i$。

交叉操作的简单方式是将被选择出的两个染色体 P_1 和 P_2 作为亲本染色体，将两者的部分编码值进行交换。假设有以下 8 位长的两个染色体 P_1(10001110)和 P_2(11011001)。产生一个在 1～7 之间的随机数 c，假设当前产生的数为 3，则表示将染色体 P_1 和染色体 P_2 的低 3 位进行交换：即亲本染色体 P_1 的高 5 位与 P_2 的低 3 位组成数串 10001001，这就是亲本染色体 P_1 和 P_2 的一个后代 Q_1 个体；亲本染色体 P_2 的高 5 位与 P_1 的低 3 位组成数串 11011110，这就是亲本染色体 P_1 和 P_2 的一个后代 Q_2 个体。

变异操作的简单方式就是改变数码串的某个位置上的数码。首先以最简单的二进制编码表示方式来进行说明，二进制编码表示的每一个位置的数码只有 0 和 1 这两种可能的形式。例如，设有下面的二进制编码表示：10100110，其数码串的长度为 8，现随机产生一个 1～8 之间的随机数 k，假设当前的随机数 k 为 4，则应对从右至左的第 4 位进行变异操作，即将原来的 0 变为 1，得到下面的数码串 10101110(第 4 位的数字 1 是经变异操作后出现的)。　二进制编码表示的简单变异操作是将 0 与 1 互换：即 0 变异成为 1；1 变异成为 0。

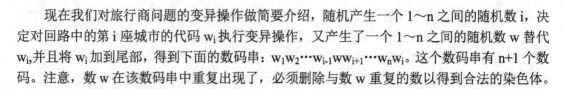

现在我们对旅行商问题的变异操作做简要介绍，随机产生一个 $1\sim n$ 之间的随机数 i，决定对回路中的第 i 座城市的代码 w_i 执行变异操作，又产生了一个 $1\sim n$ 之间的随机数 w 替代 w_i，并且将 w_i 加到尾部，得到下面的数码串：$w_1w_2\cdots w_{i-1}ww_{i+1}\cdots w_nw_i$。这个数码串有 $n+1$ 个数码。注意，数 w 在该数码串中重复出现了，必须删除与数 w 重复的数以得到合法的染色体。

8.1.2　遗传算法的求解步骤

遗传算法是一种基于空间搜索的算法，它通过自然选择、遗传、变异等操作及达尔文的适者生存的理论，模拟自然进化过程来寻找所需求解的最优化问题的答案。因此，遗传算法的求解过程也可看作最优化过程。在这里需要指出的是：遗传算法并不能保证所得到的解就是该问题的最优解(或者称为全局最优解)。但是，我们可以通过使用一定的方法，可以将误差控制在容许的范围内。遗传算法具有下面的几个特点。

(1) 遗传算法是对参数集合的编码而并不是对于参数自身进行演化。

(2) 遗传算法是从最优化问题解的编码组开始而并不是从单个解开始进行搜索。

(3) 遗传算法利用目标函数的适应度这一信息而并不是利用导数或者其他的辅助信息来指导搜索过程。

(4) 遗传算法利用选择、交叉、变异等操作形式而不是利用确定性规则进行随机操作。

遗传算法利用简单的编码技术和繁殖机制来表现复杂的现象，从而比较好地解决了非常困难的优化问题。它不受搜索空间的限制性假设的约束，不必要求诸如连续性、存在导数以及单峰等假设，可以从离散的、多极值的、含有噪声的高维问题中以比较大的概率获得全局最优解。由于其固有的并行性，遗传算法非常适用于大规模的并行计算。目前，这种智能算法已在演化计算、机器学习及其并行处理等领域获得了越来越广泛的应用。

遗传算法类似于自然演化，即通过作用于染色体上的基因寻找较好的染色体来求解一些复杂的优化问题。与自然界类似，遗传算法对于求解问题的本身一无所知，它所需要的仅仅是对算法所产生的每一个染色体进行评价，并且基于适应值来选择染色体，使得适应性较好的染色体具有更多的繁殖机会。在遗传算法中，通过随机方式产生了若干个所需求解问题的数字编码，即染色体，形成了初始的种群；通过适应度函数给每一个个体一个数值评价，从而可以淘汰低适应度的个体，保留高适应度的个体并且使其参加遗传操作，经过遗传操作之后的个体集合形成下一代新的种群，然后再对这个新的种群进行下一轮的演化计算。这就是遗传算法的基本原理。下面，我们对遗传算法的求解步骤进行描述。

(1) 初始化物种群。

(2) 依次计算物种群上每一个个体的适应度值。

(3) 按由个体适应度值所决定的某个规则选择将要进入下一代的个体。

(4) 按照概率 P_c 进行交叉操作。

(5) 按照概率 P_c 进行变异操作。

(6) 如果没有满足某种停止条件，那么就转步骤(2)，否则进入下一步。

(7) 输出物种群中适应度值最优的染色体作为优化问题的满意解或最优解。

算法的停机条件最简单的有以下两种情况：①完成了预先给定的演化代数则停机；②物种群中的最优个体在连续若干代没有改进或者平均适应度在连续若干代基本没有太大改进时停机。

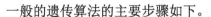

一般的遗传算法的主要步骤如下。

(1) 随机产生一个由确定长度的特征字符串组成的初始物种群。

(2) 对该字符串种群迭代地执行下面的步骤①和步骤②，直到满足停机条件为止：

① 计算物种群中每个个体字符串的适应度值；

② 利用复制、交叉及其变异等遗传操作产生下一代的物种群。

(3) 把在后代中出现的最优的个体字符串指定为遗传算法的执行结果，这个结果可以表示原优化问题的一个解。

8.2　粒子群优化算法

本节及其 8.3 节讨论一种称为群智能(swarm intelligence)的行为及其优化的计算方法。其中一种称为粒子群优化算法(PSOA)，另一种称为蚁群优化算法(ACOA)。我们首先讨论粒子群优化算法。

8.2.1　群智能算法和粒子群优化算法概述

假设你和你的朋友正在进行寻宝的任务，这个团队内的每个人都有一个金属探测器，并且可以将自己的通信信号和当前的位置传递给 n 个最邻近的伙伴。因此，每个人都知道是否有一个邻近的伙伴比他更接近宝藏。如果是这种情况，你就可以向着这个邻近的伙伴移动。这样做的结果就可以使得你发现宝藏的机会得以改善。而且，找到该宝藏也可能比你单个人寻找要快得多。

这是一个对群行为(swarm behavior)的极其简单的实例，其中，群众的每个个体交互作用，使用比单一的个体更有效的方式去求解全局的目标。可以将群(swarm)定义为某种交互作用的组织或者 Agent 之结构集合。在群智能计算研究中，群的个体组织包括蚂蚁、蜜蜂、鸟群及鱼群等。在这些群体中，个体在结构上和行为上是比较简单的，但是它们的集体行为却可能变得相当复杂。例如，在一个蚁群中，每只蚂蚁个体只能执行一组非常简单的任务中的一项，然而在整体上，蚂蚁的动作和行为却能够确保建造最佳的蚁巢结构、保护蚁后和幼蚁、清净蚁巢、发现最好的食物源，以及优化攻击策略等全局任务的实现。

社会组织的全局群行为是由群内的个体行为以非线性方式出现的。于是，在个体行为和全局行为之间存在着某种紧密的联系。这些个体的集体行为构成和支配了群行为。另一方面，群行为又决定了个体执行其作用的条件。由于这些作用可能改变环境，因此也可能改变这些个体自身的行为及其地位。由群行为决定的条件包括时间和空间这两种模式。

群行为不能仅由独立于其他个体的个体行为所确定。个体之间的交互作用在构建群行为中将起到至关重要的作用。个体之间的交互作用帮助改善对环境的经验知识，增强了到达优化的群进程。个体之间的交互作用或者合作是通过遗传学或者通过社会交互确定的。例如，个体在解剖学上的结构差别可能分配到不同的任务，在一个具体的蚂蚁种群内部，工蚁负责喂养幼蚁和清净蚁巢，而母蚁则切割被抓获的大猎物和保卫蚁巢。工蚁比母蚁小，而且形态与母蚁有别。社会交互作用可以是直接的或者间接的。直接交互作用是通过视觉、听觉或者化学接触，而间接交互作用是在某一个个体改变环境，而其他的个体反映该新的环境时出现的。

群社会网络结构形成该群存在的一个集合，它提供了个体之间交换经验知识的通信通道。群社会网络结构的一个惊人的结果即是它们在建立最佳的蚁巢结构、分配劳力及其收集食物等方面的组织能力。群计算建模已经获得了许多成功的应用。例如，功能优化、发现最佳路径、调度、结构优化及图像和数据分析等。从不同的群研究得到了不同的应用。其中，最引人注目的就是有关蚁群和鸟群的研究工作。以下，我们将分别综述这两种群智能的研究情况。其中，粒子群优化算法是由模拟鸟群的社会行为(群体行为)发展起来的，而蚁群优化算法主要是由建立蚂蚁的轨迹跟踪行为模型而形成的。

粒子群优化(particle swarm optimization,PSO)算法是一种基于群体搜索的算法，它建立在模拟鸟群社会的基础上。粒子群概念的最初含义就是通过图形来模拟鸟群优美和不可预测的舞蹈动作，发现鸟群支配同步飞行和以最佳队形突然改变飞行方向并且重新编队的能力。这个概念已经被包含在一个简单和有效的优化算法中。

在粒子群优化算法中，被称为粒子(particle)的个体是通过超维搜索空间"流动"的。粒子在搜索空间中的位置变化是以个体成功地超过其他个体的社会心理意向为基础的。因此，在粒子群中粒子的变化是受其邻近粒子(个体)的经验或者知识影响的，即一个粒子的搜索行为会受到粒子群中其他粒子的搜索行为影响。由此可见，粒子群优化算法是一种共生合作算法。建立这种社会行为模型的结果是：在搜索过程中，粒子随机地回到搜索空间中一个原先成功的区域。

8.2.2 粒子群优化算法研究及应用

粒子群优化算法是以邻域原理(neighborhood principle)为基础进行操作的，该原理来源于社会网络结构的研究中。驱动粒子群优化的特性是社会交互作用。粒子群中的个体(粒子)不仅相互学习，而且基于获得的知识移动到更相似于它们的、较好的邻近区域。邻域内的个体进行相互通信。

粒子群是根据粒子的集合组成的，且每一个粒子表示一个潜在的解答。粒子在超空间流动，每个粒子的位置按照其经验和邻近粒子的位置而发生变化。令 $x_i(t)$ 表示 t 时刻 P_i 在超空间的位置。如果把速度矢量 $v_i(t)$ 加至当前的位置，那么位置 P_i 应变为 $x_i(t)=x_i(t-1)+v_i(t)$

速度矢量推动优化过程，并且反映出社会所交换的信息。以下，我们给出了两种不同的粒子群优化算法，它们对社会信息交换扩展程度是不同的。这些算法概括了初始的 PSO 算法。

对于个体最佳(individual best)算法，每一个个体只把它的当前位置与自己的最佳位置 pbest 进行比较，而不使用其他粒子的信息。具体算法如下：

(1) 对粒子群 P(t) 进行初始化处理，使得 t=0 时每一个粒子 $P_i \in P(t)$ 在超空间中的位置 $x_i(t)$ 是随机的；

(2) 根据每一个粒子的当前位置评价其性能 Φ；

(3) 比较每一个个体的当前性能与其至今有过的最佳性能，如果 $\Phi(x_i(t)) < pbest_i$，则

$$\begin{cases} pbest_i = \Phi(x_i(t)) \\ x_{pbest_i} = x_i(t) \end{cases}$$

(4) 改变每个粒子的速度矢量

$$v_i(t) = v_i(t-1) + \rho(x_{pbest_i} - x_i(t))$$

其中，ρ 是一个位置随机数。

把每一个粒子移动到新的位置

$$\begin{cases} x_i(t) = x_i(t-1) + v_i(t) \\ \\ t = t+1 \end{cases}$$

在上式中，$v_i(t) = v_i(t)\Delta t$，而 $\Delta t = 1$，因此，$v_i(t)\Delta t = v_i(t)$。

(5) 返回步骤(2)，重复递归直至收敛。

以上算法中粒子离开其先前发现的最佳解答越远，使得该粒子(个体)移回它的最佳解答所需要的速度就越大。随机数 ρ 值的上限为用户规定的系统参数。ρ 的上限越大，粒子轨迹的振荡就越大；反过来，较小的随机数 ρ 值则可以保证粒子的平滑轨迹。

对于全局最佳算法(global best algorithm)，粒子群的全局最优方案 gbest 反映出一种被称为星形(star)的邻域拓扑结构。在该结构中，每个粒子都能与其他的粒子(个体)进行通信，形成一个全连接的社会网络，用于驱动各个粒子移动的社会知识包括全群中选出的最佳粒子的位置。此外，每个粒子还根据先前已经发现的最好的解答来运用它的历史经验。

全局最佳算法可以按照以下的方式进行描述。

(1) 对粒子群 P(t)初始化，使得当 t=0 时每个粒子 $P_i \in P(t)$ 在超空间中的位置 $x_i(t)$ 是随机的。

(2) 通过每个粒子的当前位置 $x_i(t)$ 评价其性能 Φ。

(3) 比较每个个体的当前性能与其至今有过的最好性能，如果 $\Phi(x_i(t)) < pbest_i$，那么

$$\begin{cases} pbest_i = \Phi(x_i(t)) \\ \\ x_{pbest_i} = x_i(t) \end{cases}$$

(4) 把每个粒子的性能与全局最佳粒子的性能进行比较，如果 $\Phi(x_i(t)) < gbest_i$，那么

$$\begin{cases} gbest_i = \Phi(x_i(t)) \\ \\ x_{gbest_i} = x_i(t) \end{cases}$$

改变粒子的速度矢量，即

$$v_i(t) = v_i(t-1) + \rho_1(x_{pbest_i} - x_i(t)) + \rho_2(x_{gbest_i} - x_i(t))$$

其中，ρ_1 与 ρ_2 为随机变量。我们一般将上式中的第二项称为认知分量，而将最后一项称为社会分量。

把每一个粒子移动到新的位置

$$\begin{cases} x_i(t) = x_i(t-1) + v_i(t) \\ \\ t = t+1 \end{cases}$$

转到步骤(2)，重复递归直至收敛。

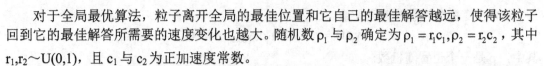

对于全局最优算法，粒子离开全局的最佳位置和它自己的最佳解答越远，使得该粒子回到它的最佳解答所需的速度变化也越大。随机数 ρ_1 与 ρ_2 确定为 $\rho_1 = r_1 c_1, \rho_2 = r_2 c_2$，其中 $r_1, r_2 \sim U(0,1)$，且 c_1 与 c_2 为正加速度常数。

上面介绍的两种算法的步骤(2)检测每个粒子的性能。其中，采用一个函数来测量相应解答与最佳解答的接近度。通常将这种接近度称为适应度函数。这两个算法都采用继续运行直至其达到收敛时为止。通常对于一个固定的迭代数或者适应度函数估计执行蚁群优化算法。此外，如果所有粒子的速度变化接近于 0，那么就终止蚁群优化算法。这时，粒子的位置将不再发生变化。标准的粒子群优化算法将受问题的维数、个体(粒子)数、随机数 ρ 的上限、最大速度上限、邻域规模和惯量这 6 个参数的影响。

除了以上讨论过的两种算法，即个体最佳算法和全局最佳算法以外，近年来的研究使得这些原来的算法得以进展，其中包括改善其收敛性和提高其适应性。

粒子群优化算法已被用于求解非线性函数的极大值和极小值，也成功地应用于神经网络训练。这时，每一个粒子表示一个权矢量，代表一个神经网络。粒子群优化算法也成功地应用于人体颤抖分析，以便用于诊断帕金森(parkinson)疾病。

总而言之，粒子群算法已经显示出了它的有效性和鲁棒性，并且具有算法的简单性。但是，我们仍然需要进行更加深入的研究和探索，以便于充分利用这种优化算法的益处。

8.3 蚁群算法

蚁群算法(ant colony algorithm)是一种模拟演化算法。蚂蚁是一种众所周知的小昆虫，它能够预报暴雨和洪涝气象，也能够毁坏河堤和水坝，进而引起水患。貌似蚂蚁的优缺点都与水有关。然而，这个个体甚微的小生灵，作为群体却表现出了十分独特的生物特征和生命行为。在 20 世纪 90 年代的初期，意大利学者多里戈、马尼佐和科洛龙等人从生物演化和仿生学的角度出发，研究蚂蚁寻找路径的自然行为，提出了蚁群算法，并且用该方法求解旅行商问题、二次分配问题及其作业调度问题等，取得了较好的结果。蚁群算法已经显示出了它在求解复杂的优化问题尤其是离散优化问题方面的优势，是一种很有发展前景的计算智能算法。

8.3.1 蚁群算法理论

蚁群算法(又可称为人工蚁群算法)是受到对真实的蚁群行为研究的启发而提出来的。为了说明人工蚁群系统的原理，首先从蚁群搜索食物的过程谈起。像蚂蚁、蜜蜂、飞蛾等群居的昆虫，虽然单个昆虫的行为极其简单，但是由单个简单的个体所组成的群体却表现出了极其复杂的行为。仿生学家经过了大量的细致观察研究以后发现，蚂蚁个体之间是通过一种称为外激素(pheromone)的物质进行信息传递。蚂蚁在运动的过程中，能够在其所经过的路径上留下该种物质，并且蚂蚁在运动过程中能够感知这种物质，进而以此来指导自己的运动方向。因此，由大量蚂蚁组成的蚁群的集体行为便表现出了一种信息正反馈现象：如果某一条路径上走过的蚂蚁数越多，那么后来的蚂蚁选择该路径的可能性(通常用概率表示)就越大。蚂蚁个体之间就是通过这种信息的交流达到搜索食物的目的。

　　下面，我们以求解 n 个城市的旅行商问题为例来说明蚁群系统模型。为了模拟实际蚂蚁的行为，我们可以令 m 来表示蚁群中蚂蚁的数量；$d_{ij}(i,j=1,2,\cdots,n)$ 表示城市 i 与城市 j 之间的距离，$b_i(t)$ 表示在 t 时刻位于城市 i 的蚂蚁数量，$m=\sum_{i=1}^{n}b_i(t)$。$\tau_{ij}(t)$ 表示 t 时刻在城市 i 与城市 j 的连线上残留的信息量。在初始时刻，设 $\tau_{ij}(0)=C$(C 为常数)，即各条路径上的信息量相等。蚂蚁 $k(k=1,2,\cdots,m)$ 在运动的过程中，根据每条路径上的信息量决定转移方向。$p_{ij}^k(t)$ 表示在 t 时刻蚂蚁由城市(位置)i 转移到城市 j 的概率：

$$p_{ij}^k(t)=\begin{cases}\dfrac{\tau_{ij}^{\alpha}\eta_{ij}^{\beta}(t)}{\sum\limits_{k\in allowed_k}\tau_{ij}^{\alpha}\eta_{ij}^{\beta}(t)},j\in allowed_k\\[4mm]0,otherwise\end{cases}$$

其中，$allowed_k=\{0,1,\cdots,n-1\}$ 表示蚂蚁 k 下一步允许选择的城市。与真实的蚁群系统不同的是，人工蚁群系统具有一定的记忆功能，这里，我们利用 $tabu_k(k=1,2,\cdots,m)$ 来记录蚂蚁 k 当前已经走过的城市。随着时间的推移，以前留下的信息逐渐消失，用参数(1~p)表示信息消失的程度，经过 n 个时刻，蚂蚁完成一次循环。每条路径上的信息量应根据以下的式子进行适当的调整：

$$\tau_{ij}(t+n)=\rho*\tau_{ij}(t)+\Delta\tau_{ij}$$

$$\Delta\tau_{ij}=\sum_{k=1}^{m}\Delta\tau_{ij}^k$$

其中，$\Delta\tau_{ij}^k$ 表示第 k 只蚂蚁在本次循环中留在从位置 i 到位置 j 的路径上的信息量，而 $\Delta\tau_{ij}$ 则表示在本次循环中留在从位置 i 到位置 j 的路径上的信息量：

$$\Delta\tau_{ij}^k=\begin{cases}\dfrac{Q}{L_k}，如果第k只蚂蚁在本次循环中经过从位置i到位置j的路径\\[4mm]0,otherwise\end{cases}$$

其中，Q 为常数，L_k 表示第 k 只蚂蚁在本次循环中所经过的路径的长度。在初始时刻，$\tau_{ij}(0)=C(const),\Delta\tau_{ij}=0$，其中，$i,j=0,1,\cdots,n-1$。$\alpha,\beta$ 分别表示蚂蚁在运动过程中所积累的信息及其启发式因子在蚂蚁路径选择中所起到的不同作用。η_{ij} 表示由城市(位置)i 移动到城市 j 的期望程度，可以根据某种启发式算法具体确定。根据具体算法的差异，$\tau_{ij},\Delta\tau_{ij}$ 及 $p_{ij}^k(t)$ 的表达形式可以不同，应根据具体问题而定。多利克曾经给出过 3 种不同的模型，分别称为 ant-cycle system，ant-quantity system 及 ant-density system。参数 Q,C,α,β 与 ρ 可以使用试验方法确定其最优组合。停机条件可以使用固定循环次数或者当演化趋势不明显时也可以停止计算。

8.3.2　蚁群算法的研究及应用

自从 1991 年多利克等学者提出蚁群算法以来，吸引了许多研究人员对该算法进行研究，并且成功地运用于解决组合优化问题，如旅行商问题，二次分配问题(quadratic assignment problem)，作业高度问题(job-shop scheduling problem)等。对于许多优化组合问题来说，只要能够用一个图来说明将要求解的问题；能够定义一种正反馈过程(如问题中的残留信息)；问题结构本身能够提供解题需用的启发式信息(如问题中不同城市之间的距离)；能够建立约束机制(如在旅行商问题中已经访问过的城市列表)，那么就可以使用蚁群算法进行求解。自从十几年前出现了包含蚁群算法在内的蚁群优化(ant colony optimization，ACO)之后，许多相关算法的框架被提了出来。1998 年召开了有关蚁群优化的第一届学术会议，更引起了研究者们的广泛关注。

蚂蚁系统(ant system，AS)是随着蚁群概念提出来的最早算法，它首先被成功地运用于求解旅行商问题。尽管与一些比较完善的算法(如遗传算法、演化算法等)比较起来，基本蚁群算法的计算量是比较大的，计算效果也并不一定更好，但是它的成功运用范例还是激起了人们对于蚁群算法的极大兴趣，并且吸引了一批研究人员从事蚁群算法的研究。蚂蚁系统的优点在于：正反馈能够迅速找到比较好的解决方案，分布式计算可以避免过早地收敛，强启发可以在早期的寻优中迅速地找到合适的解决方案。蚁群算法已经被成功地应用于许多可以被表达为在图表上寻找最佳路径的问题。

蚁群系统(ant colony system，ACS)与蚁群算法的主要区别在于：在蚁群系统算法中，蚂蚁在寻找最佳路径的过程中只能使用局部信息，即采用局部信息对外激素浓度进行调整；在进行寻优的所有蚂蚁结束路径寻找之后，外激素的浓度将会再一次进行调整，而这次采用的是全局信息，并且只对过程中发现的最后路径上的外激素浓度进行加强。拥有一个状态传递机制，用于指导蚂蚁最初的寻找过程，并且可以积累问题的当前状态。

最大—最小蚂蚁系统(MAX-MIN ant system，MMAS)是到目前为止解决旅行商问题、二次分配问题等最佳的蚁群优化类算法。与其他的寻找算法相比较而言，它属于最好的解决方案之一。MMAS 的特点是只对最佳路径增加外激素的浓度，从而更好地利用了历史信息(这一点与 ACS 算法调整方案颇为相似)。为了避免算法过早地收敛于非全局最优解，通常将每条路径可能的外激素浓度限制于 $[\tau_{min}, \tau_{max}]$，超出了这个范围的值被强制设置为 τ_{min} 或者 τ_{max}，这样一来，即可以有效地避免某条路径上的信息量远远大于其余路径上的信息量，使得所有的蚂蚁都能够集中在一条路径上，从而使得算法不再发散；并且将每条路径上的外激素的初始浓度设置为 τ_{max}，这样就可以更加充分地进行寻优了。

对蚂蚁行为的研究已经导致了各种相关算法的研究，并且将它们应用于求解各种问题，这些算法建立了蚂蚁的搜索行为(如收集食物)的模型，产生了新的组合优化算法，应用于网络路径的选择和作业调度等。蚂蚁动态地分配劳动力产生出自适应任务分配策略。它们合作搬运的特性产生了机器人式的实现。将蚁群算法进行优化的工作称为蚁群优化，它已经在求解组合优化问题中显示出了自身的优越性。

蚁群算法和蚁群优化已经被成功地应用于二次分配问题、作业调度问题、图表着色问题(graph coloring problem，GCP)、最短公超序问题(shortest common supersequence problem，SCSP，一种 NP-HARD 问题)、电话网络和数据通信网络的路由优化、机器人建模及优化等。

蚁群算法源于对自然界中的蚂蚁寻找蚁巢到食物以及食物返回到蚁巢的最短路径方法的研究。它是一种并行算法，即所有的"蚂蚁"均进行独立的行动，没有监督机构。它又是一种合作算法，即依靠群体智能行为进行寻优；它还是一种鲁棒算法，即只要对算法稍作修改，就可以求解其他的组合优化问题。

从目前来看，蚁群算法是一个十分年轻的研究领域，刚刚走过 20 年的研究路程，尚未形成完整的理论体系，其参数选择更多地依赖于实验和经验，许多实际问题也亟待深入研究和解决。随着蚁群算法研究的深入开展，它将会提供一个分布式与网络化的优化算法，并进而促进群智能算法的进一步发展。

8.4　免　疫　算　法

生物系统中的自然信息处理系统可以分为 4 种类型：脑神经系统、遗传系统、免疫系统及内分泌系统。自然免疫系统是一个复杂的自适应系统，能够有效地运用各种免疫机制防御外部病原体的入侵。通过演化学习，免疫系统对外部病原体及其自身细胞进行辨识。自然免疫系统有许多的研究课题，有相当多的理论和数学模型解释了免疫学现象，也有一些计算机模型仿真了免疫系统的成分。从生物角度研究免疫系统的整体特性，寻找解决科学和工程中实际问题的智能方法，是智能科学中一个新的研究领域。这种研究方法具有不同的称呼，包括人工免疫系统，基于免疫的系统和免疫学计算等。本节中采用人工免疫系统(artificial immune system)这个名字。

8.4.1　免疫算法的提出

免疫是生物体的特异性生理反应，由具有免疫功能的器官、组织、细胞、免疫效应分子以及基因等组成。免疫系统通过分布在全身的不同种类的淋巴细胞识别和清除侵入生物体的抗原性异物。当生物系统受到外界病毒的侵害时，就可以激活自身的免疫系统，其目标就是尽可能地保证整个生物系统的基本生理功能得到正常地运转。当人工免疫系统受到外界的攻击时，内在的免疫机制就被激活，其目标是保证整个智能信息系统的基本信息处理功能得到正常地运转。免疫算法具有良好的系统响应性和自主性，对于干扰具有较强的维持系统自平衡的能力，自我—非自我的抗原识别机制使得免疫算法具有较强的模式分类能力。此外，免疫算法还模拟了免疫系统的"学习—记忆—遗忘"的知识处理机制，使其对于分布式复杂问题的分解、处理和求解表现出较高的智能性和鲁棒性。

根据博内特(Burnet)的细胞克隆选择学说(clonal selection theory)和杰尼(Jerne)的免疫网络学说，生物体内具有针对不同抗原性的多样性 B 细胞克隆，抗原侵入机体以后，在 T 细胞的识别与控制下，选择并刺激相应的 B 细胞系，使之活化、增殖并且产生特异性抗体结合抗原；同时，抗原与抗体之间、抗体与抗体之间的刺激和抑制关系形成的网络调节结构维持着免疫平衡。随着理论免疫学和人工免疫系统的发展，人们相继提出了几种免疫网络学说。Jerne 提出了独特型网络(idiotype network)，以描述抗体与抗体之间、抗体与抗原之间的相互作用。伊斯古鲁(Ishiguro)等学者提出了一种互联耦合免疫网络模型；汤(Tang)等学者提出了一种与免疫系统中的 B 细胞和 T 细胞之间相互反映相似的多值免疫网络模型；赫

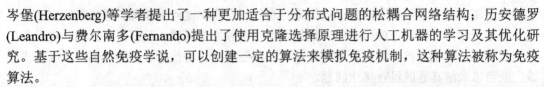

岑堡(Herzenberg)等学者提出了一种更加适合于分布式问题的松耦合网络结构；历安德罗(Leandro)与费尔南多(Fernando)提出了使用克隆选择原理进行人工机器的学习及其优化研究。基于这些自然免疫学说，可以创建一定的算法来模拟免疫机制，这种算法被称为免疫算法。

人工免疫系统是由免疫学理论和观察到的免疫功能、原理和模型启发而产生的适应性系统，这方面的研究最初从 20 世纪 80 年代中期的免疫学研究发展而来。1990 年，博希尼(Bersini)首次使用免疫算法来解决实际问题，20 世纪末，弗雷斯特(Forrest)等学者开始将免疫算法应用于计算机安全领域；同期，亨特(Hunt)等学者开始将免疫算法应用于机器学习领域(人工智能的一个研究方向)。

近年来，越来越多的研究者投身到免疫算法的研究行列。自然免疫系统显著的信息处理能力对计算技术有不少重要的启发。一些研究者基于遗传算法已经提出了一些模仿生物机理的免疫算法。人工免疫系统的应用问题也得到了研究。有的学者还研究了控制系统与免疫机制的关系问题。

免疫算法的关键在于系统对受侵害部分的屏蔽、保护和学习控制。设计免疫算法可以从以下两种思路来考虑：其一就是使用人工免疫系统的结构模拟自然免疫系统的结构，类似于自然免疫机理的流程设计免疫算法，包括对外界侵害的检测、人工抗体的产生、人工抗体的复制、人工抗体的交叉和变异等；其二是不考虑人工免疫系统的结构是否与自然免疫系统的结构相似，而着重考察两个系统在相似的外界有害病毒的入侵下，其输出是否相同或者类似，侧重于对免疫算法的数据分析，而不是流程上的直接模拟。由于免疫机制与演化机制紧密相关，因此免疫算法往往需要利用演化计算来优化求解过程。

本节着重介绍免疫算法的定义、主要设计方法、算法分析与比较、应用及其发展与展望，具体内容包括免疫算法的定义和发展历史、免疫算法的主要设计方法、免疫算法的分类和参数选择、免疫算法的一些应用领域及免疫算法的展望等。

8.4.2　免疫算法的理论

目前对于免疫算法和相关问题还没有明确、统一的定义，以下的定义仅供进一步讨论参考。免疫算法是模仿生物免疫学和基因进化机理，通过人工方式构造的一类优化搜索算法，是对生物免疫过程的一种数学仿真，是免疫计算的一种至关重要的形式。当然还有其他的定义方法。例如，把免疫概念及其理论应用于遗传算法，在保留原算法优点的前提下，力求有选择和有目的地利用待解问题中的一些特征信息或者知识来抑制其优化过程中出现的退化现象，这种算法被称为免疫算法。

人工免疫系统是由免疫学理论和观察到的免疫功能、原理和模型启发而产生的适应性系统。可以通过免疫算法进行人工免疫系统的计算和控制。斯塔拉普(Starlab)的定义为：人工免疫系统是一种数据处理、归类、表示和推理策略的模型，它依据似是而非的生物范式，即自然免疫系统。达斯戈普塔(Dasgupta)给出的定义为：人工免疫系统是由受生物免疫系统启发而来的智能策略所组成，主要用于信息处理和问题求解。提米斯(Timmis)给出的定义为：人工免疫系统是一种受理论生物学的启发而来的计算范式，它借鉴了一些免疫系统的功能、原理和模型并且用于对复杂优化问题的求解。Starlab 仅仅是从数据处理的角度对人工免疫系统进行定义，而后两者则着眼于生物隐喻机制的应用，强调了人工免疫系统的免疫学机理,从这个意义上讲,Dasgupta 和 Timmis 给出的关于人工免疫系统的定义更为贴切。

　　免疫系统在受到外界病菌的感染后,能够通过自身的免疫机制恢复健康以保持正常工作的一种特性或者属性称为免疫系统的鲁棒性。抗原(antigen)是指所有可能错误的基因,即非最佳个体的基因;疫苗(vaccine)是根据进化环境或者待求解问题的先验知识得到的对于最佳个体基因的估计;抗体(antibody)是指根据疫苗来修正某个个体的基因所得到的新个体。

　　前面提到的设计免疫算法的两种思路,前者是基于白箱模拟的方法,重点在于结构和机理上的模拟;后者是基于黑箱模拟的方法,重点在于输入输出和功能上的模拟。前一种免疫算法的设计依赖于生物免疫系统的知识。现在一般很难做到从结构和机理这两个方面完全模拟生物免疫机制,其主要原因在于人类还没有完全解开生物免疫之谜,还有许多相关问题需要进一步加以研究。因此,目前不少研究者往往是按照白箱模拟法的思路,借用生物免疫机制的一些概念,从形式上进行一定的模拟,以实现对系统人工免疫的目的。例如,模拟生命科学中的免疫理论,引入了免疫操作来改进遗传算法。根据生物免疫理论,免疫操作分为全免疫和目标免疫两种基本类型,分别对应于生命科学的非特异性免疫和特异性免疫。

　　黑箱模拟法间接地从输入输出的特征来考察人工系统对自然系统的模拟过程。免疫算法通常使用遗传算法或者演化算法对外界的攻击或者病毒进行学习,产生出与外界的攻击或者病毒相克的抗体。因此,免疫算法一般采用了遗传学习机制。作为例子,将免疫算法应用于多维教育艾真体(Agent)。免疫算法首先检测外来的侵害对多维教育 Agent 的攻击,并进一步分析其受害的结点,从而据此设定这个多维教育 Agent 的最优修复目标。然后判断当前的多维教育 Agent 是否符合最优修复目标,即把整个系统的信息损失降为最小。如果外界攻击或者病毒侵扰没有危及系统的核心部分,尽管某些环节失灵但是整体依然可以正常地运转,那么就可以不用通过激活免疫算法也能够逐渐消除损失;如果外界的攻击或者病毒的侵扰危及系统的核心部分,这时,当前的系统就不能正常地运转了,那么就需要运行免疫算法来最小化系统的整体损失,以便保证系统的核心部分的恢复和正常运转。如果多维教育 Agent 符合最优修复目标,那么就将最优的结果及相关的参数存储到知识库中,以便供下一次进行直接调用,然后输出结果。否则,就查询知识库,查看是否能够找到可以参考的现成解决方案。如果有现成的解决方案,那么就可以直接调用,并且输出结果。否则就要启动这个免疫算法的演化进程:首先设定物种群及其演化参数,然后通过对受侵害结点物种群按照遗传、交叉、变异等演化原则进行迭代相互计算和操作,最终收敛为最优的结果,即系统整体的最小损失解。在遗传算法运行的过程中,受侵害部分只有输入、输出被算法屏蔽,这样就可以保证损失不会扩大或者病毒不会蔓延。如果遗传算法的迭代次数超过上限,那么就被迫终止该算法,并且记录其最优的结果及相关的参数;否则,每经过一次演化,就会重新返回到判定系统是否达到最优修复目标这一步,进入下一轮算法的计算过程中。这种免疫算法对于每一次的免疫遗传算法操作的最优结果进行收集、存储并且整理,以便于以后如果遇到了相似的情况,就不需要重新进行计算,而可以直接调用知识库中的最优结果。

　　近来,国内外已经提出并且发展了一些免疫算法,尤其是 1997 年人工免疫学研究在国际上兴起之后。不同的免疫算法的分析和比较主要从下面的两个方面进行研究:其一就是自然免疫系统的免疫学理论和方法;其二就是计算机算法的分析量度。

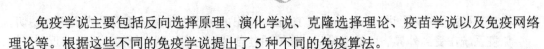

免疫学说主要包括反向选择原理、演化学说、克隆选择理论、疫苗学说以及免疫网络理论等。根据这些不同的免疫学说提出了 5 种不同的免疫算法。

(1) 反向选择算法 弗雷斯特(Forrest)基于反向选择原理提出了使用反向选择算法检测异常，其算法主要包括两个步骤：首先，产生监测器集合，其中的每一个监测器与被保护的数据都不匹配；然后，不断地将集合中的每一个监测器与被保护的数据相比较，如果监测器与被保护的数据相匹配，那么就判定该数据已经发生了变化。

(2) 免疫遗传算法 弗(Chun)提出了一种免疫算法，实质上是改进型的遗传算法。

(3) 克隆选择算法 德卡斯特罗(De Castro)基于免疫系统的克隆选择理论提出了克隆选择算法，是模拟免疫系统学习过程的演化算法。

(4) 基于疫苗的免疫算法 焦李成、王磊等学者基于免疫系统的理论提出了基于疫苗的免疫算法。

(5) 基于免疫网络的免疫算法 纳若阿基(Naruaki)基于主要组织相容性复合体(MHC)和免疫网络理论提出了一种自适应优化的免疫算法，用于解决多艾真体中的每一个 Agent 的工作域分配问题。

从计算机算法的量度来分析，可以考察免疫算法及其优化算法的以下参数：

(1) 变异率 免疫算法作为一种多峰值的搜索算法，变异操作在该算法中显得尤其重要。算法通过变异操作来维持群体的多样性，使得算法最终收敛于多个峰值或者收敛于全局最优解。变异值的取值既不能太大也不能太小：如果变异值太小，那么变异操作的效果就不明显，群体的多样性就不能保证，因此不能收敛于全部峰值；如果变异值太大，那么群体的稳定性就很差，搜索过程难以长时间稳定地收敛，容易出现振荡。而合适的变异率既可以搜索到全部的峰值，又可以保持稳定收敛的状态。

(2) 选择阈值 选择阈值是免疫算法基于比率选择操作的一个重要参数，它与变异率配合，能够有效地保证群体的多样性，防止过程陷入个别极值，对免疫算法的多峰值搜索能力影响很大。选择阈值不宜太大，如果太大，那么这个阈值的限制作用就会失效，这样一来，搜索过程容易陷入几个适应度比较大的峰值，从而降低群体的多样性，因而难以找到所有的峰值。当然，该值也不宜太小，如果太小，则将会使得适应度对期望繁殖率的影响削弱太多，导致搜索过程难以找到几个比较大的峰值。

(3) 抗体生命周期 在免疫系统的抗体群中，克隆抗体具有一定的寿命，将这种免疫抗体生命周期引入优化算法，可以用于动态环境中的种群个体的不同适应性的标度。在大范围内具有适应性的个体将具有比较长的寿命，但是，只能在小范围内适应的个体的寿命则比较短。

(4) 误差 计算复杂性是解决一个数学形式问题所必需的固有计算资源的量度。它是不变的，因为计算复杂性仅仅依赖于这个问题，而独立于用来解决这个问题的特定算法。对于自然界本身的计算(自然计算)及其模拟计算的问题，其信息是局部的。即这些信息不能唯一地标识一个数学问题的物理状态或者实例，而且，这些信息受到误差的影响。例如，如果在多维教育免疫网络中要想知道受害部分的情况，就要通过各种传感器测量数据。因为测量的数目是有限的，因此得到的信息是局部的，而且这些测量不可避免地将会受到误差的影响。

(5) 解群体的规模 解群体的规模(即群体中的解个体数目)一直成为随机算法的一个重

要的参数，它是影响算法并行性的决定性因素之一。如果规模太小，那么就意味着并行搜索的范围太小，难以找到所有的峰值；如果规模太大，则会不必要地延长搜索过程所需要的时间。因此，针对不同问题的特点，选择适当的群体规模无疑将会提高算法的执行效率和性能。

8.4.3　免疫算法的应用及其发展趋势

免疫算法已经得到了越来越多的应用，包括优化求解、杀毒、故障诊断、鲁棒控制、智能网络、防止黑客入侵、容错、匹配、分类与决策等方面，下面，我们简要地介绍一些例子加以说明。

基于免疫系统的机制可以提出一种新的信息处理体系结构，免疫算法着重体现免疫系统的信息特征，如特异性(specificity)、多样性(diversity)、容错性(tolerance)和记忆力(memory)。这种免疫算法可以被用来实现主动噪声控制，以便消除噪声干扰，还具有噪声学习的能力。

使用免疫算法可以进行需要纠错的同步电机的最优设计，在这里，免疫算法是作为一种最优设计的算法。免疫算法是一种可以辨识和消除外来物体的适应性生物机制的算法，基于免疫模型可以提出一种优化算法，应用于 n 个艾真体(Agent)的旅行商问题(n-TSP)。其实验仿真表明，免疫算法在组合优化问题上具有优良的求解性能。此外，免疫算法还可以实现电力公司的分布式系统或者有费用的支线重新配置，以便于维护系统的负载平衡。其实验仿真显示，该算法的效果良好。

基于神经网络辨识器可以实现体液免疫算法(HIA)的 PID 控制，用来解决 PID 控制参数因随机选取而引起的突变问题。实验结果表明，HIA 的 PID 控制器比传统控制器的性能更好。

另一个例子是一种特殊的免疫算法，用来从数据库中发现一些感兴趣的高级预测规则，而不是像其他的文献那样发现分类知识。与该算法相关的 3 个数据挖掘专题分别是已经发现知识的兴趣、算法的计算效率及其表述性与效率之间的权衡。、

总之，免疫算法作为一种优化算法和仿生智能算法，在计算、网络、控制及学习等方面都有不少的应用实例，具有很大的应用潜力。

免疫算法是人工免疫系统的重要算法，用来模拟自然界中的生物免疫原理，对外界的侵害进行识别、学习和防御操作，达到系统损害的最小化，从而实现系统的鲁棒性、安全性和智能性的最大化。根据免疫算法的研究经验，外来侵害的检测和内部学习机制的优化成为两大难点。目前使用的外来侵害检测算法还是十分简单而低能的，与生物体的机能差距很大，也远远不能满足实际应用的需要。改进免疫算法的识别模块需要利用模式识别、决策及网络入侵等方面的知识和技术。目前的免疫算法一般是建立在精确的数学模型/公式或者演化计算的基础上的。数学模型固然简单、易于实现，但是功能不强，结果往往容易失真，智能化的程度不是很高，也不便于改进。演化计算是一种比较成功和成熟的仿生优化算法，可以实现全局最优，也可以进行并行分布式计算，但是其效率不高，随机性不好把握。为了提高算法的效率，既可以进行并行处理，也可以根据具体问题的信息，在免疫算法中加入问题的启发性信息，以便于提高优化算法的效率。

尽管免疫算法的发展主要有上面的两个难点，但是免疫算法的发展前景依然十分乐观，

实际应用的召唤和成功实例大大地增强了发展免疫算法的必要性和可能性。今后，随着人工免疫系统的发展，免疫算法将会逐步成熟，成为人工免疫系统的计算中心。免疫算法在计算机网络方面的应用将不断增强和扩展，网络的安全性和鲁棒性将会得到实质性的提高，其智能化水平也将会不断地提高。由于自然和人工灾害时有发生，而自然免疫系统是最完美的抗灾系统之一，因此基于免疫算法的抗灾智能 Web 系统将会得以大力研究，并且在实际的抗灾系统信息化进程中得到应用。机器人作为研究的热点，免疫机器人的提出、研究及开发将会成为智能机器人的一个亮点。故障诊断的智能化是发展趋势，免疫算法在故障的诊断方面的应用将能够极大地提高其智能化的程度，增强诊断效果。

今后免疫算法的研究重点大致集中在下面的几个方面。

(1) 提高免疫算法的有效性 类似于人的自然免疫系统的抗病能力，人工免疫系统的免疫算法必须是有效的，必须能够自适应性地减弱或者消除外来的损害，如杀毒。

(2) 增强自我—非自我的智能化识别能力 使用智能化技术增强免疫算法的异己识别能力是重点之一。

(3) 提高免疫算法的智能效果 免疫算法在应用系统中的引入是否能够增强系统的整体智能是评价免疫算法成败的一个重要指标。

(4) 实现免疫算法和网络并行化 免疫算法与网络的并行化是算法发展的必然趋势，并且成为研究的热点之一，自然免疫系统的潜在并行处理无疑为免疫算法与网络的并行化奠定了根本的生物基础；

(5) 拓广免疫算法在网络、智能系统及其鲁棒系统中的应用 由于免疫算法来源于基于神经网络和内分泌网络的自然免疫系统，网络化和智能化必将成为免疫算法发展的不可缺少的特征，也是其重要的研究领域。免疫算法不仅可以增强系统的鲁棒性，而且免疫性和鲁棒性之间存在的必然联系使得免疫算法在鲁棒系统中将会获得更好的应用。

本 章 小 结

本章讨论了 4 种类型的智能算法：即遗传算法、粒子群优化算法、蚁群算法及免疫算法。

遗传算法是模仿生物遗传学和自然选择机理，通过人工方式而构造的一类搜索算法，是对生物演化过程的一种数学仿真，也是演化计算的最为重要的形式。在讨论遗传算法的求解步骤时，归纳了遗传算法的特点。遗传算法的全局优化收敛性的理论分析尚未完全解决，标准的遗传算法并不能保证全局的最优收敛，而只能在一定的约束条件下，实现全局的最优收敛。粒子群优化算法是一种基于群体搜索的算法，它建立在模拟鸟群社会的基础上。在粒子群优化算法中，被称为粒子的个体是通过超维搜索空间"流动"的。粒子在搜索空间中的位置变化是以个体成功地超过其他个体的社会心理意向为基础。一个粒子的搜索行为受到粒子群中其他粒子的搜索行为的影响。由此可见，粒子群优化算法是一种共生合作算法。建立这种社会行为模型的结果是：在搜索过程中，粒子随机地回到搜索空间中一个原先成功的区域。粒子群优化算法分为个体最佳算法和全局最佳算法。近年来的研究使这些算法得以改进，其中包括改善粒子群优化算法的收敛性和提高粒子群优化算法的适应性。

　　从生物演化和仿生学的角度出发，研究蚂蚁寻找食物路径的自然行为，提出了蚁群算法。使用该方法求解旅行商问题、二次分配问题等问题，取得了较好的结果。蚁群算法在求解复杂优化问题尤其是离散优化问题方面已经显示出了其优势，是一种很有发展前景的智能算法。免疫算法是模仿生物免疫学和基因进化机理，通过人工方式构造的一类优化搜索算法，是对生物免疫过程的一种数学仿真，是免疫计算的一种最为重要的形式。免疫算法分为白箱模拟法和黑箱模拟法两种形式。免疫算法作为一种优化算法和仿生智能算法，在计算、网络、控制以及学习等方面都有不少的应用实例，具有相当大的应用潜力。

参 考 文 献

[1] 王晓东. 计算机算法设计与分析. 4 版. 北京：电子工业出版社，2012.

[2] 张德富. 算法设计与分析. 北京：国防工业出版社，2009.

[3] [美]M．H．Alsuwaiyel. 算法设计技巧与分析. 吴伟昶，等译. 北京：电子工业出版社，2009.

[4] 吴文虎. 程序设计中常用的计算思维方式. 北京：中国铁道出版社，2009.

[5] 沈云付. ACM/ICPC 程序设计与分析（C++实现）. 北京：清华大学出版社，2010.

[6] 俞经善，等. ACM 程序设计竞赛基础教程. 北京：清华大学出版社，2010.

[7] 余祥宣，等. 计算机算法基础. 3 版. 武汉：华中科技大学出版社，2006.

[8] 郑宗汉，等. 算法设计与分析. 北京：清华大学出版社，2006.

[9] 蔡自兴，等. 人工智能及其应用. 3 版. 北京：清华大学出版社，2004.

[10] 王桂平，等. 图论算法理论、实现及应用. 北京：北京大学出版社，2011.

[11] 李文书. 数据结构与算法应用实践教程. 北京：北京大学出版社，2012.

[12] 吴文虎，等. 程序设计基础. 3 版. 北京：清华大学出版社，2010.

北大版·本科电气类专业规划教材

图文案例

精美课件

在线答题

课程平台

教学视频

部分教材展示

扫码进入电子书架查看更多专业教材，如需申请样书、获取配套教学资源或在使用过程中遇到任何问题，请添加客服咨询。

北大版·计算机专业规划教材

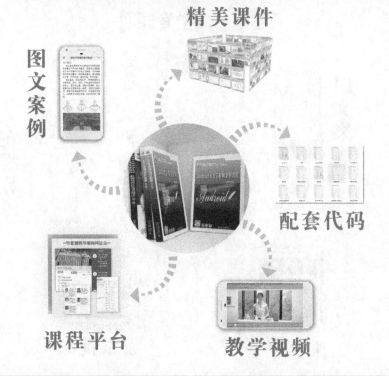

精美课件

图文案例

配套代码

课程平台

教学视频

本科计算机教材

高职计算机教材

 扫码进入电子书架查看更多专业教材，如需申请样书、获取配套教学资源或在使用过程中遇到任何问题，请添加客服咨询。